袁晓辉　著

科技城规划——创新驱动新发展

U0210904

中国建筑工业出版社

图书在版编目（CIP）数据

科技城规划——创新驱动新发展／袁晓辉著．—北京：中国建筑工业出版社，2017.3
ISBN 978-7-112-20489-2

Ⅰ.①科… Ⅱ.①袁… Ⅲ.①城市规划－研究 Ⅳ.①TU984

中国版本图书馆CIP数据核字（2017）第038990号

责任编辑：郑淮兵　王晓迪
责任校对：王宇枢　张　颖

科技城规划——创新驱动新发展

袁晓辉　著

*

中国建筑工业出版社出版、发行（北京海淀三里河路9号）

各地新华书店、建筑书店经销

北京锋尚制版有限公司制版

北京中科印刷有限公司印刷

*

开本：787×960毫米　1/16　印张：22½　字数：357千字

2017年6月第一版　2017年6月第一次印刷

定价：68.00元

ISBN 978 – 7 – 112 – 20489 – 2

（29933）

序

21世纪以来，伴随全球竞争加剧，全球新一轮科技革命和产业变革加速演进，正在重塑世界竞争格局，创新驱动成为世界各国谋求竞争优势的核心战略。在经济全球化推动下，中国重回世界制造业大国巅峰位置，但却未能占有制造业价值链"微笑曲线"的优势，究其原因主要在于注重利用廉价劳动力和土地以及巨大市场优势承接制造业中装配、标准化生产，而忽视了技术创新对传统制造业的升级改造。近年来，伴随中国劳动力成本上升，资源、环境和生态问题出现，全球经济危机对外向型经济体系的冲击，以及周边新兴国家和地区经济体参与全球化进程，中国经济发展进入转型升级的"新常态"阶段，"以人为本"、追求可持续发展、提升自主创新能力、寻找创新驱动发展新模式也就成为新形势下经济发展的新需求。

2008年，中共中央政治局审议通过《关于实施海外高层次人才引进计划的意见》，明确提出"在符合条件的中央企业、大学和科研机构以及部分国家级高新技术产业开发区建立40~50个海外高层次人才创新创业基地，推进产学研结合，探索实行国际通行的科学研究和科技开发、创业机制，集聚一大批海外高层次创新创业人才和团队"（即"千人计划"）。2008年8月，中共中央组织部和国务院国资委为深入贯彻落实建设创新型国家战略和中央引进海外高层次人才的"千人计划"，以"创新·科技、开放·共享、美好·活力、低碳·节能、和谐·生态"之城的规划理念，分别在北京、杭州、武汉、天津建设未来科技城，以建设人才创新创业基地和研发机构集群。

中国自1988年开始实施国家高新技术产业化发展计划（火炬计划），将电子与信息技术、生物工程和新医药技术、新材料及应用技术、先进制造技术、航空航天技术、海洋工程技术、核应用技术、新能源与高效节能技术、环境保护新技术、现代农业技术和其他在传统产业改造中应用的新工艺、新技术列入高新技术，据此衍生的高技术产业创办了高新技术产业开发区和高新技术创业服务中心，截至2016年，国家建设了129个国家高新技术产业开发区。根据2012年数据，63926个高新技术企业入园区，总收入达到16.57万亿，创造了1269.5万个就业岗位和1.98万亿利税，出口创汇3760.4亿美元，高新技术产业开发区规划也取得了卓越成绩。然而，作为新生事物的科技城如何规划建设成为摆在城市规划师面前的新任务、新挑战和新机遇。

袁晓辉博士在参加武汉东湖科技城概念规划、哈尔滨松北科技城总体规划的基础上，撰写了博士学位论文《创新驱动的科技城规划研究》。《科技城规划——创新驱动新发展》这本书就是在此基础上进一步完善和提升的研究成果。

科技城作为中央和地方促进创新发展的特定城市空间载体，肩负着集中承载高技术产业发展和创新活动产生、示范我国城市创新驱动发展模式的历史使命。可以说，《科技城规划——创新驱动新发展》一书在这方面做了很好的系统性探索，比较全面地总结了创新理论在科技城规划中的应用，应该是目前国内从城市规划角度研究创新驱动型科技城规划编制的著作，对我国科技型城市发展和建设具有积极的理论价值和实践意义。

综观全书，我觉得作者在以下四个方面有较深的认识。首先，将科技城作为一个区别于科技园区的命题进行系统性研究，避免了我国高新技术产业开发区发展过程中注重产业环境忽视人居环境的问题，强调完善的城市功能和系统性的创新生态将有助于科技城实现创新驱动发展，为学术界从创新驱动的角度建构城市发展理论提供了新的思路。其次，作者立足于大量创新理论研究成果和各国科技城规划实践，提出了影响科技城创新驱动发展的五个核心演化机理：知识创新源、人力资本、嵌入性、创新环境和全球—地方联结。这五个核心机理深化了科技城发展理论的核心内涵，明确了科技城实现创新发展的关键机制，有助于实践者有针对性地强化科技城的发展要素和发展环境。第三，作者对科技城产业布局、社会结构、空间结构和土地利用的研究，均基于对国内四个未来科技城的企业访谈、问卷调查，以及对国内外典型科技城的案例分析，清晰地呈现出当前国内外科技城发展的产业、社会、空间结构和土地利用特征，以及立足于科技城发展演化的核心机理实现创新驱动发展的理想模式。第四，作者提出了科技城总体规划的编制框架，重点探讨了科技城总体规划编制思路的转变和重点内容的组织，提出了多个面向科技城创新氛围提升的策略，如产业组织模块化、社会空间多元化、技术植入和镶嵌体结构、集约混合的土地利用模式、集成优化的智慧基础设施，以及弹性透明的规划实施引导策略等。

可以说，本书是基于全球竞争背景下通过创新驱动探索科技类新城规划编制的著作，既提出了不少值得研究的新问题，也是一项开创性的研究成果。

是为序。

顾朝林

2016年8月19日

于清华大学建筑学院

前言

在当前国际创新竞争加剧的背景下，世界各国纷纷将科技创新和新兴产业发展上升到国家战略高度，除了更大力度的研发资助、更优惠的高技术产业支撑政策以外，很多国家都提出了旨在吸引科技人才和科技资源的高技术中心战略。世界各国都更加重视区域创新能力的提升，希望通过集中创建设施完善、环境优越的科技城吸引高技术企业与人才，增强全球竞争力。在此背景下，科技城作为人才和创意汇集、创造和创新集中发声的载体，将成为中国中央和地方政府实施创新驱动发展战略的重要平台。

本书首次将科技城作为一个区别于科技园区的概念框架，从地域创新理论和城市发展理论的交叉范畴出发，明确了创新驱动的科技城的内涵区别于传统科技城，即将市场机制主导下的内生性持续创新作为发展驱动力，通过高技术产业的发展和城市系统功能的支撑实现可持续增长和发展的城市。本书围绕如何开展科技城规划，以促进创新驱动发展的目标，通过文献分析、案例研究、调查问卷和深度访谈等研究方法，重点探讨了以下问题：

- 科技城与科技园区有何不同？
- 世界各国的科技城发展呈现出哪些共性的规律和差异化的特征？
- 科技城实现创新驱动发展的核心演化机理是什么？
- 如何从科技型产业组织和创新型人才需求的角度认识科技城的产业布局和社会结构特征？
- 创新驱动的科技城在空间发展机制和土地利用模式上呈现出哪些区别于一般城市的特征？
- 科技城总体规划编制需要重点关注的内容框架和编制思路是什么？如何在具体的科技城总体规划编制实例中进行应用？

针对以上研究问题，本书的章节内容组织如下：

第1章是导论。梳理了科技城规划的基本概念，明确了在世界自主创新能力竞争加剧的背景下，科技城规划对承载国家提升自主创新能力战略部署的意义所在，指出科技城在当前城市转型发展中的作用和内涵，并说明了本书的研究思路和框架。

第2章是国内外科技城的发展过程与特征。整理了世界各国科技城发展的总体情况，包括发展路径、各类尺度规模和发展动力，并分别对国内外科技城的发展特征进行了总结，概括了世界当前科技城的几个发展趋势。

第3章是科技城规划相关理论。首先梳理了地域创新理论和城市增长理论，概括了各理论流派对创新驱动城市发展问题的研究，并将其作为科技城规划的理论立足点。进而对科技城的产业布局、社会组织、空间结构和土地利用的研究成果进行分类和评述，从而指出本书研究的重点。

第4章是科技城的演化机理与发展环境。分析了科技城创新的激发因子，提炼了科技城发展演化机理，描述科技城演化发展的过程特征，并在此基础上提出科技城发展所需要的发展环境特征。

第5章是科技城产业布局研究。以北京未来科技城和武汉未来科技城为研究对象，根据调研访谈的结果，分析科技城的产业构成特征、产业集聚机制、产业组织模式、产业创新机制和产业布局模式，明确创新驱动的科技城产业布局需要重点考虑的因素，提出理想的科技城产业氛围营造的策略。

第6章是科技城社会结构分析。针对社会结构特征理论及假设，以北京未来科技城和武汉未来科技城为研究对象，通过问卷调查的方式获取科技城人才构成、空间使用特征和空间使用需求的信息，并比对中国一般城市的社会结构特征，探讨科技城社会结构特征及发展趋势，在此基础上，提出理想的科技城人才氛围营造策略。

第7章是科技城空间结构研究。运用案例分析和理论演绎相结合的方式，根据世界科技城发展经验，提炼总结科技城的空间发展机制。针对科技城产业和社会结构的特征，依据空间接触需求及匹配理论，探讨创新驱动的科技城空间结构的理想模式。分析四大未来科技城的空间结构特征，比对理想模式，指出当前空间发展的问题。

第8章是科技城土地利用研究。针对科技城产业和社会结构的特征，探讨科技城土地利用总体特征。结合目前国外已建和国内在建的科技城土地利用布局，概括不同类型用地的规模、功能和布局模式，明确科技城土地利用区别于一般新城和开发区的特征。

第9章是科技城总体规划编制的内容框架。在深入分析科技城创新机制和基本特征的基础上，探讨科技城规划的核心问题，包括基本概念、基本问题和规划对发展的影响机制等，对比科技城总体规划编制区别于一般新城总体规划的编制思路，提出科技城总体规划编制的内容框架。

第10章是科技城总体规划编制实例。结合武汉东湖国家自主创新示范区概念规划和哈尔滨松北科技城总体规划的编制内容，对本书提出的科技城总体规划编制框架进行了应用。

第11章是全书的结论部分。

第
1
章

导论

1. 科技城规划的基本概念

1.1 科技城概念溯源

1 Castells M, Hall P. Technopoles of the world: the making of twenty-first-century industrial complexes[M]. New York: Routledge, 1994.

2 [日]平村守彦.技术密集城市探索[M]. 俞彭年, 谢永松, 程迪译. 上海: 上海翻译出版公司, 1987.

3 陈家祥. 创新型高新区规划研究[M]. 南京: 东南大学出版社, 2012.

4 樊杰, 吕昕, 杨晓光等. (高)科技型城市的指标体系内涵及其创新战略重点[J]. 地理科学, 2002, 22(6): 641-648.

5 申小蓉. 国际视野下的科技型城市研究[D]. 成都: 四川大学, 2006.

6 韩宇. 美国高技术城市研究[M]. 北京: 清华大学出版社, 2009.

7 陈家祥. 创新型高新区规划研究[M]. 南京: 东南大学出版社, 2012.

8 魏心镇, 王缉慈. 新的产业空间: 高技术产业开发区的发展与布局[M]. 北京: 北京大学出版社, 1993.

9 陈益升. 高科技产业创新的空间: 科学工业园研究[M]. 北京: 中国经济出版社, 2008.

中文"科技城"一词对应的英文是"science and technology city"（也有称为"technopolis"），英文中与"科技城"概念相近的单词或短语有"science city""technopolis"和"high-tech city"，在学术界分别被译为"科学城""技术城"和"高技术城市"。这些概念大都源于20世纪50年代，以苏联的新西伯利亚科学城以及日本的科学城和技术城为开端，是指从城市或区域范畴安排和布局的高技术中心。

科学城（science city）最初的定义强调科学研究的集聚与协同作用，是严格的科学研究综合体，不需要邻近制造业布局，建立科学城的意图是要通过它们在僻静的科学环境下产生的协同作用达到高超的科研水平[1]。一般由政府组织建设，更侧重于对于科学研究，特别是基础科学研究机构的集聚，目标为促进科技成果产生。

技术城（technopolis）概念来源于日本，也称"技术密集城市"，是产（所在时代的高技术产业）、学（大学、研究所）、住（舒适的城镇）等功能的有机结合，将绮丽的大自然、丰富的地方传统和现代文明融为一体，扎根于技术与文化的"城镇建设"[2, 3]。技术城更侧重于高技术产业发展与城市环境的融合，目标为促进区域经济增长。

高技术城市（technopolis 或 high-tech city）用来描述高技术产业发达或高技术活动领先的现有城市或都市区，可以理解为（高）科技型城市，体现在科技研究投入规模与成果产出效率高、创新产业的凝聚力与持续发展能力强、保障体系完善和城市形象符合特定标准，其侧重点在于现有城市产业结构中的高技术产业比例高、科技含量高[4, 5, 6]。

以上三个概念拥有不同的侧重点，但不存在本质上的差异，都是从城市或区域范畴安排和布局高技术中心，是产、学、研、住一体化的理想城市形式[7, 8, 9]（表1-1）。

科学城、技术城、高技术城市的不同之处　　　表1-1

不同点	科学城	技术城	高技术城市
对应英文	science city	technopolis 或 technopole	technopolis 或 high-tech city
主要功能	综合性基础研究和应用研究为主，同时具备居住、服务等功能	开发地区特色技术，是产、学、住一体的综合系统	高技术产业为发展重点，在创新投入产出方面较高，其他产业作为补充，形成完整的城市系统
主要目标	通过在僻静的科学环境下产生的协同作用达到高超的科研水平	通过技术和产业的发展促进区域经济增长	促进现有城市产业结构向高技术方向升级
规模尺度	集中兴建的新城	集中兴建的新城	现有大都市区
侧重点	科学研究机构的集中	技术的推广和应用	高技术的产业结构

因此，本研究将科学城、技术城和高技术城市统称为"科技城"（Science and Technology City，Technopolis or High-tech City），作为一个区别于以往科技园区的独立概念，特指具备较为完善的城市系统功能的高技术中心。科技城包含两个概念要点："techno"强调科学和技术，即包含科学研究机构和以高技术产业为主导；"polis"强调城市系统，即系统性的城市功能，是为科技城居民提供学习、工作、居住、服务的功能。

近年来，随着信息化和以知识为基础的发展理念的提出，创意城市[1,2]、知识城市[3,4,5]、智慧城市[6]等概念相继提出，成为增强城市竞争力与推进区域发展的新战略。与科技城相比，这些概念同样注重人才的吸引、创新环境的营造、知识与文化对创新的推动等，但在出发点和侧重点方面，与科技城存在差别（表1-2）。总体来说，科技城更强调高技术产业的发展、高技术的自主创新活动和城市系统层面对科技活动和创新文化的支持和促进等。

一些概念与科技城的异同　　　表1-2

概念	出发点	与科技城相同之处	与科技城不同之处
创意城市 (Creative City)	将创意产业和创意人才集聚作为城市发展动力的城市	多元、创新的氛围，高层次人才集聚，包容性强	强调创意产业的发展，包括文化、艺术、服务业等；科技城更加强调高技术产业的发展
知识城市 (Knowledge City)	充分利用现有城市的社会、经济、文化资源，实施以"知识为基础的发展"战略，促进城市转型，提升城市核心竞争力	知识的流动与共享，学习的氛围，拥有完善的知识服务设施	强调以知识为基础的发展，侧重于知识基础上建立的生产、分配和应用；科技城更强调高新技术知识的创造与应用

1 Florida R. The rise of the creative class: and how it's transforming work, leisure, community and everyday life[M]. New York: Basic Books, 2002.

2 Landry C. The Creative City: A Toolkit for Urban Innovators[M]. London · Sterling, VA: Earthscan Publications Ltd, 2000.

3 OECD.The Knowledge-based Economy[R]. Paris, France: OECD, 1996.

4 Ergazakis K, Metaxiotis K, Psarras J, et al. A unified methodological approach for the development of knowledge cities[J]. Journal of Knowledge Management, 2006, 10(5): 65-78.

5 王志章. 全球知识城市与中国城市化进程中的新路径[J].城市发展研究, 2007, 3: 13-19.

6 IBM商业价值研究院. 智慧地球赢在中国[EB/OL]. (2009-02-01) [2012-10-01]. http://www-31.ibm.com/innovation/cn/think/downloads/smart_China.pdf.

续表

概念	出发点	与科技城相同之处	与科技城不同之处
智慧城市 （Smart City）	充分借助物联网、互联网等信息通信技术，并应用于城市日常生活的各个方面	完备的信息基础设施，科技创新推动城市发展	更强调城市基础设施、城市生产、居民生活的智能化、信息化建设；科技城在目标上更为综合
科技园区 （Science and Technology park）	通过提供优惠的政策与集中的设施，吸引高新技术产业集聚，并希望产生协同作用促进创新成果的产生	高新技术产业和人才集聚，产业功能与目标一致	规模和范围较科技城更小，功能上更为单一，由从事高技术研发的企业组成

1.2　科技城概念内涵

如果将科技城视为一种可持续的城市发展模式，那么高技术产业领域的创新既是科技城发展的核心驱动力，也是理想的科技城发展目标。理想科技城的发展特征包括：① 发展驱动力为创新要素的自发集聚和创新成果不断产生，拥有自主知识产权的科研成果不断得到产业化应用或结合市场需求自主进行产品和服务的改进；② 发展目标是促进科学成果的商业化应用，实现创新引领的经济和社会发展；③ 发展载体为促进创新产生的多样性、开放型、自组织的城市系统。

现实中不少城市区域虽然也被称作科技城，但受发展环境和发展阶段所限，呈现出不同的发展驱动力，如国家政策驱动、资本驱动和初级要素驱动等。所以广义的科技城是以创新驱动发展为目标，以高技术产业为主导，依托城市系统功能支撑发展的城市或区域；狭义的科技城是真正实现创新驱动发展的以高技术产业主导的城市（表1-3）。

广义科技城与狭义科技城

表1-3

异同点	广义科技城	狭义科技城
发展目标	促进科学成果的产生或高技术产业的发展	促进科学成果的商业化应用，实现创新引领的城市经济和社会发展
发展动力	国家政策驱动、初级要素驱动或资本驱动	市场机制促进的科研成果的产业化应用或结合市场需求自主进行的产品和服务改进
构成特征	促进科研成果产生或高技术产品制造的专业化、依附型城市系统	促进创新产生的多样性、开放型、自组织的城市系统

以发展的观点来看，广义科技城与狭义科技城有着内在联系，狭义科技城是实现创新驱动发展的科技城，是所有科技城发展的目标，也是部分科技城在经历了初期政策驱动、初级要素驱动和资本驱动发展之后，进入成熟阶段的发展模式，比如韩国大德科学城和日本筑波科学城在经历了初期政策驱动发展阶段后，逐渐呈现出创新驱动的内生增长趋势。主要体现在：① 能吸引和保留知识资源和人力资源；② 技术创新源具备自主创新的实力，并能够通过技术创新的推动不断产生科技创新成果；③ 企业在自身研发和与技术创新源合作的基础上，能够结合市场需求产生市场创新成果；④ 在技术推动和市场拉动下，科技城孵化出大量创业企业；⑤ 经济增长主要依靠科技创新所获取的优势来拉动。因此可以认为创新驱动的科技城是科技城发展的一种类型，也可以是科技城发展的高级阶段，是科技城在市场机制主导下依靠创新要素的自主发展。

本研究将科技城（Science and Technology City或Technopolis）界定为以人的发展为核心，在城市系统功能的支撑下，通过集中推动创新和高技术产业的发展，促进经济效益提升、社会公平和环境可持续发展的城市（图1-1）。概念要点包括：作为目标的创新、作为产业特征的高技术和代表系统功能的城市。

图1-1　科技城的内涵

1.3　科技城规划界定

国家标准《城乡规划基本术语标准》GB/T 50280—98对城乡规划的定义为："对一定时期内城乡社会和经济发展、土地利用、空间布局以及各项建设的综合部署、具体安排和实施管理。"该定义主要针对城乡规划的实质性内容进行了界定。而从城乡规划的核心目的和基本属性上来看，《简明不列颠百科全书》则将城乡规划定义为："城乡规划是为了实现社会和经济发展的合理目标，对城市的建筑物、街道、公园、公共设施，以及城市物质环境的其他部分所作的安排。是为塑造和改善城市环境进行的一种社会活动，一项政府职能，一门专业技术，或者是这三者的融合。"因此，城乡规划一般涉及三个部分：① 一定的城市发展目标，② 根据目标安排的与城市物质环境及配套设施相关的行动步骤，③ 付诸实践的过程。

科技城作为一种具备专业化城市功能的城市类型，它的发展目标与实现目标需要各项建设的部署具备自身的特征。参照城乡规划的定义，科技城规划可以界定为：对一定时期内，对科技城经济和社会发展、土地利用、空间布局以及各项建设的综合部署、具体安排和实施管理。

本研究对科技城规划的研究侧重于对具体规划内容的研究，重点研究其发展目标和与之相匹配的实现步骤，而不再关注具体的实施管理。

本研究将在研究科技城演化和发展机制的基础上，从与创新密切相关的科技城产业布局和社会组织两个方面入手，分析科技城区别于一般新城的关键特征，并在此基础上进一步研究科技城的空间结构和土地利用特征和机制，为提出科技城规划理论和方法提供支撑。

2．科技城规划的战略意义

2.1　应对世界各国创新竞争加剧的格局

当前全球化进程的日益加速，国家与区域的竞争，越来越表现为科技的竞争、自主创新能力的竞争。2008年国际金融危机以来，世界各国纷纷将科技创新和新兴产业发展上升到国家战略（表1–4）。其中，美国政府于2009年颁布《国家创新战略》，2015年10月发布最新版战略；欧盟于2010年推出《欧盟2020战略》；日本2010年通过《新增长战略》；俄罗斯、印度等新兴经济体也开始推进向创新驱动型经济的转型[1]。除了更大力度的研发资助、更优惠的政策条件之外，世界各国纷纷提出旨

1 万军. 国外新兴产业发展的态势、特点及影响[M]//张宇燕，王洛林. 世界经济黄皮书：2012年世界经济形势分析与预测. 北京：社会科学文献出版社，2012.

在吸引科技人才和科技资源的高技术中心战略。2010年，时任英国首相的戴维·卡梅隆（David Cameron）提出建设"英国硅谷"——东伦敦技术城（East London Tech City）的设想，希望建立超越硅谷的世界级技术中心。2011年，美国纽约提出联合康奈尔大学，在曼哈顿和皇后区之间建设科技岛，希望能成为类似硅谷和128高速公路地区那样的高新科技企业孵化器，以吸引和培育高技术人才，带动城市向更高层次发展。与此同时，印度、苏丹等相继提出建设科技城的计划。可以看出，全球化背景下，世界各国更加重视区域创新能力的提升，希望通过集中创建设施完善、环境优越的科技城吸引高技术企业与人才，增强全球竞争力。

世界主要国家采取的科技创新战略　　　　　　　　表1-4

国家	年份	主要战略	主要内容	高技术中心策略
美国	2015年	《国家创新战略》最新版	维持美国创新生态系统，加大对研发的投资，构建长期经济增长竞争力，在先进制造、精密医疗、脑科学、先进汽车、智慧城市、清洁能源、节能技术、教育技术、太空探索和计算机新领域方面进行战略支持	促进创新中心形成和鼓励创业的生态系统
欧盟	2010年	《欧盟2020战略》	重点关注科技创新、研发、教育、清洁能源及劳动力市场自由化，推进灵巧、绿色、可持续、包容性增长	构建"创新联盟"，加强产学研合作
日本	2010年	《新增长战略》	挖掘自身优势，开创新领域；拓展支撑增长的平台，提出"绿色创新"环境与能源强国战略、"生命创新"健康强国战略、科技与IT导向国家战略等	创造世界领先的具有自然与人文关怀的未来城市，发展国际水平的产学官合作基地
俄罗斯	2008年	《俄罗斯2020年前发展战略》	摆脱能源型发展模式，走创新发展道路；提高国民教育，开发人力资源；提升基础应用科学；关注民生问题；促进生产效率提升；发展具有国际竞争力的产业	投入600亿卢布建设高技术中心，已建24个经济特区和12个高技术园区
印度	2011年	印度科技部	把2010~2020年确定为印度的创新十年，建立14所国立创新大学，促进包容性发展，促进持续创新	为中小企业和科研学术机构创新提供便利条件，提供优惠政策鼓励外商投资
中国	2006年 2011年	《国家中长期科技发展规划纲要》《国家"十二五"科学和技术发展规划》	培养和凝聚人才，提高自主创新能力，确定重点发展领域和优先发展主题等，加强科技体制改革和国家创新系统建设，加大科技投入，搭建科技基础条件平台，加强人才队伍建设，到2020年进入创新型国家行列	集中建设四大未来科技城为海外人才提供创新创业平台，高新区转型升级

资料来源：根据万军[1]及作者收集资料整理

---

1 万军. 国外新兴产业发展的态势、特点及影响[M]//张宇燕，王洛林. 世界经济黄皮书：2012年世界经济形势分析与预测. 北京：社会科学文献出版社，2012.

2.2 集中承载国家创新驱动发展战略

近年来，我国经济正处于发展转型的关键时期，党中央、国务院结合建设创新型国家的发展目标，启动创新驱动的发展战略。2012年，中国共产党第十八次全国代表大会提出创新驱动发展战略，明确指出"科技创新是提高社会生产力和综合国力的战略支撑，必须摆在国家发展全局的核心位置"。2013年以来，中共中央总书记习近平在多次讲话中都提出，要推进创新驱动战略，强调创新已成为推进民族和国家向前发展的决定性力量，并指出该战略的实施重点在于"把握科技创新的主攻方向，吸引和集聚创新型人才，健全和改革科技体制，推进国际合作"。2015年，国家"十三五"规划明确提出："创新是引领发展的第一动力"，需要"深入实施创新驱动发展战略"，并"形成若干具有强大带动力的创新型城市和区域创新中心"。从国家启动实施和大力推进创新驱动发展的战略举措可以看出，科技创新对国家发展的重要性已经被充分认知，成为新一阶段我国经济和社会转型发展的重要依托。

在国家实施创新驱动发展战略的背景下，由中央和地方政府推动的科技城建设成为集聚创新资源、促进自主创新能力提升的重要部署。

中央层面，为贯彻落实建设创新型国家，中央实施引进海外高层次人才的"千人计划"战略，以提升区域自主创新能力。2010年由中组部、国务院国资委牵头，提出中国四大未来科技城的建设目标，包括北京未来科技城、天津滨海科技城、武汉东湖科技城和杭州未来科技城，以营造良好的自主创新环境，吸引国内外高层次人才创新创业，是从国家层面促进自主创新能力提升的战略性布局。2009年起，国务院先后批复北京中关村、武汉东湖和上海张江3个自主创新示范区，其发展走上了创新驱动的科技城道路。

地方层面，国家高新技术产业园区发展迅速，在原有56家国家级高新区的基础上，2010~2011年新增49家，2014年新增9家，2015年新增15家，总数达到129家，成为我国高新技术产业发展的重要平台。然而，现有高新区的发展普遍面临自主创新能力不足的问题。大多数高新技术产业开发区主要承担产品生产和加工功能，R&D收入增幅缓慢，基本上无异于一般的工业区，而且陷入了路径依赖的增长陷阱[1]。中国要完

1 陈秉钊，范军勇. 知识创新空间论[M]. 北京：中国建筑工业出版社，2007.

成从"中国制造"向"中国创造"的转变，迫切需要高新区针对自主创新能力提升的"二次创业"或转型发展，在发展动力、建设形态、体制机制等方面完成根本的嬗变[1]。目前，已有多个国家级高新区提出了在现有基础上建设科技城的目标，新一阶段更加注重对系统性城市创新功能的培育。可以说，在快速城市化和提升自主创新能力的需求下，创新驱动的科技城已经成为一种新的发展模式，对我国健康城市化和集中营造自主创新环境将起到关键作用。

2.3　营造激发人才持续创新的人居环境

长期以来，有关高技术中心的研究基本在科技园区的概念体系下展开。20世纪80至90年代，关于高技术园区的研究成果较为丰富[2, 3, 4, 5, 6]，但由于高技术园区类型与规模各异，各国高技术区域发展策略各不相同，因此学术界并没有就园区尺度或城市尺度的高技术中心形成统一的划分标准，也并未将科技城作为一个独立的研究主题。现有的科技城规划也大都是科技园区"路径依赖"基础上的趋势外推，主要借鉴科技园区产业发展[7, 8, 9]、空间模式[10, 11, 12]和政策机制[13, 14]等理论研究成果，并未将科技城作为一个涉及生产、生活和生态功能的城市系统来进行规划。

科技城是从城市或区域范畴进行安排和布局的高技术中心，是集产、学、研、住、行等功能于一体的新城发展模式，尤其是创新驱动的科技城在概念内涵、发展机制、人口结构、产业功能、空间布局、设施配套等方面区别于科技园区（表1-5）。针对目前科技城概念内涵不明确、与科技园区相混淆的特点，有必要将科技城作为一个独立的研究主题，探索其核心特征。

科技园区与科技城的主要不同之处　　　　表1-5

	科技园区	科技城
概念	在一定区域内以智力密集和开放的环境条件为依托，通过优化软硬环境，促进科技成果的商业化应用，将其转化为生产力	从城市或区域范畴进行安排和布局的高技术中心，是集产、学、研、住、行等功能于一体的新城发展模式

1　沈奎. 创新引擎: 第二代开发区的新图景[M]. 广州: 广东省出版集团, 广东人民出版社, 2011.

2　Castells M, Hall P. Technopoles of the world: the making of twenty-first-century industrial complexes[M]. New York: Routledge, 1994.

3　韩宇. 美国高技术城市研究[M]. 北京: 清华大学出版社, 2009.

4　魏心镇, 王缉慈. 新的产业空间: 高技术产业开发区的发展与布局[M]. 北京: 北京大学出版社, 1993.

5　陈益升. 高科技产业创新的空间: 科学工业园研究[M]. 北京: 中国经济出版社, 2008.

6　顾朝林, 赵令勋. 中国高技术产业与园区[M]. 北京: 中信出版社, 1998.

7　王缉慈. 知识创新和区域创新环境[J]. 经济地理, 1999, 19(1): 11-15.

8　王缉慈. 创新的空间: 产业集聚与区域发展[M]. 北京: 北京大学出版社, 2001.

9　王缉慈. 超越集群: 中国产业集群的理论探索[M]. 北京: 科学出版社, 2010.

10　陈家祥. 创新型高新区规划研究[M]. 南京: 东南大学出版社, 2012.

11　王兴平, 崔功豪. 中国城市开发区的空间规划与效益研究[M]. 城市规划, 2003, 9: 6-12.

12　吴燕, 陈秉钊. 高科技园区的合理规模研究[J]. 城市规划汇刊, 2004, 6: 78-82.

13　段险峰, 田莉. 我国科技园区规划建设中的政府干预[J]. 城市规划, 2001, 25(1): 43-45.

14　庞德良, 田野. 日美科技城市发展比较分析[J]. 现代日本经济, 2012, 182(2): 18-24.

续表

	科技园区	科技城
空间规模	园区	新城或城区
功能系统	主要侧重于生产功能和研究功能	包含生产、生活和生态功能，是多功能与多要素组成的综合系统
产业构成	主要是高新技术产业发展	以高新技术产业为重点的三次产业协调发展
发展动力	创新系统主体的互动与产出	各功能系统的良性互动

2.4 示范我国城市转型发展的新路径

在我国当前的城镇化进程中，城市空间发展多以新城或新区的外延式拓展为主要载体，承载新增的城市人口。特别是1990年至今，以居住为主要功能的新城和以产业为主要功能的新区大量涌现（表1-6），大多数新城新区采取传统发展模式，多出现产城分离、空间品质低、城市发展无特色、竞争能力弱等问题，支撑新技术、新产业与新理念的城市发展模式仍在孕育中。在国际城市间竞争日益激烈的背景下，探索城市发展转型方式，通过整合利用城市发展要素和挖掘城市特色、提升城市竞争力变得十分必要。

我国城市化发展的四个阶段   表1-6

城市发展	时间	发展过程	城市特征	新城新区类型代表
第一波	1949~1978年	将消费型城市转变为生产型城市	功能不完整，结构不平衡的工业基地	工业基地
第二波	1979~1989年	市场经济引入计划经济	政策驱动，外资驱动	新城

续表

城市发展	时间	发展过程	城市特征	新城新区类型代表
第三波	1990~2000年	城市土地使用制度改革	瓦解了把单位作为中心、生产和生活混合布局的城市功能结构	新城、经济技术开发区、高新技术产业区
第四波	2000年以后	计划经济向市场经济转变	与国际资本市场联系密切，生产性服务业地位突出	知识型城市、科技新城、智慧新城

资料来源：根据叶嘉安等的文章[1]整理。

规划界对城市化进程的转型过程开展了相关研究，总结梳理了国内外城市的转型发展经验。研究认为，随着当前新技术发展日益深化、城镇化进程进一步加速、经济增长方式逐渐转变，中国城市发展模式的转型成为必然趋势。第三、四波新城代表了在新技术、新观念和新形势影响下，城市经济、社会和环境面临的各有侧重的发展特色和多元化的发展模式（表1-7）。科技城作为第四波新城的类型之一，是城市转型发展的一个方向，在要素类型和组织模式上已经区别于传统新城，对科技城发展模式的研究将有可能为我国城市发展转型提供示范。

美国城市的四次转型过程　　　　　　表1-7

城市发展	时间	发展动力	城市特征	城市类型代表
第一波	1760~1820年	农业技术革命是核心	城市人口规模小，大都分布在港口周边的城市	港口城市
第二波	1820~1970年	工业革命为主，大生产	人口快速增长，围绕生产功能，郊区化	工业城市、郊区新城
第三波	1970年~现在	知识经济为主体，先进技术和创新是核心	多中心分散式大都市区，城市蔓延和郊区化	网络城市、后福特主义城市、边缘城市、旅游休闲度假城市
第四波	1990年~现在	全球化	城市/区域成为全球重构基本单元，多区位的生产活动	文化城市、创意城市、生态城市、低碳城市、科技城市、智慧城市

资料来源：根据顾朝林的文章[2]整理。

1　叶嘉安，徐江，易虹.中国城市化的第四波[J].城市规划，2006，30（增刊）：13-18.

2　顾朝林.转型发展与未来城市的思考[J].城市规划，2011，35（11）：23-41.

3. 科技城规划研究的思路框架

3.1 研究思路

本书在对科技城理论与实践进展梳理的基础上，提出科技城演化发展的理论框架，然后针对科技城规划的几个关键内容——产业布局、社会组织、空间结构和土地利用等分别进行研究，最后尝试探讨科技城总体规划编制的框架和方法（图1-2）。

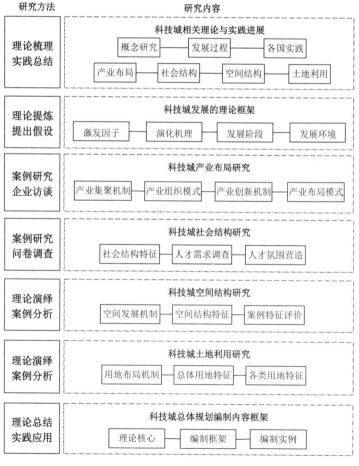

图1-2 研究思路图

3.2 技术路线

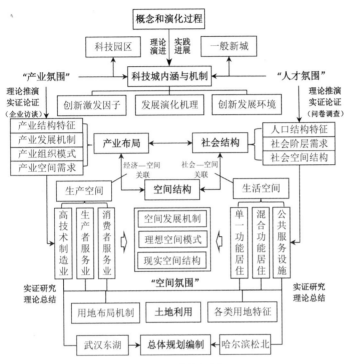

图1-3 研究的技术路线图

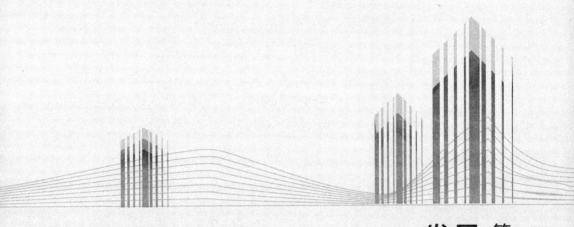

第2章

国内外科技城的

发展过程与特征

20世纪50年代世界高技术园区开始涌现，科技城作为一种具备系统性城市功能的高技术中心，成为一些国家和地区促进科技成果产生和高技术产业发展的区域发展策略。科技城早期发展主要依靠政策驱动、初级要素驱动和投资驱动，到发展后期逐渐向创新驱动转型，在要素组织和空间布局方面更加注重与创新机制的关联，注重从科技城的产业发展和社会组织方面形成利于创新的环境。本章将主要探讨世界科技城的总体发展过程以及国外科技城的发展特征、国内科技城的发展路径等几个方面。

1. 世界科技城发展的总体情况

1.1 科技城的发展路径

从世界各国科技城的发展路径和模式来看，科技城可以大致划分为三类：

第一种路径：在政府计划指引下，依托大学和研究机构，全新建立的科技新城。这类科技城集中出现在20世纪50~90年代，以日本筑波科学城、日本关西科学城、苏联新西伯利亚科学城、韩国大德科学城为代表，一般由国家政策和行政力量聚集科学技术研发机构与教育机构，通过政策优惠吸引高技术企业和人才，实现科技城的建设。

第二种路径：在现有高技术中心基础上拓展的功能完备的城市系统。如在科学园区的基础上建立的瑞典西斯塔（Kista）科学城，我国一些地方政府提出的在高新技术产业开发区基础上建立的科技城等。这类科技城大多出现在1990年以后，大多拥有良好的高技术产业发展基础，以城市综合型基础设施的完善和对外整体形象的提升作为高技术中心的竞争力。

第三种路径：现有大都市区加强对科学研究、技术应用、创新创业的推动，促进产业结构向高技术导向调整转型，形成的大都市区尺度的科技城。这类科技城主要在2000年以后逐渐形成，主要发展思路是将科学为基础的经济发展置于现有大都市区中，通过与科学相关的更广泛的社会包容、公共参与和地方合作来实现愿景。典型代表是印度班加罗尔科技城，以及英国始于2004年的科学城战略，即在曼彻斯特、伯明翰、约克、纽卡斯尔、布里斯托和诺丁汉6座城市建设科学城，它们将科学、技术与所在城市的地方基础相结合，通过科技和产业引领社会发展。

1.2　科技城的尺度规模

从世界各国科技城的尺度规模来看，科技城包含三种尺度：

第一类尺度：城市片区或新城尺度。指的是在现有城市中的具备完善功能的一个分区或郊区独立的卫星城，如西斯塔科学城、北京中关村科学城、新竹科技城、北京未来科技城、武汉东湖科技城等。

第二类尺度：中心城市尺度。是指将独立的中心城市作为科技城来运作，如日本筑波科学城的核心部分（研究学园地区）、韩国大德科学城、英国的科学城计划等。日本和韩国的科技城是20世纪后期一些国家的政策产物，是中央或地方政府利用行政力量的一种集中尝试，与城市片区或新城尺度科技城的区别在于它们不依附于特定的城市，其初期发展可能与第一类的规模相似，但后期可能发展壮大为独立的大都市区；英国的科学城计划是在现有中心城市的基础上采取一些政策措施，将科技与城市相融合，提升城市高科技产业的比例。

第三类尺度：大都市区尺度。这类科技城还可以称为"高技术城市"或"科技型城市"，往往侧重于将高技术产业的中心城市和技术扩散影响到的外围地区作为一个整体来考虑。如2000年前后，一些研究机构和学者根据美国高技术产业的就业情况和产出情况等，对美国高技术大都市区进行了排名，圣何塞、旧金山、奥斯丁、西雅图、罗利—达勒姆、圣迭戈、华盛顿、丹佛、波士顿、盐湖城、明尼阿波利斯等高技术大都市区位于前列；再如，韩国的大德科学城在发展中逐渐与所在的大田市不断融合，于2000年形成大德谷计划，大田市也逐渐成为科技型城市。

1.3　科技城的发展动力

根据科技城的创新发展动力，科技城的发展可以划分为三个阶段（表2-1）：

第一阶段：20世纪80年代以前。科技城的发展动力主要是政策驱动，表现为大学研究成果为基础、国家行政手段为引导的要素集聚，更多对应研究—开发—生产这种线性创新的模式，体现为大学向周边区域拓展的过程，其本质是以科学为基础的技术区。

第二阶段：20世纪80年代到90年代。科技城的发展动力主要是政策驱动和投资驱动，是在投资的引导下，逐渐推进科学和经济的互动过程，开始更多地出现互动创新的模式，产生地方内生的要素联系和互动。

第三阶段：出现在2000年以后。科技城的发展动力表现为投资驱动和创新驱动，同时依赖于地方政府的推动和市场需求的引导，在产业集群内部互动与全球联系的建立中，实现开放创新发展。一般集中在有活力的大都市区域发展，并融入更广泛的社会经济互动和文化中。

1 Anttiroiko A V. Science cities: their characteristics and future challenges[J]. International of technology management, 2004, 28(2-6):395-418.

2 Charles D R, Wray F. Science cities in the UK[C]//Yigitcanlar T, Yates P, Kunzmann K. The third knowledge cities summit proceedings. Melbourne: world capital institute, 2010: 132-146.

3 May T, Perry B. Transforming regions by building successful science cities[R]. Manchester: science cities consortium, 2007.

4 Cevikayak G, Velibeyoglu K. Organizing: spontaneously developed urban technology precincts[M]//Yigitcanlar T, Metaxiotis K, Carrillo F J. Building prosperous knowledge cities: policies, plans and metrics. Cheltenham, UK· Northampton, MA, USA: Edward Elgar, 2012.

科学城发展类型和动力　　　　　　　　表2-1

	第一波	第二波	第三波
模式概括	以科学为基础的新城镇建设	地方和区域发展项目	科学园区的拓展或大都市区的转型发展
出现时间	20世纪50~70年代	20世纪80~90年代	2000年至今
推动主体	国家	地方政府	地方政府和市场
发展动力	政策驱动	政策驱动和投资驱动	投资驱动和创新驱动
创新模式	线性创新	互动创新	开放创新
侧重点	大学为基础、要素集聚	地方内生联系、要素互动	集群导向、全球联系
代表案例	日本筑波、韩国大德、苏联新西伯利亚	日本关西、新加坡纬壹、中国台湾新竹	英国科学城、瑞典西斯塔

资料来源：根据Anttiroko[1]、Charles et al[2]、May et al[3]、Cevikayak et al[4]等的文章整理。

2. 国外科技城的发展特征

根据世界各国科技城的实践和相关学者开展的研究，可以看到北美洲、欧洲和亚洲的科技城呈现出了不同的发展特征。

2.1　北美洲科技城的发展

北美洲的科技城主要是指高科技型城市区域，多表现为在市场机制下，由高技术产业在现有城市中的集中发展，带动城市出现高科技型城市的特征。在这一过程中，政府主要起到引导作用。

（1）美国科技城

美国科技城既包含大都市区尺度，也包含中心城市尺度。既有从高技术就业数量角度、高技术集中程度角度进行的界定，也有从城市中是否已建立科技创新中心来考察。学者们公认的科技城包括中等规模的圣何塞、奥斯汀、波特兰、圣迭戈、罗姆—达勒姆、波士顿、西雅图、盐湖城、奥兰治县、达拉斯等，以及大都市区尺度的纽约、华盛顿、芝加哥、洛杉矶等（表2-2）。

2000年前后各类研究进行的美国高技术城市排名　　　表2-2

相关研究排名	进步政策研究所：新经济指数	美国电子协会和纳斯达克股票交易市场：赛博城市	米尔肯研究所：美国高技术城市	布鲁金斯学会：高技术产业就业区位商	安马库森等：高技术集中程度
1	旧金山	圣何塞	圣何塞	圣何塞	圣何塞
2	奥斯汀	波士顿	达拉斯	奥斯汀	西雅图
3	西雅图	芝加哥	洛杉矶—长滩	罗利—达勒姆	波士顿
4	罗利—达勒姆	华盛顿	波士顿	华盛顿	华盛顿
5	圣迭戈	达拉斯	西雅图—贝尔维尤—埃弗利特	波士顿	奥斯汀
6	华盛顿	洛杉矶	华盛顿	波特兰	奥兰治县
7	丹佛	亚特兰大	阿尔伯克基	西雅图	罗利—达勒姆
8	波士顿	纽约	芝加哥	明尼阿波利斯	圣迭戈

续表

相关研究排名	进步政策研究所：新经济指数	美国电子协会和纳斯达克股票交易市场：赛博城市	米尔肯研究所：美国高技术城市	布鲁金斯学会：高技术产业就业区位商	安马库森等：高技术集中程度
9	盐湖城	明尼阿波利斯—圣保罗县	纽约市	菲尼克斯	达拉斯
10	明尼阿波利斯	奥兰治县	亚特兰大	圣迭戈	盐湖城

注：（1）进步政策研究所的新经济指数排名采用的是1997年县级企业模式统计数据，研究对象是1999年美国联邦管理与预算办公室定义的50个联合大都市统计区，比如旧金山就包括了旧金山、圣何塞、奥克兰3个大都市区；（2）美国电子协会和纳斯达克股票交易市场的排名针对美国60个大都市区，主要数据为高技术产业在过去5年的就业增长；（3）米尔肯研究所的研究针对美国315个大都市区20世纪90年代高技术产业发展状况，主要综合了高技术产出的区位和占全国总产出的比重，列出了前50位的高技术城市；（4）布鲁金斯学会学者的研究选择的对象是文献中最常出现的14个美国高技术大都市区，研究并没有将国家最大的几个大都市区包含进去，比如纽约和洛杉矶等，因为作者认为这些地区与中等规模的大都市区运行方式不同；（5）安·马库森（Ann Markusen）等学者的研究针对1991—1999年创造就业数量最多的30个大都市区，主要考察高技术的绝对就业总量、就业数量增长和高技术就业的集中程度。列表中选取的是集中程度的排名，以筛选出那些拥有高技术导向产业结构的城市。

总体来看，美国科技城的发展主要依靠市场力量，在初期发展中受政府政策和研发资助影响，后期主要通过促进大学、研究机构、企业和政府等不同主体的合作、加强研发力量、促进中小企业的产生和吸引技术人才，从而实现创新驱动发展。其中创新环境和开放包容的文化对科技城实现创新驱动发展影响较大。

具体来看，学者们采用案例研究的方式对美国多个科技城的发展进行了评估。德州奥斯汀的高技术产业发展和经济增长依赖于科技城轮轴框架，即科技城的7个主体部分相互配合产生协同作用，包括大学、大型技术企业、小型技术企业、联邦政府、州政府、地方政府和支撑团体[1]。对比美国硅谷和128高速公路的发展，显示，在硅谷的发展中，创新环境和创新文化对高技术中心实现创新驱动发展产生了关键影响[2]。美国奥斯汀科技城25年的发展经验总结显示，科技城轮轴的不同部门之间，网络化程度越广泛、越高层次、越深刻，就越有可能产生合作经济，并促进创新产生[3]。圣迭戈的产业创新发展，主要受益于以下几点：一是为企业重新安排土地利用规划，通过开放性无缝衔接的空间促进产业与大学之间的合作；二是通过政府与企业的合作满足企业发展需求，提

1 Smilor R W, Gibson D V, Kozmetsky G. Creating the technopolis: high technology development in Austin Texas [J]. Journal of business venturing, 1988, (4): 49-67.

2 Saxenian A. Regional advantage: culture and competition in Silicon Valley and Route 128 [M]. Cambridge: Harvard University Press, 1996.

3 Gibson D V, Butler J S. Sustaining the technopolis: high-technology development in Austin, Texas 1988-2012, Working paper series WP-2013-02-01 [R].IC2 Institute, 2013.

供企业间互动的平台；三是创造互动和学习的社会空间，通过企业家社区、学术界科学家和管理层领导共同学习，通过互动网络的形成培育合作文化，培养本地创业企业，并鼓励创业家和科学家创建企业[1]。

（2）加拿大科技城

加拿大的科技城主要是指大都市区尺度的技术创新中心。从大都市区拥有的科技园区或孵化器情况、高技术产业的比例、高技术企业的数量和高技术集群发育程度来评估，加拿大的科技城包括多伦多、渥太华、滑铁卢、蒙特利尔、哈利法克斯、卡尔加里等城市（表2-3）[2]。其中，多伦多是加拿大最大的高科技城市，是北美生物医学研究和商业活动的引领中心。加拿大的科技城跟美国的科技城类似，并没有过多的政府干预和引导，是在已有城市设施和产业条件的基础上，在市场机制下逐渐面向高技术产业发展而形成的。

加拿大的技术创新中心城市　　　　　　　　表2-3

城市	主要产业类型	主要特点
多伦多	生物医药、软件开发、计算机硬件生产和网络服务	世界各国约有500家企业在多伦多设有科研中心
渥太华	软件和计算机	20万科技人才，素有"北方硅谷"称号
温哥华	软件业、电信、无线电通信、新型媒体、生化和能源	集中了哥伦比亚省65%的高技术行业
滑铁卢	软件开发、电子商务、人工智能、生化技术和无线通信技术	加拿大的科技三角区，400多家高技术企业
蒙特利尔	通信、生化、航空航天和新型媒体	拥有1000多家高技术企业
哈利法克斯	通信和计算机	集中加拿大东部地区80%以上的高技术企业
卡尔加里	无线通信和软件	高技术产业的就业率以每年20%的速度增加

资料来源：作者根据网络资料整理。

2.2　欧洲科技城的发展

欧洲的科技城既包括全新建设的科技新城，也包括现有城市向科技型城市的转型。在这些科技城的发展中，政府发挥了更大的引导作用，创新驱动发展主要体现在提升大学的创新源作用，促进本地知识基础上的产业集群发展，鼓励中小企业创业，实现多样化的产业发展，发挥创

1　Kim S, An G. A comparison of daedeok innopolis cluster with the San Diego biotechnology cluster[J]. World technopolis review, 2012, 1(2): 118-128.

2　Corona L, Doutriaux J, Mian S A. Building knowledge regions in North America: emerging technology innovation poles[M]. Northampton: Edward Elgar Publishing, 2006.

新场所的作用，培育地方创意社区等方面。

（1）法国科技城

最著名的法国科技城是1969年全新兴建的索菲亚·安蒂波利斯（Sophia Antipolis）。这座科技城最初建立的基础既没有大学，也没有产业，是在良好的气候环境条件下，在一片空地上发展起来的[1]。目前该科技城已在科技园区的基础上发展为一座综合型新城，面积25km^2，集中了60多个国家的1300家企业和3万名高技术人才，主导产业包括电子信息、精细化工、生命科学、环保和新能源等。概括来说，法国索菲亚科技城的发展要素包括高校和研究机构等技术创新源、孵化器和风险投资、提供中介服务的非政府组织、跨国公司研发中心和总部，以及政府驱动的良好的园区生态环境。主体间互动和国际化是索菲亚科技城在发展中重点关注的两个方面。

（2）英国科技城

英国科技城可以分为两类，一类是自下而上围绕着主要科学研究和教育机构自发形成的高技术城市区域，如剑桥科技城；另一类是自上而下由英国政府主要推动的区域发展项目，包括东伦敦科技城计划，以及在6个拥有高水平大学的城市推进的英国科学城计划。

剑桥科技城是在剑桥郡作为大学镇的基础上发展起来的。1969年《莫特报告》提出在离市中心3英里（4.83km）的城市西北角规划科学园区，初期面积为24英亩（9.72hm^2），后在发展中拓展为130英亩（52.65hm^2），以利用剑桥地区的科技和创新优势，加速科技成果转化。在其后40多年的发展中，剑桥地区的高技术产业迅速增长，产生了著名的"剑桥现象"。目前，以剑桥大学为中心的科技园区目前已有1600家高科技企业入驻园中，吸纳就业人口4.5万人，年产值40亿英镑，雇用了35000名研究人员[2]。另外剑桥镇还有大量企业分布于科技园区以外，让这座城镇真正成为一座科技城。然而，在快速发展中，剑桥镇也面临着人口增加、交通拥挤、房价上涨、土地资源紧缺等问题，因此剑桥科技城开始考虑建立跨区域的知识技术产业联盟，并将其作为远景发展的计划。

东伦敦科技城是英国政府2000年后为加强国家的科技创新实力培育高技术企业所采取的一项计划，其目的是在东伦敦地区培育一个类似于

1　Longhi. Networks, collective learning and technology development in innovative high technology regions: the case of Sophia-Antipolis [J]. Regional Studies, 1999, 33(4):333-342.

2　马兰，郭胜伟. 英国硅沼——剑桥科技园的发展与启示 [J]. 科技进步与对策, 2004, (4): 46-48.

"硅谷"的高技术区域。英国政府投入了4亿英镑支持科技城发展，在现有部分城市设施的基础上，通过区域内较低的租金、政府的政策优惠吸引全球高技术企业入驻。2008年，大约有15家高科技公司入驻东伦敦硅环岛（Silicon Roundabout）附近，构成了科技城的核心。科技城从肖迪奇（Shoreditch）、老街（Old Street）一直扩展到斯特拉福德（Stratford）的奥林匹克园。2010年，时任英国首相的卡梅伦提出希望通过规划促进这一枢纽的加速发展。2011年以来，超过1600家高技术公司落户这一区域，包括思科、Facebook、谷歌、英特尔、麦肯锡、沃达丰、亚马逊等大型企业的分支机构。同时，东伦敦科技城也成为欧洲地区高技术创业的集群。伦敦大学、伦敦都会大学、帝国理工学院、伦敦大学学院、拉夫堡大学等高校也成为集群中各类项目的合作伙伴。

　　英国的第三类科技城是英国政府于2004年提出的在拥有高水平大学的约克、纽卡斯尔、曼彻斯特、伯明翰、诺丁汉、布里斯托等6座城市建设的科学城，属于在现有城市中通过对高技术产业的推进来实现科技和创新引领增长的科技城（图2-1）。该战略希望通过加强产业和科学基地之间的联系，保证科学、技术、创新成为经济增长的动力，以增强知识经济背景下英国的全球竞争力，将英国发展成世界上最适合科学发展的地区。科学城战略的立足点是，如何利用科学活动塑造城市特征，实现城市区域再生，并提高城市创新产出、生产力和增长率。因此创新和生产力基础上的区域发展、创新系统的思路，以及对将城市作为密集创新活动的发生场所的考虑共同成为科学城发展的基础（表2-4）[1, 2, 3]。

图2-1　英国科学城战略的各科学城位置示意

资料来源：作者自绘。

1　HM Treasury. Pre-budget report opportunity for all: the strength to take the long term decisions for Britain [M]. London: TSO, 2004.

2　DIUS. A vision for science and society: a consultation on developing a new strategy for the UK [M]. London: TSO, 2008.

3　Science cities CSR. Transforming regions by building science cities [R]. London: Science cities CSR, 2007.

6座科学城分别根据自身的发展情况，设计了发展目标和具体的行动计划，可以概括为通过加强创新合作和构建创新生态系统，促进科技成果的产业化、促进创业企业和中小企业的发展，并不断巩固区域发展的科学基础，实现科技与创新对城市发展的带动。

英国各科学城的发展基础　　　　　　表2-4

科学城	人口	大学和研究机构	议会	区域发展署（RDA）	发展基础
约克科学城	18.2万	约克大学	约克市议会	约克郡发展署	本地有240个科技和创意机构，1998~2004年创造了2600个工作岗位和40个公司，9000多人参与科技相关工作
纽卡斯尔科学城	25.9万	纽卡斯尔大学	纽卡斯尔市议会	东北部发展署	在能源和医药方面拥有较强的科学研发基础，已经支撑了150个新企业的成长，获得50万英镑社区参与基金
曼彻斯特科学城	42万	曼彻斯特大学、博尔顿大学、索尔福德大学、曼彻斯特城市大学	博尔顿、拜瑞、曼彻斯特、奥德海姆、罗奇代尔、索尔福德、斯托克波特、塔姆塞德、特拉福德、维冈	西北部发展署	英国北部的经济发动机，有90000名学生资源，有曼彻斯特知识之都的合作基础——曼彻斯特论坛（Great Manchester Forum）
布里斯托科学城	38万	巴斯泉大学，巴斯大学，布里斯托尔大学	布里斯托市议会	英格兰西南部区域发展署	可持续发展领域发展迅速，是环境科学研究中心、港口附近的流域媒体中心，是创意产业集中地，在航空产业等方面也具有优势
伯明翰科学城	99.2万	伯明翰大学、华威大学、斯塔福德郡大学、阿斯顿大学	伯明翰市议会	西米德兰经济发展署	区域有良好研究基础，特别是在心脏起搏器、液晶、能源科学等方面。伯明翰在欧洲创新指数中排名29，在英国排名第4
诺丁汉科学城	28.5万	诺丁汉大学、诺丁汉特伦特大学	诺丁汉市议会、诺丁汉郡议会	EMDA中东部地区发展署	有超过50%的知识密集型工作，7000多名科学相关专业学生、2个主要科学园区、3个职业教育中心

资料来源：根据各科学城网站资料整理，人口数据来自英国城市网站[1]。

1 各科学城网站：约克科学城http://scy.co.uk/；纽卡斯尔科学城http://www.newcastlesciencecity.com/about-nsc/science-cities；曼彻斯特科学城http://www.manchesterknowledge.com/about-us；布里斯托科学城http://www.sciencecitybristol.com/；伯明翰科学城http://www.birminghamsciencecity.co.uk/；诺丁汉科学城http://www.science-city.co.uk/；英国城市网站http://www.ukcities.co.uk/populations/

（3）瑞典科技城

西斯塔科技城位于瑞典斯德哥尔摩的西北部，处在斯德哥尔摩大都市区的中心位置，是在西斯塔科学园（Kista Science Park）基础上进行结构调整和功能升级形成的，被美国《连线》（Wired）杂志评为全球仅次于硅谷的第二个最有影响力的高科技中心。西斯塔科学城交通便利、接近金融服务业集群和乌普萨拉大学城，科学城约有12万居民，移民占50%，主要来自欧盟、美国和以色列[1]。根据2010年西斯塔科学城官方统计资料，区域内共有企业近5000家、员工近7万人，在通信、软件、微电子、生物医药、纳米材料等产业方面拥有世界领先的实力，区域内的高科技企业包括爱立信、ABB、Electrolux、诺基亚、微软、苹果等[2]。西斯塔不仅是高技术产业集中的城市，也是能吸引世界创新人才、创业家、学生和研究人员的活力城市。大型服务综合体Kista Galleria、数码艺术中心、剧场行动平台等为多样化人才的交流提供了条件，科学城每年都会举办各种文化艺术活动，形成了完善的生活环境以及良好的文化和科技创新氛围。秦岩等认为西斯塔科学城信息、通信和技术产业集群实现创新发展的关键包括本地龙头企业强有力的带动作用，地区的支持、技术扩散和研发活动，IT大学市场导向型的人才培养，帮助中小企业创业的创新激励机制等[3]。

2.3　亚洲科技城的发展

　　总体来说，亚洲科技城的形成主要依赖于自上而下政府力量的推动，采用全新建设的方式，依靠行政力量集聚创新资源。大多数科技城在发展初期对市场和产业关注不足，没有达到预想的创新活力。但部分科技城在发展后期，随着系统性和多样性的提升，以及政府作用不断弱化，开始出现创新驱动发展的态势。关键影响因素包括政府、大学和企业间的合作关系，企业间的互动和学习网络，持续的技术转移，高技术基础设施的发展和吸引人才的高品质环境等。

　　（1）日本科技城

　　日本20世纪60年代开始实施科技城计划，包括旨在提升国家基础科学研究实力的筑波科学城，以区域高技术产业发展为目标的关西科学城，以及旨在促进地方特色高技术产业发展的一些技术城。

　　筑波科学城从1963年建设初期开始，就严格按照产（尖端技术产业）、学（大学和研究机构等研究设施）、住（宜居舒适的城镇）的规划理念进行建设，形成了商业和服务设施布局合理、居住条件宜人的城

1　秦岩, 杜德斌, 代志鹏. 从科学园到科学城: 瑞典西斯塔ICT产业集群的演进及其功能提升[J]. 科技进步与对策, 2008, 25 (5): 72-75.

2　唐永青. 北欧行动矽谷: 瑞典西斯塔科学城[J]. 台北产经, 2012, (9): 38-42.

3　秦岩, 杜德斌, 代志鹏. 从科学园到科学城: 瑞典西斯塔ICT产业集群的演进及其功能提升[J]. 科技进步与对策, 2008, 25 (5): 72-75.

镇，在27km²的土地上，集聚了日本31%的科研机构、40%的科研人员和50%的国家研究经费[1]，是日本最重要的科学研究中心。但是筑波科学城发展初期过度依靠政府的行政力量，缺乏对市场和产业的关注，造成产业活力不足的问题，表现在研究成果无法转换为产品、企业的衍生数量少、吸引的高技术企业少、产业规模小等方面，这与其集聚的大规模教育和研究机构不成比例，2008年筑波的产值仅占日本GDP的0.2%，远远落后于同时期自发生长起来的硅谷在高技术产业领域对美国的贡献。针对这些问题，日本政府采取一系列措施，并及时调整政策：1995年制定《科学技术基本法》，增加科研机构的自主性，减少政府对市场的干预，增加研究人员的交流和研究成果的共享等；1998年，修订筑波《研究学园地区建设计划》和《周边开发地区整备计划》；1998年，发布《大学技术转移促进法》；2003年，发布《国立大学法人法》；2007年，发布《产业技术能力强化法》，推动科研机构的市场化，促进大学和科研院所研究成果的产业转移，并采取了一系列政策吸引高素质人才，留住人才。筑波科学城的发展目标转变为：① 成为日本的国际学术活动、科研交流的主要据点之一，② 成为日本科学技术振兴的发动机，③ 成为科技成果反馈社会的典范[2]。

关西科技城是日本1987年启动的另一个科学城计划，位于东京、大阪与奈良之间，总面积150km²，其中文化学术研究区36km²，拥有12个研究区，规划人口规模21万人。关西科学城从建设初期就将公共与私人机构结合起来，在3座大都市交界的地方依赖于地区的教育机构和良好的环境，采取增强互动和多核心发展的模式，250多个研究机构进驻关西，在与产业界、学术界和政府的良好互动中促进了地区科技活动的开展，取得了一系列成果。2006年，日本国土交通省形成"第三阶段建设计划"，为科学城下一阶段的发展指明了方向。2011年4月，关西科学城人口达到8.6万人。

日本的第三类科技城是20世纪后半叶在全国建设的若干技术城，作为区域发展和产业分散化的手段。根据日本《技术城设想要点》，在一些筛选出的城市边缘20km²的土地上，平衡地发展产、学、住形成新的城镇[3]。日本高技术城计划的目的是通过形成新的高技术产业来提高地

1　徐井宏，张红敏. 转型：国际创新型城市案例研究[M]. 北京：清华大学出版社，2011.

2　白雪洁，庞瑞芝，王迎军. 论日本筑波科学城的再创发展对我国高新区的启示[J]. 中国科技论坛，2008，(9)：135-139.

3　魏心镇，王缉慈. 新的产业空间：高技术产业开发区的发展与布局[M]. 北京：北京大学出版社，1993.

方实业的技术水平，培育大学与产业之间的联系，创造能吸引技术人才的良好生活工作环境[1]。但由于一些城市竞争技术城的名号，以争取资源，造成一些本身不具备条件的地区也被冠以"技术城"的标签，最终导致日本的技术城计划失败。也有学者认为主要问题包括没有建立起大学与工业界之间的联系，缺乏"软件"基础设施，研究和开发设施不足，出现"分厂综合征"，工业部门之间缺乏联系，缺乏企业的衍生活动，难以吸引高素质的关键人才，地方政府的财税负担和海外的挑战等[2]。因此，从今天的发展来看，这些城市已经不能列入科技城的范畴。

（2）韩国科技城

韩国最著名的科技城是大德科学城（Daedeok Science Town），后期演变为大德开发特区（Daedeok Innopolis）。大德开发特区位于大田大都市区内，面积70.4km²，是由最初的大德科学城演变而来，是韩国最早也是最大的科技城。大德科学城是1973年在韩国政府的计划下建立起来的，目的是提高韩国的科学创新基础研究实力，树立韩国"技术立国"的形象。发展经历了1973～1980年基础设施建设，1980～1990年研究基地拓展和与大田市融合发展，1990～2000年创新中心建造和私人研究机构网络建立，2000年以后创新集群的形成和快速发展，以及2005年以后扩大为大德开发特区几个阶段。目前大德开发特区集中了29个政府资助的组织、5所大学，培育了1100多家公司，包括500家附属于各类公司的研究中心。韩国大约有11%博士水平的研究人员在大德开发特区工作。大德开发特区在空间上包括以下几个部分：大德科学城27.8km²，大德技术谷4.3km²，大德产业综合体3.2km²，北部绿带区域31.2km²，国防发展机构区域3.9km²（Innopolis Foundation，2012）。有学者从城市结构、研发和产业活动、企业网络联系三个方面总结了大德科学城发展的阶段特色（表2-5）[3]。

大德科学城发展特色总结　　　　表2-5

分类		发展特色		
		第一阶段	第二阶段	第三阶段
城市结构	与母城关系	卫星城镇	与母城结合形成一个集合城市	
	功能变化	科学城	土地混合使用的科技园市	
	土地利用	公共部门的研发中心	公私部门的研发中心	研发+工业园区

1 顾朝林，赵令勋. 中国高技术产业与园区 [M]. 北京: 中信出版社, 1998.

2 Castells M, Hall P. Technopoles of the world: the making of twenty-first-century industrial complexes [M]. New York: routledge, 1994.

3 吴德胜，周孙扬. 科技园市带动区域创新的关键成功要素: 以韩国大德科学城为例 [M] //林建元. 都市计划的新典范. 台北: 詹氏书局, 2004: 75-101.

续表

分类		发展特色		
		第一阶段	第二阶段	第三阶段
研发及产业活动	研发	纯基础研究	应用研发	商业化
	产业活动	无	有研发中心独立出来的衍生效果	创业投资公司的迅速成长
企业的网络联结	网络联系	仅是各研究机构间为有益发展所结成的简单网络	再细分并使网络活化	创投公司间的简单网络（21C创投家族）、创投社区的建立（大德生物社区）、以信息基础设施联结的网络（大德网）

资料来源：吴德胜，周孙扬[1]。

光州技术城（Gwangju Innopolis）和大邱技术城（Daegu Innopolis）是韩国2011年被指定的韩国第二和第三个开发特区。光州开发特区位于光州大都市区内，面积18.73km²，由1989年开始建设的光州技术城发展而来。光州开发特区的构成包括全球光电子融合技术集群4.8km²、高级技术交流与合作中心3.8km²、环境友好新绿色增长基地5.4km²、未来先进纳米技术中心0.9km²、教育和研究支撑3.8km²。其优势在于光电子领域，拥有韩国光电子技术研究院、光州科技学院、国力全南大学和韩国朝鲜大学，希望通过技术的商业化和创业企业，培育和孵化基于光电子的融合技术、纳米技术等领先技术。大邱开发特区面积22.25km²，与光州开发特区类似，都是在已有的地方产业发展基础上，向未来创新中心的转型。在韩国大邱庆北科技研究所、韩国脑科学研究中心、国际科学实验室商业带的基础上，大邱开发特区致力于发展五大高技术产业，包括信息通信、机械、医疗技术、绿色技术和生物技术，成为国际领先的技术融合基地。大邱开发特区的构成包括技术商业化核心基地7.9km²、特定目标的尖端产业基地6.3km²、通信技术相关的人力资源开发和供应基地0.9km²、通信和医疗技术协同作用的产业融合基地1.1km²、大学教育设施和专业化人才项目基地6.0km²[2]。

此外，韩国政府于2006年开始了一项面向未来的创新城市计划（Innovation City）。在韩国的省级城市中选择一些拥有良好基础、有条件驱动创新和提供高品质生活的城市，建设创新城市，以重新布局韩国过于集中在首都等地区的功能，并加强产业、学术机构、研究机构和政

1 吴德胜，周孙扬. 科技园市带动区域创新的关键成功要素：以韩国大德科学城为例[M]//林建元. 都市计划的新典范. 台北：詹氏书局，2004：75-101.

2 Innopolis foundation.sharing of korea's STP experience: creating government driven STPs [EB/OL]. (2012-08-07)[2012-10-29] http://www.ddi.or.kr/eng/04_news/07_brochure.jsp

府之间的合作。根据所在城市的产业特征，创新城市将会发展成具备独有特征的城市片区，包括4种类型：① 引领区域发展的创新中心城市。通过重新布局公共机构，建立产业、学术研究机构、政府之间的合作网络来促进创新；② 拥有独特特征的专业化城市。为创新城市创建区域和产业品牌，树立独特的形象提高区域的辨识度；③ 环境友好的绿色城市。保护自然环境和生态系统的多样性，建立可持续的城市空间结构和交通系统来节约能源和资源；④ 拥有良好的教育基础和环境的教育和文化创新城市。通过改善教育条件，包括建立特定目的的高等学校来创造良好的教育环境，提升区域的文化环境，并建立与区域知识基础相一致的城市信息设施。韩国政府对这类城市的规模设想为2~5万人，规模为2~8km^2。目前已经根据遴选原则（表2-6）选出11个省级城市建设创新城。2012年，已完成公共机构在首都区域以外的再选址。可以看出，该计划中的创新城是在现有大都市区内通过行政力量来推动建设的城市片区，其目的一方面是分散首都圈城市功能，另一方面是促进区域创新发展。其中有两类创新城与科技城类似，包括引领区域发展的创新中心城市和拥有良好基础的教育和文化城市。

韩国创新城计划遴选原则　　　　　　　　　　表2-6

1．发展成创新中心的可能性
2．城市发展的需要
3．在区域内部共享发展的可能性
4．交通的便利性
5．城市发展是否做好了准备
6．是否能保持与区域均衡发展
7．作为创新中心的适宜性
8．是否是环境友好的选址
9．与创新城共享成果的方式
10．城市现有基础设施和服务设施的可用性和便利性
11．地方政府是否支持

资料来源：韩国创新城官方网站http://innocity.mltm.go.kr/submain.jsp?sidx=107&stype=2。

（3）印度科技城

印度的科技城更多是从城市的现实发展情况和外界的声誉来进行界定的，最著名的是班加罗尔，以及新近发展起来的海德拉巴。班加罗尔的发展一方面是由于印度中央政府将一些国企和研发机构集中到这一地区，从而吸引了大量工程师和科学家，奠定了地方的科研基础；另一方面也是在全球化进程加快的背景下，信息技术的发展为具备语言优势和廉价的技术型劳动力优势的印度带来了新的机会。随着一些跨国公司的进驻，班加罗尔的软件外包产业逐渐发展起来。增加的工作机会也吸引了越来越多的印度技术人才来到班加罗尔，包括在海外接受教育的高层次人才，开始逆转"人才流失"（brain drain），形成"人才回流"（brain gain）的趋势，这些人才同时也架起了美国和印度之间合作的桥梁[1]。因此，在班加罗尔创建的高科技企业达4500家之多，100多家跨国企业在此设立了研发分文，让这一地区享有亚洲"硅谷"的称号。通过跨国企业的交流、人才的流动、高品质的基础设施等媒介，班加罗尔与外界形成了良好的互动，承接欧美国家的外包型产业向纵深化发展，并逐渐形成本国的研发实力。同时，也十分重视所在区域的协作发展，通过转移低技术的外包服务到梯队城市中，带动了周边城市发展，形成印度IT业的金三角。班加罗尔软件技术园中超过95%的国际企业都是由曾经生活或者工作在国外，特别是在美国的印度人来运营。班加罗尔的宜居环境也为其发展创造了条件，被誉为印度的"花园城市""退休人士的天堂"和"酒吧之都"[2]。

（4）新加坡科技城

新加坡因其在高技术产业方面的出色表现，被一些学者称为"高技术城市"。而从新加坡本国来说，则更多地将科技城概念赋予具有特定功能的城市片区。纬壹科技城是1998年以来新加坡政府在创建科学中心计划过程中的产物，主要采取了自上而下由政府推进的方式，由新加坡贸易产业部下属的法定董事会负责科学中心的总体发展。从规模和尺度上讲，纬壹科学城属于城市片区尺度，占地2km²，人口规模13.8万人。其周边包括社会和服务设施配套比较完善的荷兰村、两座科学园、新加坡国立大学、欧洲工商管理学院等教育机构及研究机构、国大医院等。纬壹科学城的总体规划尝试创建一个"激励人才的有创造力的物质环境，在其中关键的人才、企业家、科学家、研究人员可以集聚、交换想法和进行互动"[3]。该规划在个人和商业层面都提供了基础设施的无缝衔接，采用了"动态规划"方法促进空间的多种使用功能之间的垂直和水平联系，创造自我进化的工业结构[4]。

1 Chacko E. From brain drain to brain gain: reverse migration to Bangalore and Hyderabad, India's globalizing high tech cities[J]. GeoJournal, 2007, 68(2-3):131-140.

2 徐井宏，张红敏. 转型：国际创新型城市案例研究[M]. 北京：清华大学出版社，2011.

3 Wong K W, Bunnell T. 'New economy' discourse and spaces in Singapore: a case study of one-north[J]. Environment and planning A, 2006, 38: 69-83.

4 Francis C.C. Koh, Winston T.H.Koh, Feichin Ted Tschang. An analytical framework for science parks and technology districts with an application to Singapore[J]. Journal of business venturing, 2005, 20: 217-239.

（5）以色列科技城

以色列的特拉维夫（Tel Aviv Yafo）被誉为"硅溪"（Silicon Wadi），曾被美国《新闻周刊》评为全球十大科技城市之一。特拉维夫作为一个在郊区新城基础上发展起来的科技城，高度集中了以色列大部分的高科技产业，被认为是以色列国际化的经济中心。2006年市区面积51.76km²，人口38.25万。在特拉维夫城市群内（包括赫兹利亚、拉马特甘、阿什道等卫星城市），高技术产业的总产值已经占到以色列全国的2/3以上。徐井宏等认为特拉维夫之所以能够快速发展成科技城市，依赖于两个突出的资源优势：一是金融资源优势，拥有以色列唯一的证券交易所，为高技术产业发展所需要的高额风险投资提供了保障；二是特拉维夫经济的多样性，包括一系列高技术产业集群，并覆盖了所有技术生命周期，从草根型的创业公司到权势型的跨国集团，形成地方创新生态系统，包括世界级人才、领先的研发中心、创业孵化器、加速器和共同工作的场所，以及非正式的网络会见和活动的机会[1]。

3. 国内科技城的发展路径

我国的科技城可以分为以下三类：第一类是中心城区的转型发展，即城市在产业结构调整升级中提升高技术产业比例，挖掘科研资源潜力，促进科技成果转化，以中央政府指定的四川绵阳科技城为代表，范围是中心城区80km²。第二类是高新区的发展转型，即在高新技术产业开发区或科技园区的基础上，通过采取产城融合系统性培育创新环境的策略得以发展。据不完全统计，目前已有20余个高新区提出了向科技城转型发展的思路，希望通过城市系统功能的构建和各项设施的完善，为高新区的创新创业提供系统性的支撑，如苏州科技城、大连生态科技创新城、哈尔滨松北科技创新城、青岛崂山科技城、上海张江科技城、宝鸡高新区科技城等，这些科技城的规模大致在20~150km²。第三类是国家在特定的发展背景下，为提升国家自主创新能力集中兴建的四大未来科技城，规模在10~120km²。

1 徐井宏, 张红敏. 转型: 国际创新型城市案例研究 [M]. 北京: 清华大学出版社, 2011.

3.1   中心城区发展转型

四川省绵阳市是中央政府最早命名并建设的科技城，也是唯一一个国家命名的地级市尺度的科技城，是中国重要的国防科技和电子工业研发与生产基地。2001年，国务院正式批复《绵阳科技城发展纲要》，明确了绵阳科技城的范围为绵阳中心城区80km²，将在绵阳实际的基础上，依照国际标准和惯例，深化创新，挖掘科技资源潜力，加速科技成果转化，实现经济快速发展[1]。绵阳拥有良好的科技资源优势，汇聚了中国工程物理研究院、中国空气动力学研究所等国家级科研院所18所，以及包括西南科技大学等在内的大专院校12所，是我国西部科技资源集中的城市。特别是军工企业在军转民过程中，发挥着重要作用，是国家西部大开发战略重点支持的城市。绵阳科技城的建设目标为"军民融合示范地、科技创新策源地、创新人才汇聚地、科技成果集散和高新产业集中地"，在空间布局上优化"一城三区"总体布局，打造以科教创业园区、西南科技大学、教育园区及"三新城"为载体的科教创新区和以高新区、经济开发区为载体的两大产业功能区。目前，绵阳科技城已经孵化和培育出符合国家产业政策导向的科技型企业900余家，实施各类科技计划项目2100多项，形成填补国内空白的新技术、新产品200多项，科技进步对增长的贡献率达到48%以上。

3.2   高新区发展转型

1 刘弘涛. 中国科技城绵阳城市空间发展研究 [D]. 绵阳: 西南科技大学, 2008.

2 2016年国家级高新区的数量已达129家。

3 陈家祥. 创新型高新区规划研究 [M]. 南京: 东南大学出版社, 2012.

4 沈奎. 创新引擎: 第二代开发区的新图景 [M]. 广州: 广东省出版集团广东人民出版社, 2011.

全国105家[2]国家级高新技术产业开发区面临"二次创业"的任务[3,4]，为促进综合性创新环境的培育和高技术引领的城市发展，已有20余个高新区提出了在现有发展基础上建设科技城的思路，希望通过城市系统功能的构建和各项设施的完善，为高新区的创新创业提供系统性的支撑。如苏州科技城、大连生态科技创新城、哈尔滨松北科技创新城、襄阳科技城、温州科技城、青岛崂山科技城、南昌瑶湖生态科技城、临淄高新区科技城、宁波海洋科技城、辽宁渤海科技城、上海张江科技城、宝鸡高新区科技城等（表2-7）。这些科技城的规模在20~150km²，大都以"自主创新""生态宜居""新兴产业""配套完善"为发展目标，主导产业主要覆盖了我国目前的战略性新兴产业，空间格局按照功能区的形式进行部署，相比先前的高新技术产业园区的功能，增加了商务区、国际创新综合区、生态休闲区和配套区。总体来说，高新区转型基础上的科技新城更加注重自主创新的城市体系、生态友好的宜居环境和综合完善的配套服务。

部分高新区基础上发展的科技新城的基本概况　　　　表2-7

科技城	发展规模（km²）	发展目标	主导产业	空间格局
苏州科技城	25	新兴产业先导区、科技创新示范区、人才引进集聚区、生态环境样板区和宜居生活典范区	新能源与新装备、生物医药与医疗器械、软件与信息服务外包	科研中试区、成果产业化区、生态休闲区、中心配套区
宝鸡高新区科技城	34	未来的生态宜居之地、科技创新与创业之城，融研发、服务、生产、居住、游憩为一体的多元复合城市副中心	钛材料、石油钻采、高速铁路装备和航空安全装备制造	核心商务区、生态居住区、教育培训区、创意研发区、文化旅游区和高新技术园区
哈尔滨松北科技创新城	137.2	立足黑龙江、服务全国、辐射东北亚的区域性技术创新中心，国内外知名的高新技术产业化示范基地；现代化科技新城、对俄科技合作示范区，提升哈尔滨城市竞争力的重要支撑和科技平台	智能装备制造业、生物医药、农产品深加工、电子信息、新能源与节能环保产业、国际教育培训产业等	技术创新综合区、产业先导区、行政服务核心区、科技商贸综合区、RDP综合体、国际科技创新综合区、现代教育大学园区、高新RDP综合体
上海张江科技城	25	成为国家自主创新示范基地，具有国际竞争力的科学城	集成电路，生物医药，软件及文化创意和新能源、新材料	技术创新区、高科技产业区、科研教育区、生活区等
大连生态科技创新城	65	以生产性服务业、科技研发、文化创意等创新型产业为引领，融汇国际水准的城市基础设施，具备现代生态宜居生活要素的新城区，其定位为"代表大连未来高端产业的发展方向和城市品位"	以工业设计研发等为主体的生产性服务业，新能源、新材料、生物技术和新一代信息技术等新兴产业的技术研发与创新，文化创意产业	核心起步区、国际商务城、北方生态慧谷、联想未来城、国际社区、森林金融办公室、文化创意产业区、国家科研创新园、驿城体育公园
青岛科技城	42	汇集产业发展、综合服务与生态景观三大功能的国际科技社区；青岛市海洋科技产业研发、创新核心区，重要的人才培育基地；高科技企业总部汇集中心和全国重要的高新技术产业化基地。	海洋科技产业、生物医药、智能家居、电子信息、动漫产业	科技谷：国际科技园区、软件园、花卉产业区、康体接待区、海大创智区；创智谷：科技研发区、山水环境居住区；创业谷：科技创业片区、智能家居园、生物医药园、电子通讯园

资料来源：苏州科技城网站http://www.sstt.gov.cn/ssttnew/2052/aspx/WebMain/aspx/Newdefault.aspx；宝鸡高新区网站http://www.bj-hightech.com/list.php?fid=12；《哈尔滨松北科技创新城总体规划文件》；张江高科技园区官方网站http://www.zjpark.com/；大连生态科技创新城网站http://dlbestcity.com.cn/；青岛科技城http://www.qstt.gov.cn/。

新竹科技城也是在科技园区基础上发展转型而来的。新竹科学园于1980年正式成立，园区规划面积21km²，是台湾高技术产业和研究机构最集中的地区。台湾建设新竹科学园的目的是希望推动台湾的产业从劳动密集型向技术密集型转型，因此借助新竹清华大学和"国立"交通大学的科研优势，通过重点发展机械和信息产业提升台湾的科技创新能力。新竹科技园在发展中凭借劳动力成本优势以及优越的投资环境和优惠政策，吸引了大批国际大型高技术企业落户园区，特别是通过"人才回流"，与美国硅谷建立了人才、技术、生产、风险资本等方面的联系，把硅谷的创业文化和创业模式带到了新竹科技园[1]。新竹科技园发展迅速，2000年时已面临土地利用不足、发展受限的问题。因此2000年和2001年，新竹市为维持高科技产业的区域优势并借以调节园区与城市互利共生的关系，尝试运用科技城的计划，将原有以科学园为中心的单核心模式，发展为多个高科技产业卫星园区相互支撑的网络形态，并将高科技产业与城市发展整合为一种新的城市发展范式[2]。

3.3 科技城全新建设

本书重点研究的对象是我国的第三类科技城，即国家集中兴建的四大未来科技城。2009年起，由国家部委牵头，选择在北京、武汉、杭州、天津4座城市集中建设4个未来科技城，主要目的是为了落实创新型国家战略和中央引进海外人才的"千人计划"，并在此基础上建设人才创新创业基地和研发机构集群。希望通过集聚资源与优势形成良好的创新环境，形成创新创业高度密集的人才特区和科技新城，引领我国经济转型和自主创新能力的提升。

4个未来科技城的基本概况（表2-8）。可以看出，4个未来科技城都选址在我国发展较快的大都市区，区域拥有良好的产业基础和智力资源，对于发展高新技术产业和促进创新创业有着显著优势。4个未来科技城在规模上相差较大，面积最小的是北京未来科技城，为10.24km²；面积最大的是杭州未来科技城，为113km²。从科技城与周边关系来看，北京未来科技城是与周边关系联系密切的城市片区，其他3个科技

1 Saxenian A. The new Argonauts: regional advantage in a global economy [M]. Cambridge: Harvard University Press, 2007.

2 林钦荣. 高科技产业与都市发展策略的新课题: 新竹科技城 [M] //林建元. 都市计划的新典范. 台北: 詹氏书局, 2004: 103-123.

城都是独立新城，具备较为完善的城市系统功能。

我国四大未来科技城基本情况　　　　表2-8

名称	区位	面积（km²）	性质
北京未来科技城	位于北京市昌平区，东与顺义后沙峪接壤，西与北七家镇中心组团相连	10.24（不含2014年向北扩区的7km²）	城市片区，与周边关系较为密切
武汉未来科技城	位于武汉东湖国家自主创新示范区核心区的东部，与鄂州红莲湖居住新城相邻	66.8	独立新城，与周边有一定联系
杭州未来科技城	位于杭州市中心西侧，距西湖9km²，紧邻浙江大学	113	独立新城，自成系统
天津未来科技城	位于天津滨海高新技术产业开发区，北临东丽湖温泉旅游度假区，东临滨海湖	30.5（核心区）、40（拓展区）	独立新城，与周边有一定联系

4．科技城实践进展总结

本章重点探讨世界科技城的总体发展过程和世界各区域科技城的发展特征，得到以下结论：

（1）世界科技城的实践发展主要经历了三个阶段。第一阶段是20世纪50~70年代，以世界范围半导体产业、计算机产业的兴起为背景，一些国家为了提升本国高科技产业的实力，以国家政策为驱动力建设科学为基础的新城镇，将特定区域指定为科学城或技术城，集聚大学和研究机构，希望促进科学研究为基础的高技术产业发展，以日本筑波、苏联新西伯利亚、韩国大德为代表；第二阶段是20世纪80~90年代，一些国家的地方政府为了促进区域经济发展，提出了旨在提升区域高技术产业发展水平的地方区域发展项目，通过提供扶持高技术产业发展的政策供给和引导私营企业的投资来驱动科技城发展，以日本关西、新加坡纬壹、中国台湾新竹为代表；第三阶段是2000年以后，随着科技创新在经济发展中发挥越来越大的作用，多个国家提升了对创新驱动发展政策的重视，在中央和地方层面推动创新驱动的科技型区域发展，形成了在现有科学园区基础上扩展发展科技城的模式，以及通过科学城计划推动大都市区转型发展的模式，这一阶段的发展动力表现为投资驱动和创新驱动，同时依赖于地方政府的推动和市场需求的引导，在产业集群的内部互动与全球联系的建立中，实现开放创新发展，以瑞典西斯塔、英国的科学城、中国高新区的转型升级为代表。

（2）世界各区域科技城的发展呈现差异化的特征。北美洲的科技城主要是指高科技型城市区域，体现为高技术产业在已有城市中的集中发展，并依靠市场力量带动。这些科技型城市区域在初期发展中受政府政策和研发资助影响，后期主要通过促进大学、研究机构、企业和政府等不同主体的合作，加强研发力量，促进中小企业的产生和吸引技术人才，实现创新驱动发展。其中，创新环境和开放包容的文化对科技城实现创新驱动发展影响较大。欧洲的科技城既包括了全新建设的科技新城，也包括了现有城市向科技型城市的转型。政府在各类科技城的发展中发挥了更大的引导作用，创新驱动发展主要体现在提升大学的创新源作用，促进本地知识基础上的产业集群发展，鼓励中小企业创业，实现多样化的产业发展，发挥创新场所的作用，培育地方创意社区等方面。亚洲的科技城更多体现为依靠行政力量集聚研发和创新资源，多采用全新建设的方式推进。大多数科技城在发展初期对市场和产业关注不足，没有达到预想的创新活力。但部分科技城在发展后期，依靠更多的主体间合作、企业间互动和学习网络、持续的技术转移、高技术基础设施的发展等，实现了创新驱动发展的态势。

（3）中国当前的科技城呈现三种路径和模式：旨在提升城市高技术产业发展和创新能力提升的中心城区发展转型；在已有高新区基础上通过植入欠缺的城市功能形成功能完善的科技城的发展模式；在中央政府人才计划带动下集聚央企研发机构全新建设未来科技城的模式。

第3章

科技城规划
相关理论

1. 科技城发展理论基础

科技城是在城市和区域尺度上发展高技术中心的尝试，其概念核心包括创新、高技术和城市。与之相对应，支撑科技城发展的理论基础涉及地域创新理论和城市增长理论两个大类。学术界与之相关的研究成果分散在公共政策学、经济地理学、城市经济学、经济社会学和城乡规划学等多个学科，各个学科在发展演进中都形成了支撑地域创新和城市增长的理论（图3-1）。

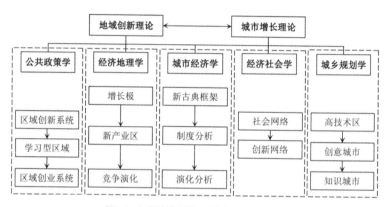

图3-1　与科技城发展相关的各学科理论成果

与地域创新理论相关的各个研究领域分别有各自的研究侧重点，也在理论基础与研究内容上有一定交叉。经济地理领域的相关研究重点关注对创新与空间关系、创新与制度关系、创新与产业集聚、创新与区域发展要素的关系等内容，包括新产业区、创新环境、创新集群、技术极等研究流派；公共政策领域的相关研究重点关注创新、创业与区域主体、环境的关系，制度建设和政策制定等内容，包括区域创新系统、区域创业系统和学习型区域等研究流派；社会经济学领域的相关研究重点关注创新与社会网络和社会资本的关系，包括社会网络和创新网络研究。

与城市增长理论相关的研究涉及城市经济学、经济地理学、城乡规划学等研究领域（表3-1）。城市经济学的研究主要关注城市增长的机制和造成城市间增长差异的原因，包括传统经济学、新古典城市经济学、新制度经济学等研究视角；城市规划领域的相关研究重点关注城市增长的动力和结构要素，最近的研究可以概括为创意城市研究、知识城市研究和高技术区规划等研究流派。

科技城发展相关的各学科理论研究内容和研究流派　　　表3-1

学科领域	相关研究内容	研究流派
经济地理学	创新与空间关系、创新与制度关系、创新与产业集聚、创新与区域发展要素的关系	新产业区、创新环境、创新集群、技术极等
公共政策学	创新、创业与区域主体、环境的关系，制度建设和政策制定	区域创新系统、区域创业系统和学习型区域等
经济社会学	社会网络和创新网络的关系	社会网络和创新网络等
城市经济学	城市增长与各结构要素的关系	新古典经济增长理论、新增长理论、新制度经济学
城乡规划学	特定类型城市的增长机制和规划方法	高技术区研究、创意城市研究、知识城市研究等

在综合梳理以上理论研究成果和科技城实证研究进展的基础上，本书将集中针对科技城的议题，对以上理论研究中能够与科技城产业布局、社会结构、空间结构和土地利用等相关联的研究进行综述。

2．科技城产业布局研究

科技城产业布局理论主要涉及以下几类视角：产业链与创新集群视角、产业模块与创新网络视角、产业支撑与区域创新系统视角、产业类型与创新知识基础视角。

2.1　产业链与创新集群视角

波特（Porter M E）认为产业链组织模式是对产业生产逻辑和布局关系的一种抽象，是"依据产业内或产业间的经济技术关联，产业组织呈现出的链条式关联关系形态[1]。"科技城的产业多属于高技术产业，其

1 Porter M E. Competitive advantage of nations: creating and sustaining superior performance [M]. New York: Simon and Schuster, 1985.

1 吴金明, 邵昶. 产业链形成机制研究——"4+4+4" 模型 [J]. 中国工业经济, 2006, 4: 36-43.

2 OECD. The well-being of nations: the role of human and social capital [R]. Paris: OECD, 2001.

3 钟书华. 创新集群: 概念、特征及理论意义 [J]. 科学学研究, 2008, 1: 178-184.

4 Hu T, Lin C, Chang S. Role of interaction between technological communities and industrial clustering in innovative activity: the case of Hsinchu District, Taiwan [J]. Urban Studies, 2005, 42(7): 1139-1160.

5 Oh D, An G. Three stages of science park development: the case of daedeok Innopolis foundation [R].2012 JSPS Asian CORE Program, 2012.

6 Athreye S. Agglomeration and growth: a study of the Cambridge Hi-tech Cluster [R]. Stanford University: Stanford Institute for economic policy research discussion paper 00-42, 2012.

7 Huang W. Spatial planning and high-tech development: A comparative study of Eindhoven city-region, the Netherlands and Hsinchu City-region, Taiwan [D]. Delft University of Technolgy Department of Urbanism, 2013.

产业链组织与所属行业的科学研究性质和市场需求密切相关，因此形成了针对特定高技术产业的，根据在产业链上的相互关联，由需求链、企业链、价值链、空间链构成产业链组织模式[1]。在产业链概念基础上，波特进一步提出集群概念，强调产业集聚过程中同一区域内不同企业或主体之间在互动和联系中建立合作关系，进而减少交易成本，提高总体效率，形成集体财富。OECD认为"创新来源于科研、商业、教育、公共管理机构之间的相互作用[2]。"钟书华认为创新集群的特征包括多元主体参与的创新活动、主体间发达的战略联盟与合作关系、高强度的研发经费投入、大量的知识转移与知识溢出、快速增长的集群经济[3]。

产业链与创新集群视角的科技城产业布局重点强调不同企业和研究机构在空间上的联系方式，主要包括两种模式。一种是围绕创新源，根据产业链上的前向后向功能联系集聚相关产业，专业化的集群涵盖了价值链中的所有主要活动，包括研究、开发、生产、销售等，是一种地域生产综合体的模式。如中国台湾新竹科技城从最初集成电路产业的生产制造开始向产业链上下游延伸，获取价值链"微笑曲线"两端的高附加值[4]；韩国大德科技城则从初期研发功能向生产制造延伸，形成基于产业链的产业空间布局模式[5][图3-2（a）]。另一种是围绕创新源，仅将位于价值链相似位置的产业集聚在一起，根据相关产业之间的互动集聚相关产业，形成所属行业互不相同，但具备资源需求共性的集群。如Athreye对剑桥科学城的研究发现，剑桥科技城的很多公司从事制造价值链相关部分的开发与设计，而不从事实体生产，与生产制造相关的工作由其他地区的公司来完成[6]。Huang对荷兰埃因霍温的研究发现，产业布局结合各大学的研究优势，形成专业化的产业集群。同时集群之间也存在非正式的互动和联系，促进产业融合基础上的创新[7][图3-2（b）]。

2.2 产业模块与创新网络视角

伴随20世纪末生产方式的变化，产业组织形态从纵向一体化开始转向纵向分离，并在模块化的基础上构建横向网络。青木昌彦认为模块作为子系统，具有半自律性，"根据特定的规则与其他相似子系统的相互

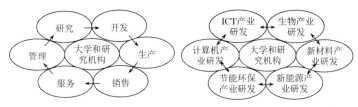

（a）基于产业链组织的产业布局模式　　（b）基于产业间互动的产业布局模式

图3-2　两种产业布局模式

联系，从而构成更复杂的系统或过程[1]"。在全球价值链分工和转移的背景下，模块化网络的构建及生产外包可以帮助创新型企业利用外部技术减少成本、节约时间，进而提升竞争力[2]。鲍德威（Baldwin）等探讨了硅谷的高科技产业发展与产业模块化之间的关系，认为硅谷是模块的集结地，企业通过将产业模块化，来把握和利用更加复杂的技术，在将产品分解成模块的过程中，相关各方都获得了更高的灵活性，包括设计方、制造方和用户等[3]。模块化产业组织思路在产品设计、研发和生产领域应用广泛，特别是在此模式下，高技术产业区形成了灵活分散的开放式创新网络[4]，并以全球性领导厂商的外包为基础，通过组织接近和地理接近，形成全球制造系统[5]。产业的模块化分工和网络化整合极大提高了技术创新的效率，不仅每一个模块内部可以探索更为优化的运行模式，而且模块之间可以有不同的组合方式，产生多样化的创新（图3-3）。

在产业模块化组织方式兴起的背景下，创新网络视角下的科技城产业布局研究强调企业之间的生产分工与网络关系，包括地方邻近性基础上的本地网络的构建以及全球关系和组织邻近基础上的生产和研发外包等。硅谷发展初期是典型的地方创新网络，企业间关系的构建基于正式的外包合作关系，也基于由地方文化促进的员工之间的非正式互动[6]。中国台湾新竹的生产网络存在水平合作网络和垂直合作网络，很多战略联盟都涉及台湾以外的企业，在生产和研发的分工协作中，新竹的企业可以提高生产效率，用更短的时间完成产品生产，同时，企业以及员工之间关系网络的构建，也促进了知识流动和知识溢出，衍生出新的企业[7]。印度班加罗尔科技城的最初发展依靠来自硅谷的高技术服务外包需求，

1　[日]青木昌彦，安藤晴彦．模块时代：新产业结构的本质[M]．周国荣，译．上海：上海远东出版社，2003．

2　彭本红．模块化生产网络的研究综述[J]．科技管理研究，2009，10：301-303．

3　Baldwin C Y, Clark K B. Design rules: the power of modularity[M]. Cambridge: The MIT Press, 2000.

4　柯颖，王述英．模块化生产网络：一种新产业组织形态研究[J]．中国工业经济，2007，8：75-82．

5　Sturgeon T, Florida R. Globalization, deverticalization, and employment in the motor vehicle Industry[M]//Kenny M, Florida R. Locating global advantage: industry dynamics in a globalizing economy. Palo Alto, CA: Stanford University Press, 2004.

6　Saxenian A. Regional advantage: culture and competition in Silicon Valley and Route 128[M]. Cambridge: Harvard University Press, 1996.

7　Ku Y L, Liau S, Hsing W. The high-tech milieu and innovation-oriented development[J]. Technovation, 2005, 25(2): 145-153.

在此基础上，随着地方研发教育水平的不断提升，印度开始强调发展本地技术、科学和职业机构，并伴随人才回流，逐渐从研发外包集中型城市向具有创新实力的科技型城市转变[1]。还有学者研究了挪威4个技术城在全球—地方网络中的创新，认为可以划分为4个阶段：一是早期领先公司和机构的地方化；二是通过外部化、衍生和外来公司本地化，以及设立一些知识机构实现集群增长；三是核心公司的重构和生产创新网络的空间扩展；四是重新整合生产和发展地方与区域创新系统。可以看出，模块化组织模式基础上的科技城创新网络的形成是提高研发与生产效率、确立科技城竞争优势的有效途径，对产业布局的需求包括：① 同类型中小产业围绕龙头产业的集聚，② 与全球主要厂商与研发机构的联结，③ 本地创新网络中正式互动和非正式互动的空间[2]。

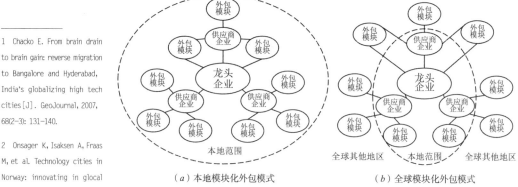

（a）本地模块化外包模式　　　　　（b）全球模块化外包模式

图3-3　产业模块化组织的两种形式

2.3　产业支撑与区域创新系统视角

库克（Cook，P）提出了区域创新系统理论，"是在一个地区中由相互分工和关联的研究机构、大学和生产企业等构成的，支持并生成创新的区域性组织体系[3]"。区域创新系统的5个关键要素是区域、创新、网络、学习和互动[4]。区域创新系统理论与创新集群理论有一定的重

1　Chacko E. From brain drain to brain gain: reverse migration to Bangalore and Hyderabad, India's globalizing high tech cities [J]. GeoJournal, 2007, 68(2-3): 131-140.

2　Onsager K, Isaksen A, Fraas M, et al. Technology cities in Norway: innovating in glocal networks [J]. European planning studies, 2007, 15(4): 549-566.

3　Cooke P, Uranga M G, Etxebarria G. Regional systems of innovation: an evolutionary perspective [J]. Environment and planning A, 1998, 30: 1563-1584.

4　Cooke, P. Regional innovation systems, clusters, and the knowledge economy [J]. Industrial and corporate change, 2001, 10(4), 945-974.

叠，都强调不同主体之间的互动对创新的促进作用。但为了突出不同的侧重点，本文从产业链关联格局下企业间互动的视角来理解创新集群，而从为产业发展提供系统性支撑环境的视角来理解区域创新系统。区域创新系统包括进行创新产品生产和供应的生产企业、研究机构、大学等创新主体机构，以及从金融和政策法规等方面支持和约束创新活动的政府、金融机构等创新服务机构，侧重于强调支撑创新的系统性环境。

从产业支撑与区域创新系统视角来看，科技城产业布局的特征包括：① 创新源邻近。有学者认为大学正在从传统的研发与教育功能转变为促进创新的知识中心，其作用包括技术创新和创业的激励、与高技术企业的合作、对高技术创新资源的吸引等[1, 2]。② 相关主体的联结与互动。奥斯汀模式的关键在于主体之间的正式和非正式配合、协调与合作，主要是在一些关键的机会目标下，通过公共和私人部门组成网络来实现目标[3]；对挪威3个地区区域创新系统的研究认为，企业与客户间的非正式联系、技术人员之间的非正式互动和员工流动、区域内的信任氛围对区域中企业创新有较大促进作用[4]。③ 技术制度设施完善。科技城的高技术产业发展需要配套的技术设施和制度设施，分别对应有形的技术设施和空间以及无形的制度设施和氛围。如有学者认为中介组织、孵化机构、产业联盟等在科技城发展中发挥着重要作用[5, 6]。

2.4　产业类型与创新知识基础视角

不同的产业拥有不同的知识基础，不同的知识基础意味着不同的知识创造逻辑、知识利用、发展方式，以及将知识转化为创新的不同战略，会影响主体之间在创造、传播、吸收知识时的互动方式，对地理上距离的要求、空间作用方式的要求也不相同。因此阿什海姆（Asheim）将产业知识基础分为三种：分析型、综合型和象征型，并分析了对应产业的创新特征（表3-2）。分析型知识一般对距离不太敏感，包括全球知识网络和密集的地方合作，而综合型和象征型知识创造却需要主体之

1 Smilor, R., O'Donnell, N., Stein, G., Welbom, R. S., III. The research university and the development of high-technology centers in the United States [J]. Economic development quarterly, 2007, 21: 203–222.

2 Youtie J, Shapira P. Building an innovation hub: a case study of the transformation of university roles in regional technological and economic development [J]. Research policy, 2008, 37(8): 1188–1204.

3 Gibson D V, Butler J S. Sustaining the technopolis: high-technology development in Austin, Texas 1988-2012, Working paper series WP-2013-02-01 [R]. IC2 Institute, 2013.

4 Asheim B T, Isaksen A. Regional innovation systems: the integration of local 'sticky' and global 'ubiquitous' knowledge [J]. The journal of technology transfer, 2002, 27(1): 77–86.

5 Corona, L., J. Doutriaux and S.A. Mian, building knowledge regions in North America: emerging technology innovation poles [M]. Northampton: edward elgar publishing, 2006.

6 Kim S, An G. A comparison of Daedeok Innopolis Cluster with the San Diego Biotechnology Cluster [J]. World technopolis review, 2012, 1(2): 118–128.

间的地理临近性和更强调地方合作[1, 2]。根据阿什海姆（Asheim）的相关分析，研究人员发现① 在分析型知识基础的典型区域中，一般由大学发挥中心作用，还有一些衍生公司、多样化产业等；② 综合型知识基础的典型区域中，一般会有大学和技术工作者、跨国工程公司、生产商，在就业和设施方面更好，商业氛围优于人才氛围；③ 在以象征型知识为基础的典型区域，一般都有多样化的文化中心，人口密集，多文化或多种族环境。

1 Asheim B, Hansen H K. Knowledge bases, talents, and contexts on the usefulness of the creative class approach in Sweden[J]. Economic geography, 2009, 85(4): 425-442.

2 Asheim B T, Gertler M S. The geography of innovation [M]//Fagerberg J, Mowery D, Nelson R. The Oxford handbook of innovation. New York: Oxford University Press, 2005: 291-317.

3 Asheim B, Hansen H K. Knowledge bases, talents, and contexts on the usefulness of the creative class approach in Sweden[J]. Economic geography, 2009, 85(4): 425-442.

4 Asheim B T, Gertler M S. The geography of innovation [M]//Fagerberg J, Mowery D, Nelson R. The Oxford handbook of innovation. New York: Oxford University Press, 2005: 291-317.

5 Asheim B, Coenen L, Vang J. Face-to-face, buzz, and knowledge bases: sociospatial implications for learning, innovation, and innovation policy[J]. Environment and planning C, 2007, 25(5): 655.

6 Gertler M S. Buzz without being there? Communities of practice in context [J]. Community, economic creativity, and organization, 2008, 1(9): 203-227.

基于不同知识基础的产业布局理论　　　　　　　表3-2

内容	分析型（基于科学的）	综合型（基于工程的）	象征型（基于艺术的）
知识类型	理论（know-why）	技能（know-how）	关于人的知识（know-who）
创新类型	应用科学法则探索关于自然系统的知识，通过新知识的创造实现基础创新	通过应用或组合现有知识实现渐进创新	创造意义、愿望和审美品质，通过情感激发唤起艺术型创造
创新过程	应用科学模型发现新知识，基于演绎过程	组合现有知识，面向问题解决，基于归纳过程	基于难以表达的观点，是一种创意过程，价值被社会化建构，"说服的力量"很重要
创新互动	与研究机构合作	与客户和供应商的互动学习	在工作室中和项目团队的实验与互动
编码化还是非编码化	主要是高度编码化的科学知识	主要是静默的和应用型知识，部分编码化知识，更依赖于情境，与问题解决相关	主要是静默的和艺术的知识，强调互动、创意、文化知识和标识价值的重要性；体现强烈的情境依赖性
分享和扩散知识的途径	专利申请、科学型会议发表的论文	解决专业领域的问题，面对面交流	难以分享和扩散，在实践中长期发展，创意被关键人物掌控
场所一致性与异质性	开展创新的场所之间相对一致	开展创新的场所之间有较大差异性	开展创新的场所、阶层和性别具有多样性
空间选址	选址可位于城市中相对独立的区域	选址应靠近客户和供应商	选址应在具有个性与刺激审美的地区
空间特征	空间环境安静	空间环境多元化、互动化	空间环境多元化、互动化
设施配套要求	研究空间、开发空间、网络设施、交通设施	互动空间、网络设施、交通设施	互动空间、休闲空间、网络设施、交通设施
实例产业	生物技术、药品开发及其他以科学为基础的产业	机械工程等以工程为基础的产业	文化生产、设计、商标、电影等文化创意产业

资料来源：根据相关研究整理[3, 4, 5, 6]。

这种基于产业知识基础的分析方法，强调在科技城产业布局中应关注不同类型产业的不同布局需求和特征，根据不同的知识基础和创新模式安排产业之间的相互关系和配套设施。但目前尚缺乏从这一角度开展的对科技城产业布局的研究。

2.5 已建科技城的产业布局模式

世界各国已建科技城的产业布局由市场与政府相互作用下的产业布局机制、产业发展过程决定，呈现差异化的产业布局模式（表3-3）。美国科技城产业布局并未遵循严格的产业功能分区，而是在市场的动力机制、政府的政策指引和风险投资的驱动下自发形成，表现为企业围绕大学和研究机构集聚，形成大学、企业、研究机构紧密相连的布局模式[1]；欧洲科技城的产业发展结合了政府引导和市场发展的力量，一般在地方基础上由政府引导形成科技园区，后期根据市场发育情况，选择是否进一步支持或培育。企业围绕大学和大型企业的研发机构布局，同类产业集聚，形成专业化产业园区[2]。亚洲科技城产业布局多为政府主导，以自上而下的方式进行规划。大致可以分为两类，一类是初期以高技术产品的生产和制造为主，后期向产业链上游和下游延伸，涉及研发和制造、销售和服务等内容，同时将生产功能扩散到区域的其他园区，如中国台湾新竹科技城[3]；另一类是在科技城发展初期规划布局不同产业的专业化园区，引导同类产业集聚到同一区域，发挥邻近性和知识溢出的作用，并邻近安排相关产业集群，促进产业之间的互动，如新加坡纬壹科技城，韩国光州、大邱技术城等。

总体来看，对创新和高技术产业布局的研究已取得较为丰富的研究成果，但尚缺乏针对中国科技城以创新为导向的产业发展特征、机制和产业布局模式的研究，尤其缺乏自下而上的企业和不同的产业视角对产业布局需求的研究。在中国独特的社会经济背景下，科技城产业发展与创新是否呈现出与世界其他科技城不同的特征，有待进一步研究。

1 Kim S, An G. A comparison of Daedeok Innopolis Cluster with the San Diego Biotechnology Cluster [J]. World technopolis review, 2012, 1(2): 118-128.

2 秦岩，杜德斌，代志鹏. 从科学园到科学城：瑞典西斯塔ICT产业集群的演进及其功能提升 [J]. 科技进步与对策, 2008, 25(5): 72-75.

3 Huang W. Spatial planning and high-tech development: a comparative study of Eindhoven city-region, the Netherlands and Hsinchu City-region, Taiwan [D]. Delft University of TechnolgyDepartment of Urbanism, 2013.

世界已建科技城的产业布局模式对比   表3-3

	美国科技城	欧洲科技城	亚洲科技城
产业布局机制	市场的动力机制，政府的政策指引，风险投资的驱动	政府引导与市场机制相结合，在地方基础上形成科技园区	多为政府主导，以自上而下的方式进行规划，形成专业化园区
产业布局过程	初期预留学术机构周边的区域，后期用作成果转化后的商业发展	政府根据市场发展选择性培育产业，经历了地方化—全球化—多样化产业发展阶段	政府将产业链向上下游延伸，将生产制造扩散到其他地区，或者对原有专业化园区进行拓展
产业布局模式	企业围绕大学和研究机构集聚，大学、企业、研究机构紧密相联	企业围绕大学和大型企业的研发机构布局，同类产业集聚，形成专业化园区	一些根据产业链上的相互关联布局，后期将生产制造扩散到其他地区；另一些根据个同产业之间的联系布局专业化园区
典型案例	美国圣地亚哥（图3-4）	瑞典西斯塔（图3-5）	中国台湾新竹（图3-6）、新加坡纬壹科技城和韩国光州技术城（图3-7）

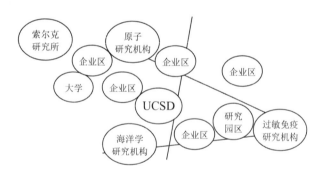

图3-4 美国圣地亚哥生物技术集群产业分布

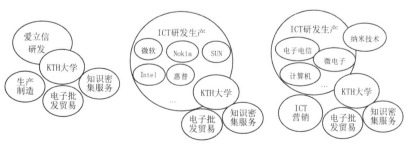

（a）20世纪80年代地方化阶段   （b）20世纪90年代全球化阶段   （c）21世纪多样化阶段

图3-5 瑞典西斯塔科学城产业布局演变图

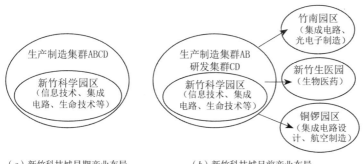

（a）新竹科技城早期产业布局　　　　（b）新竹科技城目前产业布局

图3-6　亚洲科技城产业链延伸和生产制造扩散模式

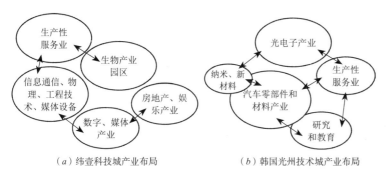

（a）纬壹科技城产业布局　　　　　（b）韩国光州技术城产业布局

图3-7　亚洲科技城相关产业专业化园区布局模式

3．科技城社会结构研究

科技城发展区别于以往高技术区的一个重要方面在于：在提供良好的"产业氛围"（business climate）的同时，尤为注重人力资本的吸引与保留，通过"人才氛围"（people climate）的营造，为高技术企业和人才提供更加宜居和有活力的环境[1]。目前关于科技城社会结构的研究集中在对科技城的社会阶层构成特征、创意阶层特征和需求，以及科技城社会阶层分异等方面。

3.1　社会阶层构成特征研究

科技城作为创新创业集中的区域，研发人员等知识型、创意型、高

1 Barinaga E, Ramfelt L. Kista-the two sides of the network society [J]. Networks and communications studies, 2004, 18(3-4): 225-244.

技能人才的比例较高，同时，由于劳动力的分化和分工的进一步加剧，也催生了对低技术服务型人员的需求。卡斯特尔斯在《信息化城市》中提出高技术社会两极分化的职业结构，一方面是高级服务业和高科技部门中由高技术人才构成的精英集团，另一方面是在低技术制造业和非正式部门中的下层工人、新体力劳动者和服务型工作者，中产阶层日益萎缩[1]。佛罗里达提出创意阶层概念，这一阶层由创意的经济型需求所催生，成为农业阶层、工业阶层和服务业阶层之外的第四个阶层。创意阶层由从事科学研究开发和艺术工作的"超级创意核心"群体和分布在知识密集型行业的"创新专家"构成。与创意阶层相对，在高技术引导的创意社会中，另一支社会群体也在发展壮大，被称为"服务阶层"，包括经济体系中"服务业"中的低端行业，典型特征为低收入、缺乏自主性，如门卫与场地看守人、餐饮服务员、私人护理员、秘书与文员、保安及其他服务类职业[2]。还有学者研究了西斯塔科学城的社会构成情况，也遵循这种两极分化的社会结构：一个阶层是高技术社区，指科学城自我管理的工作人员，拥有高消费能力；另一个阶层是地方服务者阶层，他们为前一个阶层提供基本的服务，由服务生、看门人、保姆、保洁员、擦鞋匠、晚间披萨店主、热狗亭员工构成[3]。

表3-4列举的几个高技术产业比重较高的美国城市，可以在一定程度上看作是发展较为成熟的科技城。从其阶层构成来看，创意阶层比例在35%左右，服务阶层比例在42%左右，其他劳工阶层比例大概为20%。

1 [美]卡斯特尔斯·曼纽尔. 信息化城市[M]. 崔保国等译. 南京：江苏人民出版社，2001.

2 Florida R. The rise of the creative class: and how it's transforming work, leisure, community and everyday life[M]. New York: Basic Books, 2002.

3 Barinaga E, Ramfelt L. Kista-The two sides of the network society[J]. Networks and communications studies, 2004, 18(3-4): 225-244.

4 Florida R. The rise of the creative class: and how it's transforming work, leisure, community and everyday life [M]. New York: basic books, 2002.

美国几个科技型城市阶层结构表   表3-4

地区	创意阶层		超级创意核心		劳工阶层		服务阶层		总就业人口
	就业人口（人）	比例（%）	就业人口（人）	比例（%）	就业人口（人）	比例（%）	就业人口（人）	比例（%）	
华盛顿特区	1558430	39.81	650250	16.61	663430	16.95	1690220	43.18	3914810
罗利—达勒姆	257710	39.35	123240	18.82	132070	20.17	264510	40.39	654840
奥斯汀	245350	37.52	101630	15.54	122370	18.72	285370	43.64	653850
波士顿	1088680	36.48	440510	14.76	590630	19.79	1303640	43.68	2984480
旧金山	1217760	36.08	546060	16.18	739150	21.90	1408130	41.73	3374780
西雅图	593960	34.84	269790	15.82	373360	21.90	735370	43.13	1704970

资料来源：针对创意阶层的研究[4]

3.2 创意阶层特征和需求研究

针对科技城的高技术阶层或称创意阶层的研究主要分析了高技术群体的心理和行为特征、居住空间选择的特点。创意阶层的价值观特征为个性化、多样性和包容性，他们最重视的工作因素包括挑战性与责任、灵活性、稳定的工作环境与相对有保障的工作、薪酬、职业发展、同辈认同、鼓舞人心的同事与领导、振奋人心的工作内容、组织文化和工作地点和所在社区[1]。国内学者陈家祥对科技城软件园主体人群进行了研究，认为在产业文化方面，这些人更青睐于组团式的产业布局、大量的商务交流；在消费文化特征方面，需要高档与精品式消费，拥有简单快捷的消费习惯，需要更多的社会服务；心理文化特征方面，追求高端技术，强调精密与细致，热衷于探索；行为文化方面，拥有交流与互动的需求，以及创新环境的需求[2]。还有学者对软件园工作人员的特征进行了概括，在高强度的脑力劳动和灵活的工作方式下，软件开发与研究人员十分注重工作环境的舒适度和生活质量，需要良好的气候与自然环境、优越的居住条件、良好的教育机会和文化服务设施等，同时这类群体也面临巨大的技术压力，需要排解压力的空间和设施[3]。新竹科技城高技术社区在选择居住地点时，会考虑与同类知识工作者的邻近性，在非正式社会网络互动和共同文化的基础上建立联系[4]。

3.3 社会阶层分异研究

大前研一提出M型社会理论，在全球化的发展趋势中，富裕阶层拥有智力和金融资本，财富持续增加，贫困阶层靠出卖劳动力为生，难以向上流动。而中产阶级将开始分化，一少部分能挤入高收入阶层，另一部分大多将沦为低收入或中低收入阶层，原本占大多数的中间阶层凹陷，社会像被拉开的字母"M"[5]。他用这种M型社会来描述"富者愈富、穷者愈穷"的社会，也是两极分化的社会。

科技城作为高技术人才和服务型人才集聚的城市，很容易出现M型社会的特征。已有一些学者关注了科技城发展中高技术阶层与服务阶层

1 Florida R. The rise of the creative class: and how it's transforming work, leisure, community and everyday life [M]. New York: basic books, 2002.

2 陈家祥. 创新型高新区规划研究 [M]. 南京: 东南大学出版社, 2012.

3 刘敏, 刘蓉. 科技工业园区的新发展——软件园及其规划建设 [M]. 北京: 中国建筑工业出版社, 2003.

4 Chang S, Lee Y, Lin C, et al. Consideration of proximity in selection of residential location by science and technology workers: case study of Hsinchu, Taiwan [J]. European planning studies, 2010, 18(8): 1317-1342.

5 [日]大前研一. M型社会: 中产阶级消失的危机与商机 [M]. 刘锦秀, 江裕真译. 北京: 中信出版社, 2007.

两极分化和社会不平等的趋势，如对瑞典西斯塔科学城两个社会阶层的研究，包括高技术阶层和低技术服务阶层，认为高技术社会的两个社会阶层已经出现空间分异的现象[1]。对奥斯汀科技城社会阶层、性别和数字鸿沟方面不平等问题的研究，认为有必要关注科技城的非高技术人口，并通过规划弥补一些由于科技城经济转型产生的问题[2]。

目前少有针对科技城社会空间结构展开的研究，仅有王战和等研究了高新区的社会空间分异[3]，冯健等以中关村大学周边的居住区为研究对象，分析了其社会空间特征及其形成机制[4]。

总体来看，已有一些理论探讨了信息化城市和创意城市的社会构成特征，但对科技城人口结构和社会结构特征的研究相对缺乏，特别是在我国的研究中大多数只关注了高技术阶层的特征和需求，而并未从系统角度看待科技城的社会结构，也并未从不同社会阶层需求的角度研究科技城的社会空间组织，尚未对科技城的社会空间结构展开研究。

4. 科技城空间结构研究

目前关于科技城空间结构的研究主要从知识和创新视角、社会空间视角和生态格局视角展开。已建科技城的空间结构包括单中心圈层模式和分散多组团模式两类。

4.1 知识和创新视角

第一是知识和创新与空间的相互作用机制。科技城的主要经济活动已经转变为在知识基础上面向创新的研究、开发和生产，交通运输成本在企业居民和生活中的影响下降。有学者认为取而代之的是人力资本、知识资本和关系资本的作用上升[5]。陈秉钊等认为知识创新空间集聚的机制是知识外溢在区内得以最大程度的展开，因此创新的速度会由于空间集聚而加快，也会产生新的分工并吸引新的创新要素不断集聚，从而

1 Barinaga E, Ramfelt L. Kista-The two sides of the network society [J]. Networks and communications studies, 2004, 18(3-4): 225-244.

2 Straubhaar J, Spence J. Inequity in the Technopolis: race, class, gender, and the digital divide in Austin [M]. Austin: university of Texas Press, 2012.

3 王战和, 许玲. 高新技术产业开发区与城市社会空间结构演变 [J]. 人文地理, 2006, 2: 65-66.

4 冯健, 王永海. 中关村高校周边居住区社会空间特征及其形成机制 [J]. 地理研究, 2008, 05: 1003-1016.

5 Huang W. Spatial planning and high-tech development: a comparative study of eindhoven city-region, the Netherlands and Hsinchu City-region, Taiwan [D]. Delft University of Technolgy Department of Urbanism, 2013.

产生空间集聚和创新发生的循环累积效应[1]。还有学者认为在知识和创新导向下，决定知识创新空间演化和发展的关键在于地理邻近性、创新源、技术基础设施、知识溢出和技术社群的互动等机制[2]。

第二是知识和创新影响下的空间结构布局模式。孙世界等认为在高技术空间区位因子变化的前提下，高技术中心形成了由三个层次构成的空间结构：① 核心区。包括高技术商务中心、商务写字楼、电子市场；② 混合区。包括大学科研机构、大学科技园、孵化器、居住生活配套；③ 辐射区。包括居住生活配套、各专业生产研发园区、中试基地[3]。曾鹏在研究城市创新空间时认为，城市创新空间围绕创新源形成三个圈层：科研机构、高技术企业及高等院校位于核心圈层，满足生产功能；交通、物流、金融、通信等服务功能位于第二圈层；居住、商贸、文教等功能位于第三圈层[4]。

4.2 社会空间视角

科技城社会结构对空间结构的影响主要包括两类：① 同质化集聚带来的空间分异。科技城不同社会阶层的人会集聚到不同的社区，带来一定程度的空间隔离。这类研究包括，对新竹科技城高科技社群居住空间选择的研究发现，科技工作者在选择住房时比较看重社会网络、社群文化等社会和认同邻近性，倾向于靠近同类居民居住[5]；瑞典西斯塔科技城社会空间分异显示，高收入的技术精英阶层与低收入的服务者阶层居住在有明显间隔的区域[6]；印度班加罗尔和海德拉巴科技城高档门禁社区造成空间隔离等。② 异质化互动带来的空间融合[7]。奥斯汀科技城通过公共空间的营造和设施的完善，弥补了异质群体在社会阶层、性别和信息获取之间的鸿沟[8]。

4.3 生态格局视角

科技城生态格局对空间结构的影响表现在：① 生态格局影响整体空间结构。科技城往往选址在具备良好生态环境条件的地区，因此生态

1 陈秉钊，范军勇. 知识创新空间论［M］. 北京：中国建筑工业出版社，2007.

2 Hu T, Lin C, Chang S. Role of interaction between technological communities and industrial clustering in innovative activity: the case of Hsinchu district, Taiwan［J］. Urban studies, 2005, 42(7): 1139–1160.

3 孙世界，刘博敏. 信息化城市：信息技术发展与城市空间结构的互动［M］. 天津：天津大学出版社，2007.

4 曾鹏. 当代城市创新空间理论与发展模式研究［D］. 天津：天津大学，2007.

5 Chang S, Lee Y, Lin C, et al. Consideration of proximity in selection of residential location by science and technology workers: case study of Hsinchu, Taiwan［J］. European planning studies, 2010, 18(8): 1317–1342.

6 Barinaga E, Ramfelt L. Kista - The two sides of the network society［J］. Networks and communications studies, 2004, 18(3–4): 225–244.

7 Chacko E. From brain drain to brain gain: reverse migration to Bangalore and Hyderabad, India's globalizing high tech cities［J］. GeoJournal, 2007, 68(2–3): 131–140.

8 Straubhaar J, Spence J. Inequity in the Technopolis: race, class, gender, and the digital divide in Austin［M］. Austin: University of Texas Press, 2012.

格局对科技城总体空间结构的确定起着决定性作用。科技园区的生态化内涵包括两个方面：一是对区域内自然环境的保护和控制，以形成良好的生态环境，保持自然环境的生态化；二是高技术产业的生态化，以形成经济与环境共生的产业发展模式[1]。② 生态低碳导向的空间单元组织。有学者认为科技城的产业和居住由于不再受污染隔离的限制，往往在产业园区周边就近布局居住设施和公共服务设施，通过空间单元的组织，减少工作与生活的通勤，形成生态低碳导向的空间单元组织模式[2]。

4.4　已建科技城的空间结构

（1）单中心圈层模式

一般规模较小的科技城多呈现单中心圈层模式的空间结构，以商业和公共服务设施为中心，形成研究组团、科技园区、居住区镶嵌布局的模式，以筑波科学城为代表[3]。筑波科学城形成以公共服务功能为中心，研究组团、教育组团和居住组团环绕布局的结构，外围郊区布局生产区。同时，城市以一条主干道为中轴线，串联起主要的大学、中心区和研究机构，居住、公园、学校、商业中心等沿轴线布置，并配置宜人和安全的居住空间。周边的生态绿地和郊区一方面保护了生态环境，另一方面为生产组团和新项目预留了发展空间（图3-8）。

1　陈家祥. 创新型高新区规划研究［M］. 南京:东南大学出版社, 2012.

2　Wong K W, Bunnell T. 'New economy' discourse and spaces in Singapore: a case study of one-north［J］. Environment and planning A, 2006, 38: 69–83.

3　［日］藤原京子, 邓奕. 日本:筑波科学城［J］. 北京规划建设, 2006, 01: 74–75.

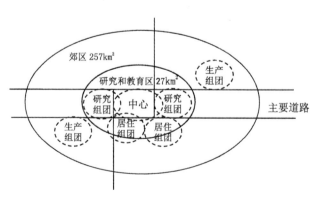

图3-8　筑波科学城空间结构

资料来源：根据藤原京子的研究总结。

（2）分散多组团模式

分散多组团模式的科技城空间结构一般出现在面积较大、产业门类较多的科技城中。日本关西科学城、荷兰埃因霍温、韩国大德研究开发特区是其中的代表。关西科学城按照不同的地域来组织产业和居住设施，分为3个地区、共12个组团，散布在关西科学城内，每一个组团都兼具产业和居住功能。荷兰埃因霍温为多中心结构，专业化的产业集群围绕各个大学形成组团[1]。2005年后，韩国政府在大德科学城基础上进行了拓展，形成大德技术谷、大德产业区、国防机构区域和大德北部绿带区，统称为大德研究开发特区[2]。

总体来看，对科技城空间结构的研究主要从知识创新、社会空间、生态格局等视角展开，多注重影响科技城空间结构的某个方面，并未建立综合研究科技城空间结构的理论框架来融合各个角度的观点。同时，目前尚无针对国内科技城空间结构的研究，特别是在全球化和信息化背景下，有待进一步研究科技城空间结构构成特征、空间结构演化机制、科技城与所在母城的空间关系等问题，并明确科技城空间结构区别于一般新城的特征和机制。

5．科技城土地利用研究

科技城土地利用研究可以概括为从科研生产、人才需求和创新环境等视角开展的对土地利用功能和形式的研究。

5.1　科研生产视角

科研生产视角的科技城土地利用研究主要包括两个方面，一个是从产业创新的过程角度探讨土地利用的合理布局；另一个是从产业区生态环境的营造角度提出产业用地与生态用地的空间组合关系。

（1）产业创新功能

该视角主要结合科技城产业创新的需求，研究位于产业链不同位置

1 Huang W. Spatial planning and high-tech development: a comparative study of Eindhoven city-region, the Netherlands and Hsinchu City-region, Taiwan [D]. Delft University of Technolgy Department of Urbanism, 2013.

2 Oh D, An G. Three stages of science park development: the case of Daedeok Innopolis Foundation [R].2012 JSPS Asian CORE Program, 2012.

1 李新阳, 马小晶. 知识经济时代背景下青山湖科技城规划策略研究 [J]. 城市规划学刊, 2012, S1: 75-80.

2 马小晶, 陈华雄. 高科技企业研发空间需求与科技城空间组织——以青山湖科技概念性规划为例. 昆明: 多元与包容——2012中国城市规划年会论文集 [C]. 云南昆明, 2012: 10-17.

3 Rasidi M H. Green development through built form and knowledge community environment in science city: a lesson based on the case study of Cyberjaya, Malaysia and Tsukuba Science City, Japan [C]. Japan, Tokyo, 4th South East Asia technical universities consortium (SEATUC 4) symposium. Tokyo: Shibaura institute of technology, 2010.

4 陈家祥. 创新型高新区规划研究 [M]. 南京: 东南大学出版社, 2012.

5 Glaeser E L, Kolko J, Saiz A. Consumer city [J]. Journal of economic geography, 2001, (1): 27-50.

6 Yigitcanlar T, Baum S, Horton S. Attracting and retaining knowledge workers in knowledge cities [J]. Journal of knowledge management, 2007, 11(5): 6-17.

的生产功能在空间上的组织形式。有学者提出科技城产业空间布局的两种模式，一种是生产性服务业功能集聚的街区型空间组织模式，将产业、研发、教育、管理等功能沿街区布局，各机构共享街区的内部开放空间；另一种是园区型产业空间组织模式，由内而外依次布局，集中绿地、公共设施、研究区和实验区等[1]。还有学者分析了高技术企业的生命周期，并探讨了企业在不同发展阶段对研发空间和配套服务的需求，提出楼宇型、街区型和园区型三种布局模式对不同发展阶段的高技术企业的作用[2]。

（2）产业区生态环境

这类研究从科技城研发生产企业对生态环境的需求出发，研究科技城产业区的生态环境营造，认为科技城多呈现生产用地和生态用地相邻发展或互相渗透的格局，如马来西亚赛柏再也科技城中企业区的街区提供了多种类型的开放空间[3]；还有学者介绍了科技城中软件园建设的生态化要求，以及产业用地与生态用地的紧密关系[4]。

5.2　人才需求视角

人才需求视角的科技城土地利用研究主要围绕人的工作和生活需求，通过公共服务设施的安排满足基本生活需求，通过土地利用混合布局提供生活的便利性与互动性。

（1）公共服务设施

有学者从人才需求的角度提出科技城对公共服务设施的配置要求。格雷泽（Glaeser，EL）[提出城市宜居性理论（Urban Amenity）]，认为多样化的服务和商品、优美的建筑环境与城市外观、良好的公共服务设施、交通可达性是城市吸引人才集聚的根本[5]。还有学者概括了吸引知识工作者的环境特征，包括零售业发达的环境、定期的体育活动和音乐表演、高质量的幼儿服务、私人学校教育设施、便捷的公共医疗服务设施、静态的表演性质的艺术空间、"正宗的""历史的"场所、可支付的住房[6]。

（2）土地利用混合布局

为了给人才提供生活的便利性，促进更密切的互动，土地利用混合布局成为科技城用地布局中的典型特征，形成工作、学习、生活、娱乐等功能的混合布局。韩国数字媒体城、马来西亚多媒体技术走廊和下曼哈顿3个高技术区，为了吸引知识工作者到先进的邻里社区中，都对生活和工作进行配置，实现混合使用，实现空间形态向工作和生活混合形态的转变[1]。有学者认为第三代技术极与以往最显著的区别是在商业和服务部门，具备更强的可达性、弹性，并整合了工作、居住、娱乐和学习功能，致力于促进互动的广泛性、多样性和场所的辨识性，呈现出混合使用的环境，模糊了实体、数字、经济、社会和文化空间[2]。公共服务设施的配置大都邻近高技术商业区，一方面可以提升房地产价值和环境质量，另一方面可以对场所进行品牌化和市场化。

5.3　创新环境视角

创新环境视角的科技城土地利用研究通过分析对创新产生激发作用的空间类型，提出科技城土地利用应注重这些公共交往空间和文化服务空间的布局。

（1）城市创新引擎理论

在科技城中，一些城市功能将发挥对创新的激发和引导作用，学者们认为可以通过创新引擎的植入，促进创新社区的形成。有学者提出"城市创新引擎"（urban innovation engine）概念，认为城市创新引擎是一个可以在城市中激发、产生、培育和催化创新的系统，包括人、关系、价值、过程、工具和技术、物质、金融设施等，并辨识了11种创新引擎：咖啡馆、大事件、图书馆、博物馆、大门、未来眺望塔、大学、资本市场、数字基础设施、产业区、科学园区、棕地和城市虚拟空间[3]。屠启宇提出在创新型城区的建设中，将创新枢纽的注入和服务功能的扩充作为提升城市创新能力的引擎，并在国家创新型试点城区——上海市杨浦区的案例中，通过将功能混合布局、具备创新创业服务功能的创新枢纽注入到原有城区，催生创新社区[4]。

（2）第三类场所理论

有一些学者注意到提升科技城场所品质的小型公共交往空间，通过

1 Seitinger S. Spaces of innovation: 21st century technopoles [D]. Cambridge: MIT department of urban studies and planning, 2004.

2 Cevikayak G, Velibeyoglu K. Organizing: spontaneously developed urban technology precincts [M]//Yigitcanlar T, Metaxiotis K, Carrillo F J. Building prosperous knowledge cities: policies, plans and metrics.

3 Dvir R, Pasher E. Innovation engines for knowledge cities: an innovation ecology perspective [J]. Journal of knowledge management, 2004, 8(5): 16–27.

4 屠启宇, 林兰. 创新型城区——"社区驱动型"区域创新体系建设模式探析 [J]. 南京社会科学, 2010, 5: 1–7.

对文化场所的培育，可以促进互动、激发创新。认为科技城的场所的品质对城市竞争力很关键，对咖啡厅、酒吧、露台、文化活动和其他"第三类场所"需要给予新的关注[1]。科技城的公共和私人小块空间是技术极优先发展区，通过多种类型的非正式互动空间，培育偶然的相遇和创新。新加坡纬壹科学城通过培育"有活力"的文化场景来促进交流，包括艺术画廊、餐厅、酒吧、咖啡厅等[2]。还有学者通过对日本神户的Hanku Sannomiya火车站周边空间使用者的调研，认为主要公共基础设施周边的城市公共空间通过互动场所的提供，可以促进知识经济中经济效益的提升[3]。

总体来看，针对科技城土地利用的研究从产业、人才和创新三个角度展开，可以看出由于承载的功能区别于一般新城，科技城土地利用布局呈现出一些新的特征。但当前关于科技城土地利用的研究大都基于个别案例，且视角多样、观点分散，缺乏对已建科技城土地利用构成的系统性总结，尚未对科技城区别于一般新城土地利用特征进行概括，也并没有展开对科技城各类用地属性的系统研究。

6. 科技城研究进展总结

综上所述，支撑科技城发展的理论基础可以概括为地域创新理论和城市增长理论，相关理论砌块来源于多个学科：公共政策学、经济地理学、城市经济学、经济社会学和城乡规划学等，不同学科对城市创新要素和模式的研究各有侧重，都会对科技城规划提供理论支撑。通过对相关理论进行剖析，可以看到当前科技城发展机制和规划模式的研究呈现以下特征：

（1）对科技城产业布局的研究可以从创新集群、创新网络、区域创新系统、创新知识基础等视角中汲取营养，以上理论视角都会给科技城产业布局提供支撑。但由于社会经济背景不同，西方国家的经验对我国的适用性有限，我国科技城产业布局理论仍需要结合特有的社会经济背

1 Fernandez-Maldonado A M. Designing: combining design and high-tech industries in the knowledge city of Eindhoven[M]//Yigitcanlar T, Metaxiotis K, Carrillo F J. Building prosperous knowledge cities: policies, Plans and metrics. Cheltenham, UK· Northampton, MA, USA: Edward Elgar, 2012.

2 Wong K W, Bunnell T. 'New economy' discourse and spaces in Singapore: a case study of one-north[J]. Environment and planning A, 2006, 38: 69-83.

3 Martinus K. Attracting: the coffeeless urban cafe and the attraction of urban space[M]//Yigitcanlar T, Metaxiotis K, Carrillo F J. Building prosperous knowledge cities: policies, plans and metrics. Cheltenham, UK· Northampton, MA, USA: Edward Elgar, 2012.

景和企业发展需求，理清科技城中具体科技型企业的创新组织模式和管理模式，明确我国科技城高技术产业的创新如何与空间相关联，才能了解适合我国科技城创新驱动发展的产业布局模式。

（2）对科技城社会结构的研究目前主要关注高技术阶层和创意阶层的特征，尚未将科技城作为多个阶层共同存在的城市系统，也尚未对其社会空间结构展开研究。

（3）对科技城空间结构和土地利用的研究较为分散，大多是从某个特定的视角或基于实践案例的概括，尚未提炼出新的发展背景下科技城空间结构模式和土地利用特征。科技城规划实践进展方面，已有部分科技城对规划编制进行了探索性的改进，但基本延续了传统高新区规划编制的思路，且资料较为分散，需要系统性总结和提炼。

科技城作为承载我国提升自主创新需求的载体，在特定的文化和政治背景下，其发展机制和模式在遵循科技城共性发展规律的基础上，也会呈现出区别于世界其他已建科技城的特征。以下几章将结合我国新的社会经济背景，尝试利用理论演绎和案例调研的方法，对科技城发展机制、产业布局、社会结构、空间结构和土地利用进行系统性的研究和探索。

第 **4** 章

科技城演化机
理与发展环境

科技城是以高技术产业集聚和创新为特征的城市系统，创新驱动的科技城尤其强调创新对科技城发展的带动作用，因此其发展演化机理不同于一般新城和开发区。本章将主要研究科技城创新的激发因子、科技城演化机理、发展阶段、发展环境等问题，并将其作为科技城规划研究的基础。

1. 科技城创新的激发因子

在科技城中，创新是科技城发展的核心驱动力，作为一种市场行为，创新意味着将技术成果进行转化，实现商业化应用。在科技城中，主要有四类激发因子对创新产生促进作用，分别是企业、大学和研究机构、人才和政府（图4-1）。

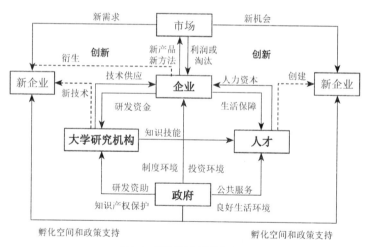

图4-1　科技城创新的激发因子

1.1　企业

企业对科技城创新的激发作用体现在：① 企业是科技城创新的主

体。在全球竞争日益加剧的背景下，企业创新不仅是为了获得创新租金，而且是很多高技术企业面对生存压力的一种选择。即使是曾经一度技术领先的大型企业，如果不能把握市场需求及时推出创新产品，也会被激烈的市场竞争所淘汰，诺基亚和柯达公司的起落直接证明了这一点。因此，为了提升竞争力、保持发展优势，高技术企业越来越意识到创新的重要性，会主动采取创新策略，在新产品开发、生产流程改进、组织结构模式等方面不断提高、调整与改进，主动推动创新的产生。② 企业是联结技术供应与市场需求的重要载体。企业将大学和研究机构产生的科技成果进一步开发，实现产业化应用，同时，企业也通过与用户的互动，发现市场的新需求，并将这些新需求反馈给研发机构，为适应市场需求的新技术研发明确方向。在科技城中，企业靠近大学和研究机构，一方面可以增加企业与研究机构之间的空间接触机会，另一方面可以保证企业获得发展所需要的人力资本。企业也通过对大学和研究机构提供研发资金、为人才提供生活资金，为科技城其他创新主体提供支持。③ 新企业的创建和衍生是支撑创新的重要来源。科技城发展由创新驱动的外在表现可以概括为新企业的不断形成。不论是大学和研究机构衍生的新企业，还是企业中员工衍生的新企业，或是由人才直接创办的新企业，大都是创业者看到了市场尚未发现的技术机会并决定承担风险、利用机会，从而将技术机会与商业价值联系起来，实现创新。因此，一般创业活动密集的地区也是科技创新密集的地区，大量新企业的形成提升了创新实现的速度。虽然很多新企业会在市场的竞争与筛选过程中被淘汰，但只要企业的衍生数量与对技术的挖掘和利用能够持续，总能够不断产生能经受住市场检验的创新产品，因为这是符合创新规律的。

1.2　大学和研究机构

大学和研究机构对科技城创新的激发作用体现在：① 大学和研究机构是科技城创新的科学基础。作为基础研究和应用研究集中的机构，大学和研究机构是科技城重要的创新源，一方面在基础研究中不断探索科学原理，深化人类对世界的认知，不断发现事物的运行机制；另一方面在应用研究中解决产业发展的瓶颈问题，为推动科学技术的进步和产业革新发挥关键作用。特别是20世纪50年代以来，由信息技术和生物技术带动的最近一波产业革命主要依靠大学和研究机构的科学研究进展来推动。霍尔（Hall P）认为，不同于通过个体的不断试错产生创新的时代，当今的创新依赖于大型组织和研发机构的科学研究，即熊彼特II型创新模式，在大型组织机构的大量研发投入下产生创新。可以看出，大学和研究机构所推动的科技进步是基础性创新的主要来源，也是渐进性创新的推动者[1]。② 大学和研究机构为企业创新提供技术支持。随着区域创新系统的理论不断得到认可和实践应用，大学和研究机构与企业之间的互动关系越来越密切。大学和研究机构作为企业创新的外部技术支持，通过横向的课题合作，帮助企业解决技术问题。③ 大学和研究机构是培育人力资本的重要平台。附着在人才身上的人力资本是创新的前提条件，主要在大学和研究机构的学习和培训中产生，为创新积累了知识、技术、技能和少量的经验。④ 大学和研究机构为新企业的创建提供技术服务、观念引导和支撑服务。21世纪以来，世界各国逐渐认识到创业活动与创新的关联，开始采取多种形式促进创业。其中，大学和研究机构是创业形成的重要母体，主要的创业促进形式包括开设创业课程，邀请成功企业家作为创业导师，在学校中设立孵化器，鼓励教师利用科研成果创业等。

1.3   人才

人才对科技城创新的激发作用体现在：① 人才是科技城创新的直接动力。人才在创新过程中发挥能动者的作用，是推进科学发现、技术研发、产业转化、市场培育的核心力量，是创新产生的核心条件。有关创新的研究曾一度重视组织化的机构对创新产生的促进作用，而相对缺乏对微观层面个体动机的关注，比如区域创新系统理论和三螺旋理论都只强调了大学、研究机构、企业和政府之间的互动关系，而忽视了组成这些机构的微观个体对创新的驱动力量。最近的研究开始注重人

1 Hall P. Cities in Civilization [M]. New York: Pantheon Books, 1998.

才在创新中的核心地位，分析人才促进创新的作用机制，强调人力资本对创新的重要作用，如佛罗里达（Florida R）的创意阶层理论[1]、格莱泽（Glaeser）的人才宜居性理论[2]等。② 人才为企业创新提供人力资本支持。不同类型的人才为创新提供不同类型的人力资本，企业家、科学家、工程师、技术员、艺术家等都是科技城中人才的类型，他们运用自身积累的不同优势的人力资本，为创新提供创意、行动、技术、管理技能。③ 人才为新企业的创建提供机会视角和领导力。熊彼特认为创新最重要的推动者是企业家，他们能够看到采用新技术或新方法带来的盈利机会，并承担风险和为不确定性采取行动。因此，很多新企业的创建都是依靠企业家个人的视野、意志和决断力，这是创新形成过程中最核心的要素。

1.4　政府

政府对科技城创新的激发作用体现在：① 政府是科技城创新的引导和支撑力量。不同国家的政府在科技城的发展中承担的角色各有不同，但基本都发挥了提供制度环境与基础设施环境，搭建平台引导和促进多主体的合作交流，以及提供公共服务设施，保障各层次人才的基本生活等作用，是科技城创新的引导和支撑力量。② 政府为企业创新提供制度环境和空间环境的支持。科技城促进创新的制度环境和基础设施环境主要依靠政府的引导来实现，运用税收、创新奖励、金融、机构合作等制度的调整激发企业创新的动力，提供完善便捷的基础设施，为企业的研发生产和贸易往来提供便利。虽然与企业的创新过程并不直接相关，但通过制度环境和空间环境的营造，政府可以有效影响科技城的创新环境。③ 政府为大学和研究机构提供研发资助和知识产权保护。对大学和研究机构提供的研发资助主要集中在基础研究领域和国家有重大需求的应用研究领域，补充市场机制下由企业资助的研发，保持国家的长期科技竞争实力。同时，通过对知识产权制度的明确，特别是对科技成果转化过程中涉及的多方利益分配制度的明确，会影响大学教师或学生利用研究成果创业的积极性。④ 政府为人才提供公共服务和良好的

1　Florida R. The rise of the creative class: and how it's transforming work, leisure, community and everyday life [M]. New York: basic books, 2002.

2　Glaeser E L, Kolko J, Saiz A. Consumer city [J]. Journal of economic geography, 2001, 1:27-50.

生活环境。政府提供教育、医疗等公共服务设施，保护和控制科技城内的生态环境，满足人才在科技城中获得宜居生活条件的需求。⑤ 政府为新企业的创建提供孵化空间和政策支持。一些科技城政府在创业中发挥更大的引导作用，创建孵化器，推行创业鼓励政策，设定创业支持基金，支持和引导创业。

2. 科技城发展演化机理

从当前关于创新机制研究、创新与空间关系研究、高技术中心发展研究、科技城发展理论研究和实践进展相关研究中，本书提出以下五个科技城发展的演化机理，包括知识创新源、人力资本、嵌入性、创新环境、全球—地方联结。这五个机理都是科技城发展演化中必不可少的关键机制。

2.1　演化机理1：知识创新源（Knowledge and Innovation Source）

知识创新源是指产生知识或形成创新的源头动力，是科技城实现创新驱动发展的必备要素。从创新模式的发展历程来看，技术创新从早期的线性创新走向集成创新和网络创新，研发活动在依赖于科学技术产生的同时，也越来越与由不同主体参与的更广泛的互动联系在一起[1, 2]。杰森等总结了两种创新模式（表4-1）：一种是科学—技术—创新模式（STI），即用科学技术研究成果来推动创新的线性创新模式，一般基于可以在全球范围获取的显性（explicit）知识，在了解"是什么"和"为什么"的基础上，找到推动创新的关键要素，多产生基础性创新（fundamental innovation）；第二种是实践—使用—互动模式（DUI），即依赖于非正式的学习和经验，通过实践使用和主体反馈来形成创新，一般基于在本地互动产生的静默（tacit）知识，主要解决"怎么做"和"谁来做"的问题，多产生渐进性创新[3]（incremental innovation）。

1　Rothwell R. Successful industrial innovation: critical factors for the 1990s[J]. R&D management, 1992, 22(3):221-239.

2　Dodgson M. The management of technological innovation: an international and strategic approach[M]. Oxford: Oxford University Press, 2000.

3　Jensen M B, Johnson B, Lorenz E, et al. Forms of knowledge and modes of innovation[J]. Research Policy, 2007, 36: 680—693.

创新模式的演进带来知识创新源的拓展，即不再局限于大学和研究机构等传统的知识形成中心。STI模式对应的知识创新源主要是大学和研究机构，而DUI模式对应的知识创新源主要是用户、竞争者、供应商和相关机构（表4-1）。

两种创新模式的特征 表4-1

特点	STI创新模式	DUI创新模式
创新过程特征	科学研究—技术发明—成果转化	实践使用—主体反馈—互动创新
知识主要类型	全球化的显性知识	地方化的静默知识
知识内容	know-what, know-why	know-how, know-who
知识创新源	大学和研究机构、企业研发部门	用户、竞争者、供应商、相关机构
知识创新动力	科学研究技术实践的范式惯例	应用环境主体互动的激发

资料来源：在相关研究基础上整理[1]。

（1）STI创新模式中的知识创新源

在STI创新模式中，知识创新源主要是大学和研发机构，以及企业的研发机构。长期以来，大学和研发机构是很多科技城最重要的知识创新源，在科技城的发展中起到了知识创新、技术培育、人才培养、企业吸引、创业促进和建构能力网络的作用。特别是在当前知识经济的背景下，大学的职能和角色已经从知识仓库和知识工厂演化为知识中心，不再局限于知识创新、人才培养和技术支持，而是参与到创新和区域经济发展的过程中，通过设立技术成果转化机构、加强与企业的合作、鼓励创新创业等途径，发挥了促进知识和技术向创新成果转化的作用，成为驱动科技城内生发展的重要动力（表4-2、图4-2）。

演化中的大学背景和任务 表4-2

	传统角色	当前角色	演化中的角色
发挥功能	知识仓库	知识工厂	知识中心
经济背景	技艺生产	产业大规模生产	后工业时代的知识驱动
大学本质	牧师的或精英的——社会上层	投入和产出的供应商、技术的开发者	趋于一体化的高技术机构，促进内生发展新能力

资料来源：根据相关研究整理[2, 3]。

1 Jensen M B, Johnson B, Lorenz E, et al. Forms of knowledge and modes of innovation [J]. Research policy, 2007, 36: 680-693.

2 Youtie J, Shapira P. Building an innovation hub: a case study of the transformation of university roles in regional technological and economic development [J]. Research policy, 2008, 37(8): 1188-1204.

3 Shapira P, Youtie J. University-industry relationships: creating and commercializing knowledge in Georgia, USA [R]. Atlanta, Georgia: Georgia institute of Technology, 2004.

图4-2　大学和研究机构作为知识创新源作用的拓展

1 Smilor R W, Gibson D V, Kozmetsky G. Creating the Technopolis: high technology development in Austin Texas [J]. Journal of Business Venturing, 1988, 4: 49-67.

2 Youtie J, Shapira P. Building an innovation hub: a case study of the transformation of university roles in regional technological and economic development [J]. Research Policy, 2008, 37(8): 1188-1204.

3 Jensen M B, Johnson B, Lorenz E, et al. Forms of knowledge and modes of innovation [J]. Research Policy, 2007, 36: 680-693.

4 袁晓辉，刘合林. 英国科学城战略及其发展启示 [J]. 国际城市规划, 2013, 5: 58-64.

5 Smilor R W, Gibson D V, Kozmetsky G. Creating the Technopolis: high technology development in Austin Texas [J]. Journal of Business venturing, 1988, (4): 49-67.

6 Youtie J, Shapira P. Building an innovation hub: a case study of the transformation of university roles in regional technological and economic development [J]. Research policy, 2008, 37(8): 1188-1204.

从世界范围来看，美国的大学和研究机构作为STI知识创新源的功能更为全面，是技术创新和创业活动的激励者、促进者和合作者，并在创新要素的吸引方面发挥了磁力源的作用[1]。在奥斯汀、亚特兰大、圣迭戈、北卡罗来纳研究三角等高技术发展迅速的地区，都能看到大学和研究机构在其中发挥的关键性作用，其传统功能包括知识更新、培育人力资本、促进新技术的发展，对区域发展形成促进作用的新功能包括对区域形象的塑造、对大型企业的吸引、对教师和学生创业的鼓励等。比如亚特兰大的乔治亚技术学院，通过形成研究联盟、高技术发展中心、企业实验室、传统产业创新中心、技术转移中心等一系列的知识中心行动计划，提升了大学作为知识创新源在高技术中心发展中所能产生的贡献[2]（表4-3）。而在欧洲国家，大学在高技术中心的发展中更多地发挥知识储备和技术支持的作用，STI模式对创新的促进作用有限[3]。即使如此，欧洲国家高技术中心的发展依然强调大学的带动作用，比如英国科学城的选址就充分考虑了大学作为知识创新源的核心地位，希望通过大学和研究机构的努力来促进科学城协同作用的产生[4]。同样，亚洲国家科技城的发展基本都是围绕大学进行布局，

4个美国高技术区中大学作为知识创新源的功能　　表4-3

高技术区	奥斯汀	亚特兰大	圣迭戈	北卡罗来纳研究三角
大学	德克萨斯大学	乔治亚技术学院	加州大学圣迭戈分校	北卡罗来纳大学、杜克大学、北卡罗来纳州立大学
大学传统功能	知识更新、培育人力资本、促进新技术发展			
大学对区域发展形成促进作用的新功能	塑造区域形象，吸引大型企业，鼓励创业活动	促进技术转移，鼓励教师创业，促进集群培育，吸引投资	吸引科学家，引领区域向美国生物中心发展，促进创业	吸引大型企业，吸引资助和金融资源，促进与企业的合作

资料来源：根据相关研究总结[5, 6]。

形成以知识创新源为核心的结构模式，在发展初期并不重视大学与产业的关联，导致科技城缺乏创新活力，发展后期开始注重挖掘知识创新源在科学研究以外的创新促进作用，真正发挥知识创新源的创新带动作用。因此，STI模式中的知识创新源是科技城演化发展的必备要素之一。

（2）DUI创新模式中的知识创新源

从科学研究到技术应用再到创新产品的STI线性创新因果链仅适用于一小部分创新，因为大多数创新是在企业对现有知识进行评估和组合的过程中产生的，这样可以更节约成本[1]。因此目前的多数渐近性创新都利用了DUI创新模

图4-3　DUI创新模式中将多主体互动作为知识创新源

式，创新主要来自在实践（干中学）、使用（用中学）和互动过程中多样化主体之间的互动（图4-3）。在这一创新模式中，起到知识创新源作用的主体主要由两类构成：① 用户的经验是最主要的知识创新源[2]。用户在使用产品过程中积累使用经验和改进需求；或将用户使用的调查反馈到企业，由企业对产品进行改进、形成创新；或由用户自己根据企业提供的"用户创新工具箱"直接完成产品的改进，形成符合自身需求的产品，形成创新[3]。② 与企业的生产过程密切相关的多样化主体也可以激发创新，包括供应商、配套企业、流通企业等，企业通过与这些主体的互动，改变原料供应来源、改变产品流通与分配模式、改变企业组织模式等，形成生产流程或组织流程中的创新。此外，与竞争者之间激烈的竞争会促进企业寻找更高效、更贴近用户需求的产品或服务模式，给企业改进当前的产品生产方法或服务模式带来压力，要求企业围绕用户的需求或生产流程进行创新。

在企业内部，员工之间、不同部门之间的互动也是很多创新的重要来源，企业通过项目团队、问题解决小组、员工的工作轮岗等措施，促进企业内部的学习和知识交换，促进创新产生。这种DUI模式的创新过程注重企业的组织变革和学习过程，较STI模式更关注用户的需求与多主体的互动过程，而DUI和STI模式的结合被证明是有效促进企业创新的途径[4]（图4-4）。

1 Fagerberg J., Mowery DC, Nelson RR.牛津创新手册［M］.柳卸林，郑刚，蔺雷等译.北京：知识产权出版社，2009.

2 Von Hippel E. The Source of Innovation［M］. Oxford: Oxford University Press, 1988.

3 刘景江，应飚.创新源理论与应用：国外相关领域前沿综述［J］.自然辩证法通讯，2004，26(6)：48-56.

4 Jensen M B, Johnson B, Lorenz E, et al. Forms of knowledge and modes of innovation[J]. Research policy, 2007, 36: 680-693.

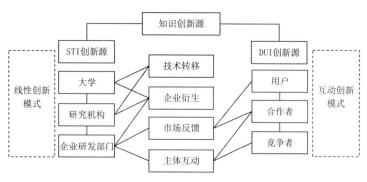

图4-4　科技城的创新源和创新模式

2.2　演化机理2：人力资本（Human Capital）

20世纪50年代以来，为了解释现代经济增长之谜，以舒尔茨(Schultz)为代表的经济学家在新古典经济增长模式基础上引入了人力资本理论，认为"人力资本是凝集在劳动者本身的知识、技能及其所表现出来的劳动能力，是现代经济增长的主要因素"[1]。学者们分别从人力资本的内容、投入、效能等方面对人力资本的含义进行了界定（表4-4）。从科技城的发展演化来看，人力资本由于直接承载了科学研究和技术创新所需的知识、技能、经历和经验等因素，是创新驱动的科技城演化发展中必不可少的要素之一。科技创新所需要的创新精神、应对问题的能力、持续开展工作的能力等有关人的质量的因素都包含在人力资本的内涵中，对提高产出效率和促进经济增长发挥着至关重要的作用。

1　Schultz T W. Investment in human capital[J]. The American economic review, 1961, 51(1): 1-17.

2　Schultz T W. Investment in human capital[J]. The American economic review, 1961, 51(1): 1-17.

3　Becker G S. Investment in human capital: A theoretical analysis[J]. The journal of political economy, 1962, 70(5):9-49.

4　OECD. The well-being of nations: the role of human and social capital[R]. Paris: OECD, 2001.

5　黄维德，王达明. 知识经济时代的人力资本研究[M]. 上海：上海社会科学院出版社，2012.

研究人力资本的主要学者对人力资本的界定　　　　　　　　　　表4-4

主要学者	对人力资本的界定	侧重点
舒尔茨[2]	是对人的投资而产生的，是一种人作为生产者和消费者的能力，在人身上体现为知识、技能、经历、经验和健康等	人力资本的内容
贝克尔（Becker）[3]	是通过对人的投资形成的资本，"是用于增加人的资源、影响未来的货币和消费能力的投资"	人力资本的投入
OECD[4]	是体现在个人身上，能够有利于个人、社会和经济福利创造的知识、技巧、能力和特征	人力资本的效能

资料来源：根据相关研究整理[5]。

（1）科技城人力资本的来源

人力资本与其他资本形式最基本的区别是它具有依附性，必须以人为载体，依附于人体之内并不可分离。一般来说，在科技城拥有较高水平人力资本的个体可以称为知识员工、创意工作者、高技术人才或创新型人才。创意阶层理论认为人力资本中的创新精神和创造能力决定了城市经济社会的可持续发展能力[1]。知识员工的人力资本特征包括人力资本含量较高，人力资本投资风险较大，主要依靠发挥人力资本的效能来工作，是知识经济时代的稀缺资源[2]。

科技城的人力资本来源主要包括三部分：① 本地培育。由科技城中的知识创新源培育形成具有知识和技能的人才，或在科技城的高技术企业的工作中不断积累相关经验；② 本国吸引。依靠科技城创新环境的吸引力吸引本国其他地区的人才集聚到科技城中；③ 外国吸引。利用科技城的发展机遇和政策优势吸引跨国的移民企业家和在其他国家接受高等教育和培训的专业技术人才到科技城工作。有学者认为中国和印度等发展中国家从先前的"人才外流"转变为"人才回流"，这些人才在硅谷与中国、印度的高技术中心之间建立起市场、资本、文化等方面的联系，促进了本国的技术向产业链上游移动[3]。

（2）科技城人力资本的类型

从科技城创新所需要的人力资本类型来看，借鉴李忠民的划分方法，可以分为一般型人力资本、技能型人力资本、管理型人力资本和企业家人力资本。其中，两类人力资本是科技城创新的核心要素，一是技能型人力资本，包括科学家、工程师等从事研究与开发工作的人才，是科技城不断产生探索性发现和创造性成果的主体；二是企业家人力资本，包括创业者和具备管理经验并持续创新的企业家，是科技城产生创新的决定力量[4]。根据熊彼特的研究，创新具有内在的不确定性、存在较大风险、容易被模仿、容易受到社会惯性的抵制等特征，因此创新过程需要企业家具备敏锐的视角，能够迅速整合资源，将技术成果市场化，形成创新壁垒；也需要具备坚定的信念和领导能力，能够说服市场接受创新成果，克服社会阻力；此外，还需要具备承担失败的勇气。可以说，企业家的意愿和行动是推进创新的最关键动力。一般型人力资本和

1 Florida R. The rise of the creative class: and how it's transforming work, leisure, community and everyday life [M]. New York: Basic Books, 2002.

2 黄维德，王达明. 知识经济时代的人力资本研究 [M]. 上海：上海社会科学院出版社，2012.

3 Saxenian A. The new Argonauts: Regional advantage in a global economy [M]. Cambridge: Harvard University Press, 2007.

4 李忠民. 人力资本 [M]. 北京：经济科学出版社，1999.

管理型人力资本在科技城的产品生产、企业运行、社会服务等方面发挥作用。

（3）科技城人力资本的作用

人力资本能对创新创意的形成产生推动作用已经在学术界达成了共识，但尚处于争论中的是人力资本、地方生产系统和区域增长之间的因果关系。目前有两种主要观点，一是"工作追随人才"理论，以格莱泽的城市宜居性理论[1]、佛罗里达的创意阶层理论[2]和克拉克（Clark）等的城市沙盒理论[3]（sand box）为代表，强调宜居性、开放性、包容性等城市的特质能够吸引人才，从而吸引工作机会到人才聚集的这些地区，带动经济发展；二是"人才追随工作"理论，认为城市增长更在于生产活动的空间逻辑，即高工资的创新型区域的快速增长是源于地方化规模经济的形成和集聚过程，地方生产系统在循环累积因果效应中不断强化，吸引了人才的集聚，从而带动区域发展[4]。因此，人力资本视角下的科技城发展，应同时注重形成地方生产系统的产业氛围和吸引人才前来的人才氛围，通过产业与人才的循环累积效应，不断集聚人才（图4-5）。

1　Glaeser E L. Review of Richard Florida's the rise of the Creative Class[J]. Regional Science and Urban Economics, 2005, 35(5): 593-596.

2　Florida R. The rise of the creative class: and how it's transforming work, leisure, community and everyday life[M]. New York: Basic Books, 2002.

3　Clark T N, Lloyd R, Wong K K, et al. Amenities drive urban growth[J]. Journal of Urban Affairs, 2002, 24(5): 493-515.

4　Storper M. Why does a city grow: specialisation, human capital or institutions[J]. Urban Studies, 2010, 47(10): 2027-2050.

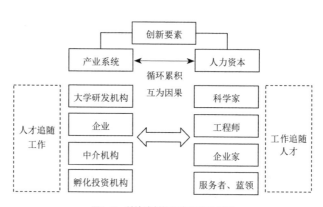

图4-5　科技城创新要素和作用机制

2.3　演化机理3：嵌入性（Embeddedness）

嵌入性概念最早由波兰尼（Polanyi k）提出，指"人类经济嵌入并纠缠于经济与非经济的制度之中"[1]。1985年，格兰诺维特进一步发展了嵌入性理论，在《经济行动和社会结构：嵌入性问题》一文中提出，"嵌入性是指人类的经济行为嵌入在社会关系和社会结构中"，从而调和了经济分析过程中新古典经济学的"社会化不足"与社会学的"过度社会化"的问题。该理论为解释区域发展、创新和生产提供了一种有力的分析框架，也是科技城演化和发展中的重要机理。

科技城的嵌入性是指科技城中的经济行为嵌入在科技城的社会关系与社会结构中。其中，创新活动是科技城最核心的经济行为，创新的嵌入性可以分为关系性嵌入和结构性嵌入。创新的关系性嵌入是指创新行动者嵌入在科技城的关系网络中，并受到关系网络的影响。科技城的结构性嵌入是指创新行动者的行为更进一步受到影响关系网络的科技城社会结构的影响。关系性嵌入侧重于科技城不同主体之间的互动关系，是科技城嵌入性的直观反应，表现为科技城的生产网络、创新网络和社会网络内的互动关系；结构性嵌入侧重于科技城总体社会结构特征与环境，表现为科技城的文化、习俗和价值观对创新行动者的影响，是关系性嵌入的基础。

（1）创新的关系性嵌入：社会资本

科技城的关系性嵌入方面，创新行动者在关系网络中的互动，可以对创新过程起到以下几方面的作用：① 通过信任关系的构建，为科技城企业提供一种信息的甄别和筛选机制，减少创新产生与扩散过程中的交易成本；② 通过合作关系的建立，由相互信赖的多个主体共同承担创新过程中的风险；③ 通过网络中主体间的互动，实现信息和知识的分享与学习，特别是与显性的编码化知识相对的隐性知识的学习与传播；④ 促进创新扩散，在一个企业采取先进的生产技术或形成创新产品后，通过非正式的社会互动，科技城中的其他主体可以迅速得知这一信息并形成创新压力和学习动力，不断改进现有成果。

科技城关系性嵌入的形成包括两个途径（图4-6）。一是内生途径。即依靠企业自身的生产关系或企业中员工的社会关系来自发构建关系网络。① 企业生产网络基础上的创新关系网络形成方面，通过企业与本地供应商、销售商、外包服务商之间的合作，建立生产网络关系，在多

1 Polanyi K, Maciver R M. The great transformation [M]. Boston: Beacon Press, 1957.

次合作与互动的基础上，形成信任关系网络，实现关系性嵌入，从而可以进一步寻找创新合作机会，提升共同竞争力。比如新竹科技城的台积电（TSMC）通过与本地其他企业建立合作关系，形成水平合作网络和垂直合作网络，在生产合作带来的信任关系基础上，共同改进生产流程和生产工艺，目前台积电的实验和打包等项目都由靠近新竹工业园的企业来完成，可以做到比竞争对手领先15天[1]；② 个人社会网络基础上的创新关系网络形成方面，通过高技术人才之间的社会交往与互动，交流关于企业产品创新与流程改进的信息与知识，分享新的创业机会和创新资源，并通过个人关系建立起相关组织之间的合作关系，成为创新关系网络形成的重要途径。比如美国硅谷保持创新活力的一大因素是本地员工之间的非正式互动与信息分享[2]。二是外生途径，即通过第三方中介机构或非正式协会联盟的组织作用，将有可能产生创新合作的主体集聚在一起，为主体之间的创新互动提供机会和平台，帮助其形成创新关系网络。比如美国圣迭戈的高技术集群中形成了促进区域主体之间交流的中介组织CONNECT，为企业、大学和研究机构之间的合作搭建了平台，促进了跨领域的知识流动和实践[3]。

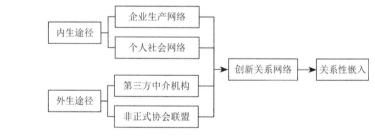

图4-6　科技城关系性嵌入的形成途径

1　Ku Y L, Liau S, Hsing W. The high-tech milieu and innovation-oriented development[J]. Technovation, 2005, 25(2): 145-153.

2　Saxenian A. Regional advantage: clture and competition in Silicon Valley and Route 128[M]. Cambridge: Harvard University Press, 1996.

3　Kim S, An G. A Comparison of Daedeok Innopolis Cluster with the San Diego Biotechnology Cluster[J]. World Technopolis Review, 2012, 1(2): 118-128.

（2）创新的结构性嵌入：文化资本

科技城的结构性嵌入方面，创新行动者受到科技城的文化氛围、社会习俗和价值观的影响，同时，他们所处的社会结构位置，决定了获取创新信息和创新资源的效率。科技城的社会文化氛围决定了人们对待创新行动者和对待创新产品的方式，直接影响到创新行动者的创新意愿和动机，影响到创新产品的接受和扩散。如果科技城中人们共同认可的是鼓励挑战与尝试、宽容创新失败的态度，并大都拥有开放的心态和观念，并对新鲜事物乐观，勇于打破传统惯性，尝试新鲜事物，则会加速创新的形成与扩散（图4-7）。反之，如果社会文化对创新持悲观批判态度，一旦创新行动者失败就没有机会重新开始，人们因此追寻现有生活的稳定与安逸，则不利于创新形成与扩散。除了对待创新的社会文化和态度以外，影响科技城发展的结构性嵌入因素还有社会的信任水平高低，这种信任水平直接决定了科技城是否能够产生关系性嵌入。以第三意大利为代表的很多地方产业集群的形成都依赖于区域信任水平上产生的相互合作，以信任为内涵的社会文化资本能够帮助创新者克服对短期利益和个体利益关注的局限性，通过合作与外部资源的整合，与其他主体形成协同作用，带来区域整体竞争力的提升。

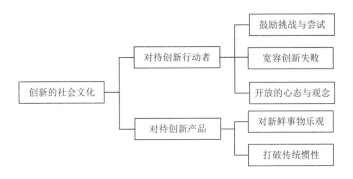

图4-7　科技城创新的社会文化特征

嵌入性描述了科技城中创新行为与社会关系和结构之间的一种关系，但并不是嵌入性越强就越利于创新。已有学者研究了嵌入性强度与企业绩效之间的关系，发现二者呈倒"U"形分布[1]。嵌入性不足会导致科技城主体无法形成协同作用，嵌入性过强则会导致科技城产生路径依赖甚至是"锁定"（Lock-in）效应。有学者认为创新创意区域的社会资本可以发挥"桥接"（bridging）作用，即在嵌入性处于较低水平时，更多的联系会加强主体之间的合作[2]；而有学者认为社会资本不利于创新，会对创新和创意产生"绑定"或阻滞作用[3]，即在嵌入性处于较高水平时，更多的联系不利于新信息的进入，容易产生路径依赖、创新惰

1 Uzzi B. Social structure and competition in interfirm networks: the paradox of embeddedness [J]. Administrative Science Quarterly, 1997: 35–67.

2 Asheim B T. Innovating: creativity, innovation and the role of cities in the globalizing knowledge economy [M]//Yigitcanlar T, Metaxiotis K, Carrillo F J. Building prosperous knowledge cities: policies, plans and metrics. Cheltenham, UK·Northampton, MA, USA: Edward Elgar, 2012: 1–23.

3 Florida R. The rise of the creative class: and how it's transforming work, leisure, community and everyday life [M]. New York: Basic Books, 2002.

性、相继故障、信息阻滞等风险[1]。因此，为了避免嵌入性过强导致的问题出现，可以增加科技城本地与外部的联结，通过更多外部信息、技术和知识的联系保持地方创新系统的开放性，减少技术锁定的风险（图4-8）。

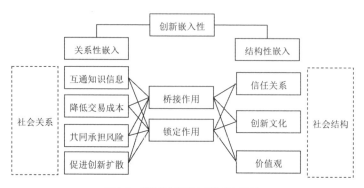

图4-8　科技城创新嵌入性和作用机制

2.4　演化机理4：创新环境（Innovation Milieu）

创新环境概念最早由欧洲创新环境研究小组（GREMI）提出，强调创新所依赖的主体之间的协同、互动与集体学习过程，及在此基础上建立的非正式的复杂社会关系，认为创新环境是区域的制度、规则和实践系统[2]。在该概念的发展中，学者们也将区域的社会文化等因素纳入创新环境范畴[3,4]。可以看出，创新环境与嵌入性关系密切，都指出了创新与社会互动之间的关系。本研究为了明确科技城演化机理的不同解释角度，认为科技城创新环境是指创新过程中系统性的支撑环境，包括软环境，即无形的制度设施和氛围；以及硬环境，即有形的物质空间设施和环境。其中软环境更加侧重于制度环境对创新的促进作用，同时也包括社会文化环境；硬环境是指科技城的空间环境，可为创新提供物质空间载体。与之相比，嵌入性机制更强调科技城的关系资本和社会资本对其发展演化的作用。

（1）创新软环境：制度文化环境

影响科技城开展创新活动的软环境包括制度环境和社会文化环境。其中，制度环境对创新的激励、创新的形成、创新的扩散会产生促进作

1　王国红, 邢蕊, 林影. 基于社会网络嵌入性视角的产业集成创新风险研究[J]. 科技进步与对策, 2011, 2: 60-63.

2　Aydalot P, Keeble D. High technology industry and innovative environments: the European experience[M]. London; New York: Routledge, 1988.

3　王缉慧. 知识创新和区域创新环境[J]. 经济地理, 1999, 19(1): 11-15.

4　Maillat D. Innovative milieux and new generations of regional policies[J]. Entrepreneurship & Regional Development, 1998, 10(1):1-16.

用，主要通过以下三种机制发挥作用：① 合作平台机制。通过制度安排，搭建不同主体之间互动的平台，形成以协同作用为目标的关系网络，利用创新主体之间的信息共享与知识交流，产生集体学习，帮助企业在互动中获得技术诀窍，形成地方性联系，有效整合创新资源，服务于企业的创新形成过程。制度化的中介机构比非正式的合作关系更为稳定，可以增加参与企业的信任感，降低交易成本和不确定性。比如在奥斯汀科技城的发展中，IC Institute整合了七类创新主体，为主体之间的互动提供了长期稳定存在的制度化安排[1]。在韩国大德科学城中，大德科学城协会通过形成研究环境、增进会员合作、建立国际关系等，建立地方社区联系通道等，促进了地方网络的发展[2]。② 创新奖励制度。由于创新过程一方面需要投入研发资金，承担风险和不确定性，创新租金获取的周期较长；另一方面需要克服社会认知的惯性，往往需要企业家依靠个人的眼光与信念支撑创新。因此制度上的创新奖励制度可以形成社会文化中的创新鼓励氛围，为创新提供更多的资源与资金支持。③ 知识产权制度。明确的知识产权制度可以有效防止创新"抄袭"的现象，保障创新者的合法权益，通过对专利权、商标权和版权等的保护，让创新者能够真正通过创新获得回报。科技城的社会文化氛围方面，在对合作、信任、挑战等观念的倡导中，地方主体之间通过正式和非正式互动会形成紧密的社会联系，共享知识和信息，形成"创新的空气"。

（2）创新硬环境：空间环境

科技城创新的硬环境是支撑创新形成，通过空间邻近性促进自下而上互动机制产生的重要依托，可以分为生产设施、生活设施和创新激发设施三类。① 生产设施是指科技城高技术产业所需要的办公环境和相关支撑条件。是企业进行区位选择时考虑的物质环境因素（表4-5），包括进行教育和人才培养的学校，适应研发需要的实验室或办公空间，适应中试和小规模生产需要的生产制造空间，高技术企业衍生或初创企业成长所需要的孵化空间和加速空间，进行对外联系所需要的机场、火车站等大型交通设施及设施之间的快速联系通道，以及高效便捷的通信联系所需要的现代通信设施等。这些物质空间的组织为科技城的研究、开发和生产提供了基本的环境载体，是企业进行创新和生产的前提条

1 Gibson D V, Butler J S. Sustaining the technopolis: high-technology development in Austin, Texas 1988-2012, Working Paper Series WP-2013-02-01 [R].IC2 Institute, 2013.

2 吴德胜，周孙扬. 科技园市带动区域创新的关键成功要素：以韩国大德科学城为例 [M]//林建元. 都市计划的新典范. 台北：詹氏书局，2004: 75-101.

件。② 生活设施是指为科技城各类人才提供居住和休闲功能的设施。包括有吸引力的居民环境、购物中心、文化场所、餐馆、运动设施、娱乐区域等。城市宜居性（urban amenity）是吸引企业家等人才集聚的关键，包括充实的商品市场和服务、优美的建筑环境与城市外观、教育设施、低犯罪率、良好的公共文化服务设施、可支付的房价[1]。③ 创新激发设施是指科技城中对创意创新的产生能起到激发作用的空间设施。包括激发不同主体非正式交流的互动空间，如酒吧、咖啡厅、俱乐部等；为人才提供高品质文化生活的文化艺术空间，如博物馆、文化馆、音乐厅等；以及为高技术产品和创意成果提供展示平台的展览空间，如展览馆、会展中心等。物质空间层面的科技城创新环境 方面为企业和人才提供了基本的生产和生活环境，另一方面为创新行动者提供了空间接触机会，通过空间接触和面对面交流，促进隐性知识的共享，增进相互之间的信任关系（图4-9）。

科技城选址要素回顾 表4-5

科技城 ＼ 选址要素	研发设施	人才资源	政府政策	交通条件	环境条件	土地成本低
日本筑波科学城	√	√	√	√	√	√
日本关西科学城	√	√	√	√	√	
苏联新西伯利亚科学城	√	√	√		√	
韩国大德科学城	√	√	√	√		√
法国索菲亚—安提波利斯科学城			√	√		√
中国台湾新竹科技园	√	√	√	√		

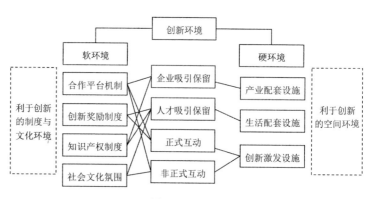

图4-9 科技城创新环境和作用机制

1 Glaeser E L, Kolko J, Saiz A. Consumer city [J]. Journal of Economic Geography, 2001, (1): 27-50.

2.5 演化机理5：全球—地方联结（Global-Local Nexus）

全球化进程不仅为全球范围创新资源整合提供了便利，而且也为创新产品打开了市场。在此背景下，科技城的创新和高技术产业的发展不仅依赖于本地创新环境中多样化主体的互动，也依赖于科技城对全球范围创新要素的吸引与利用和对全球市场的有效联系。科技城的全球—地方联结是指，将全球范围流动的知识、人才、信息、资金与科技城本地的技术、文化、知识联结，将全球范围的市场需求与科技城本地企业的生产能力联结，在本地形成与全球资源对接的落地平台与政策。全球—地方联结可以整合科技城内部与外部的资源，为创新提供更多的信息和资源支持，同时也为创新产品提供更大市场。有学者将本地化的互动称为"蜂鸣"（buzz），将与全球层面的联系称为"通道"（pipeline），认为一旦通道得以成功建立并有效运转，将给地方主体提供很多益处，帮助主体超越地方知识集群发展的惯性，有效防止技术锁定的现象发生[1]。全球—地方联结的机制包括人力资本流动、知识网络融入、融资渠道建立和销售市场联系。几项机制都要求在科技城内形成与全球要素对接的平台与政策。

（1）人力资本流动

人力资本在全球高技术中心之间的流动是全球—地方联结的重要机制，包括人才的流入和流出过程。人才流入方面，在其他国家和地区已获取一定技术资本和经济实力的高层次人才受到科技城发展机遇和优惠政策的吸引，回到母国创新创业，带回技术、资本等资源，可以有效建立科技城与世界其他高技术中心的知识、技术、资本和市场联结。中国台湾新竹、印度班加罗尔、海德拉巴等科技城的发展就依赖于建立起本地与硅谷联系的跨国移民企业家。他们在本国发展机遇的吸引下，带着技术、资本和市场联系回到母国，并长期保持与硅谷的联系，获取最新的市场信息，推动本国科技城对全球创新价值链体系的嵌入，促进了本国的产业向产业链上游移动，并影响地方的创新创业文化，提升和改进了母国的物质和社会设施，成为科技城发展的有形力量[2, 3]。同时，科技城也拥有相对自由的人才流出机制，通过地方人才与全球其他高技术

1 Bathelt H, Malmberg A, Maskell P. Clusters and knowledge: local buzz, global pipelines and the process of knowledge creation [J]. Progress in human geography, 2004, 28(1): 31-56.

2 Chacko E. From brain drain to brain gain: reverse migration to Bangalore and Hyderabad, India's globalizing high tech cities [J]. GeoJournal, 2007, 68(2-3): 131-140.

3 Saxenian A. The new Argonauts: regional advantage in a global economy [M]. Cambridge: Harvard University Press, 2007.

中心、企业的联系和流动，对创新成果的扩散和科技城形象的塑造产生促进作用，为科技城建立全球范围稳固的合作关系打下基础。

（2）知识网络融入

一般来说，编码化知识对空间的敏感性低，容易在全球层面传播和获取，而静默知识由于具有黏滞性特征，非常依赖于地方空间中主体的互动，主要在地方层面中传播，这也是高技术产业会产生集群的原因之一。然而，地方化的静默知识并不是科技城发展所需要的唯一知识来源，如果不能及时吸收全球层面的编码化知识，将全球知识与地方嵌入的知识结合起来，那么仅依赖地方知识库将很有可能造成知识落后或技术"锁定"的情况出现。开放式创新范式的出现意味着公司内部知识基础越来越向全球"分布式知识网络"和"开放创新"转型[1]。因此，将科技城融入全球知识网络，保持对全球知识的敏感性，并通过提高本地企业的吸收能力，形成全球知识与本地知识的联结，对科技城保持竞争力十分重要。同时，通过在全球知识网络中的定位，科技城也能树立起自身的高技术知识枢纽形象，起到吸引相关资源的作用。硅谷、剑桥、渥太华、赫尔辛基等地高技术集群的发展非常注重广泛的联结和巩固，关注自身在全球网络环境中的定位，并不断拓展自身的网络[2]。学者们对伦敦Soho广告村的研究[3]、好莱坞电影和娱乐产业的研究[4]，都强调了非本地联系在创造知识和促进本地增长方面的重要性。

（3）投融资渠道建立

科技城全球—地方联结还体现在投融资渠道的建立上，以研究成果、技术和人力资本作为吸引力来源，获取全球层面流动的资本，为科技城创新和创业提供资金支持和服务。投融资渠道的建立一方面可以为创业型企业提供资本支持，发挥金融体系对科技创新起到的资本支持、分散风险、激励约束等功能[5]；另一方面可以利用外来投资方丰富的企业管理和市场推广经验，帮助初创企业快速成长，解决企业成长过程中面临的困难，起到创业导师的作用。开放的融资渠道可以有效弥补目前政府主导的科技金融投入不足的问题，特别是在企业起步期和发展期——不仅需要资本支持，而且需要管理运作和市场渠道等多方面支持的阶段，将融资渠道开放给全球资本，增加创业投资、天使投资和孵化

1 Chesbrough H W. Open innovation: the new imperative for creating and profiting from technology[M]. Cambridge: Harvard Business Press, 2003.

2 Huggins R. The evolution of knowledge clusters: progress and policy[J]. Economic Development Quarterly, 2008, 22(4): 277-289.

3 Grabher G. The project ecology of advertising: tasks, talents and teams[J]. Regional Studies, 2002, 36(3): 245-262.

4 Scott A. A new map of Hollywood: the production and distribution of American motion pictures[J]. Regional Studies, 2002, 36(9): 957-975.

5 邓平. 中国科技创新的金融支持研究[D]. 武汉: 武汉理工大学, 2009.

器的建设力度，可以增加技术创新培育速度，运用市场机制更敏锐地发现适合孵化和培育的科技项目，盘活存量的技术资本，起到加速创新成果市场化的步伐（图4-10）。此外，凭借科技城良好的技术与人力资本优势，吸引跨国企业在科技城投资设立研发分支，也是实现全球—地方资本联结的途径。印度班加罗尔科技城的最初发展即充分利用了跨国企业的直接投资，不仅极大改善了地方的发展环境，而且提高了本地企业的吸收能力，加快了本地企业的技术创新步伐。

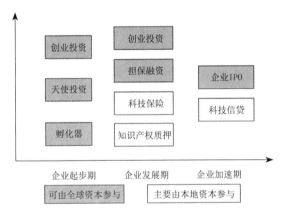

图4-10 对应企业不同发展阶段的科技城科技金融体系
资料来源：根据相关研究修改[1]。

（4）销售市场联系

科技城全球—地方联结的最后一点是建立科技城与全球销售市场的联系，扩大科技城创新成果的出口。在宏观层面，由政府制定贸易和出口鼓励政策，建立外贸园区和驻外贸易机构，与其他国家和城市进行贸易合作，或定期不定期在其他国家集中举办科技城产品的展销会，提升科技城企业的市场认知程度；在微观层面，引导科技城企业拓展视野，打开创新产品和创新技术的推广渠道，积极与海外客户建立持久的合作关系。对挪威4个高技术集群的研究表明，认知邻近性、制度邻近性和组织邻近性对利用全球资源、建立本地与其他地区的市场联系尤为重要[2]。因此，科技城积极提升地方主体对开放性的认知，并采取更符合市场机制的制度和组织模式将有助于建立与全球市场的联结（图4-11）。

1 房汉廷. 关于科技金融理论、实践与政策的思考[J]. 中国科技论坛, 2010, 11: 5-10.

2 Onsager K, Isaksen A, Fraas M, et al. Technology cities in Norway: innovating in glocal networks [J]. European Planning Studies, 2007, 15(4): 549-566.

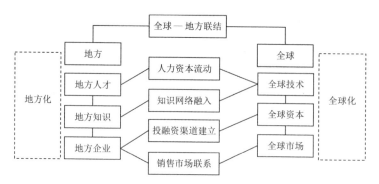

图4-11　科技城全球—地方联结和作用机制

2.6　五个演化机理的相互作用

　　科技城演化发展的五个机理之间存在密切的相互作用关系。其中，知识创新源位于科技城演化机理的核心位置，是创新的根本驱动力。人力资本直接服务于知识创新源，实现知识和技术向创新成果的转化。科技城多样化主体互动中形成的社会资本和文化资本共同构成了创新活动的嵌入性，该机制进一步增强了科技城主体的互动与合作，对科技城的创新起到激发、渗透和带动作用，与人力资本机制共同促进了知识创新源的成果转化和企业衍生（图4-12）。以上几个机制构成了科技城演化机制的内核。科技城演化机制的外围因素包括创新环境和全球—地方联结。创新环境是科技城演化发展的支撑条件，包括制度环境和空间环境，为人力资本、社会资本、文化资本的形成提供制度文化基础和物质空间基础。全球—地方联结打开了科技城对外联系的通道，同样通过制度环境和空间环境的支撑，建立起全球创新资源与科技城本地创新要素的联系。五个机制共同作用，联系起大学和研究机构、企业、政府、人才等科技城的创新激发因子。在科技城演化机制内

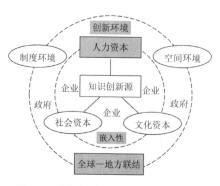

图4-12　科技城五个演化机理的相互作用关系

核中，主要通过知识创新源、企业的发展和新企业的衍生推动创新，在科技城演化机制的外围，主要依靠政府提供基本的创新支撑环境，带动形成全球—地方的联结。

3．科技城发展阶段

从国内外已建科技城的发展过程来看，科技城的发展具有阶段性。对于一个完全新建的科技城，要实现创新驱动发展的目标，需要经历较长时间的培育。以韩国大德科学城、中国台湾新竹科技城为代表的，由政府主导或引导建设的科技城发展一般都遵循了起步期、发展期、成熟期三个阶段，分别以政策引领、本地协同和企业衍生、全球联系为主要发展动力。各个阶段的发展目标、发展过程特征和主要演化机制各有差异（表4-6）。科技城发展到第三阶段才可以算是完整意义上的创新驱动的科技城，实现自组织系统性发展。目前，美国硅谷和韩国大德科技城处于第三发展阶段，日本筑波和新加坡纬壹科技城仍处于第二阶段。

科技城各演化阶段发展过程特征　　　　　　　　表4-6

演化阶段	发展动力	发展目标	发展过程特征	主要演化机制
第一阶段 起步期	政府引领、政策驱动	科学研究引领的发展	创新源集聚、企业集聚、人才集聚、基础设施建设、园区和住房建设	知识创新源、人力资本
第二阶段 发展期	本地协同、政策驱动、投资驱动	高技术产业专业化发展引领的经济发展	企业研发资助、专业化集群培育、孵化器和产业联盟建设、公共服务设施注入	知识创新源、人力资本、创新环境
第三阶段 成熟期	企业衍生、全球联系、创新驱动、市场驱动	创新引领的经济—社会和环境的协调发展	新企业衍生新技术扩散、企业网络化互动加强、产业多样化发展、全球—地方联系增多、金融服务风险资本增多、经济与社会系统性发展	知识创新源、人力资本、嵌入性、创新环境、全球—地方联结

3.1 起步期：政策驱动下的要素集聚和基础设施建设

科技城在起步期的特征是在政策的带动作用下集聚各类创新资源，特别是大学和研究机构等创新源，为科技城的发展形成具有一定优势的研发资本与人力资本，实现科学研究引领的发展。在政府的带动作用下，科技城通过资源优势、政策措施、基础设施建设和园区建设吸引高技术企业到来，通过住房和服务设施的建设吸引人才，逐渐集聚具备一定研发实力的高技术企业和高质量的人力资本（图4-13）。由于处于发展初期，企业之间、企业与大学之间尚未形成密切的联系，只是共享地方基础设施、人力资本和政策条件，创新主体之间还无法发挥协同作用。这一阶段的主要发展驱动力量是政策，主要的演化机理是知识创新源和人力资本。

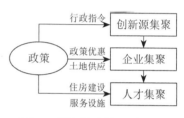

图4-13　科技城起步期发展动力与要素关系

3.2 发展期：投资驱动下的产业集群专业化发展

科技城在发展期的特征是在初期创新资源集聚的基础上，利用创新源的研发优势和初期进驻企业的声誉，吸引更多专业化的高技术企业和投资，同时，由于空间邻近性的作用，专业化的高技术企业之间出现了正式或非正式的联系，大学与高技术企业之间开始建立合作关系，企业为大学提供研发资助。在政府和风险投资资助的孵化器建设中，创业者开始利用大学和研究机构产生的创新成果创办企业。这一阶段的科技城发展以高技术产业专业化发展引领的经济发展为目标，开始注重专业化集群的培育以及对高技术创业和企业衍生的引导，并为人才的生活注入更丰富的公共服务设施（图4-14）。总体来说，科技城的发展仍依靠政策和投资的带动作用，创新主体间的合作尚有待进一步加强，初创企业尚未大量衍生。科技城的主要演化发展机制是知识创新源、人力资本和创新环境。

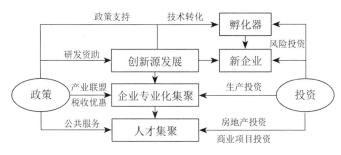

图4-14 科技城发展期发展动力与要素关系

3.3 成熟期：创新驱动下的多样化系统性的自组织发展

成熟期的科技城以新企业的不断衍生、主体间的密切互动、全球—地方联系的建立为特征，真正实现科技城系统的自组织和创新驱动发展。这一阶段科技城的发展目标从单纯强调创新带动的高技术产业发展，转变为创新驱动的经济—社会—环境综合发展，形成创新集群引领的产城融合的知识型新城。嵌入性机制的作用，将创新与社会文化结合起来，在创新主体的多样化互动中，不断激发新的灵感与合作。在高技术产业的多样化与专业化同时发展的背景下，支撑创新的生产性服务业发展加速，相关金融服务、咨询服务、广告服务等与高技术产业形成良性互动。同时，在市场机制作用下，科技城主体开始加强全球与地方的联结，拓展全球联系的途径，强化本地的全球化商业设施，发展对外贸易，对接全球化的知识、技术、人才和资金网络（图4-15）。这一阶段

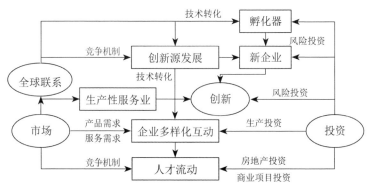

图4-15 科技城成熟期发展动力与要素关系

的科技城不仅具备专业化的产业园区，同时开始注重产业多样性，形成促进持续交互作用发生的创新环境和创意社区，构建由多样化人才构成的生态系统。一旦进入成熟期，科技城将在创新驱动下，实现多样化系统性的自组织发展，在知识创新源、人力资本、嵌入性、创新环境、全球—地方联系等演化机制下不断发展。

4. 科技城发展环境

科技城发展依赖于各类激发因子在演化机理作用下的相互作用，也受到科技城发展环境的影响。科技城发展环境是承载科技城各类主体进行创新的重要因素。借鉴相关理论研究，根据科技城的本质特征和关键承载因素，科技城的发展环境可以首先从产业氛围和人才氛围入手，围绕产业创新和人才集聚的特征、机制和需求进行分析，特别注重不同类型主体和不同社会阶层的相互作用关系，分析创新驱动的科技城产业创新和人才集聚所需要的氛围特征。在此基础上，引入空间氛围（Space Climate）概念，调和目前理论研究中将产业氛围和人才氛围二分和对立的矛盾，评估产业创新和人才集聚所需要的不同类型的空间接触机会，运用不同类型的空间组织形式来匹配这些空间接触需求，形成适合创新驱动科技城发展的环境（图4-16）。

图4-16　科技城发展环境中的三元关系

4.1　产业氛围

高技术产业的集聚与创新的衍生是科技城的本质特征之一，因此，适合高技术产业发展和创新的产业氛围是决定科技城能否维持其本质属性的关键因素，是科技城发展环境中应该首先考虑的因素。产业氛围主要是指科技城中与高技术产业运行和创新相关的各类要素、主体与环境等之间的相互作用关系，包括产业内互动关系、产业间互动关系和产业与环境的互动关系等，主要是由科技城高技术产业的内在运行机制和外在干预组织共同决定的，具体涉及高技术产业构成特征、产业发展机制、产业组织模式和产业布局需求等。在科技城的产业氛围中，产业内互动关系是高技术产业内部在合作与竞争中不断激发创新的基础；产业间互动关系是不同高技术产业之间形成协同创新或产业融合的依托；产业与环境的互动关系包括两个方面，一是高技术产业与科技城其他主体的互相合作关系，二是高技术产业对科技城各项支撑设施的需求和利用情况（图4-17）。明确科技城由创新驱动发展所需要依托的产业氛围是有针对性地进行科技城产业布局规划的基础。

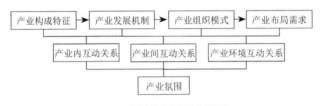

图4-17 科技城产业氛围分析框架

4.2 人才氛围

科技城区别于传统科技园区的关键在于具备"城"的系统功能，为特定类型人口的聚居营造适宜的环境。人才是各类创意的来源和创新活动实践者，如果一个地区仅具有高技术产业发展所需要的产业氛围，那么并不一定具备吸引和留住人才的条件。因此，科技城的人才氛围近年来被学者们提升到很重要的位置上，成为解释创新型区域发展的关键因素[1, 2, 3]。本研究认为人才氛围是指科技城中不同类型的人才之间、人才与环境之间的互动关系，主要由科技城内在的人口集聚与分异机制和外在的组织干预共同决定，具体涉及科技城人口构成特征、人口集聚机制、社会阶层关系和社会空间特征等。在科技城人才氛围中，阶层内的

1 Florida R. The rise of the creative class: and how it's transforming work, leisure, community and everyday life [M]. New York: Basic Books, 2002.

2 Asheim B T. Innovating: creativity, innovation and the role of cities in the globalizing knowledge economy [M] // Yigitcanlar T, Metaxiotis K, Carrillo F J. Building prosperous knowledge cities: policies, plans and metrics. Cheltenham, UK·Northampton, MA, USA: Edward Elgar, 2012: 1-23.

3 Glaeser E L. Review of Richard Florida's The Rise of the Creative Class [J]. Regional Science and Urban Economics, 2005, 35(5): 593-596.

互动关系是信息和知识共享激发与促进创新的主要来源，阶层间互动关系是科技城整体氛围提升、创新文化营造和社会公平保持的重要途径，人才与环境互动关系包括各类人才对科技城设施和环境的需求和利用情况（图4-18）。明确科技城由创新驱动发展所需要依托的人才氛围是进一步进行科技城社会组织和各类设施布局规划的基础。

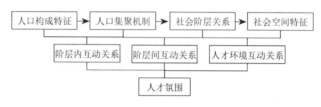

图4-18 科技城人才氛围分析框架

4.3 空间氛围

本书提出的空间氛围概念，是指针对城市多样化主体的，由空间邻近或在空间隔离过程中产生的不同类型的空间接触机会的综合。"空间接触机会"概念最早来自道萨迪亚斯在《人居科学》中提到的人居原则，表示"人与他人、自然环境、人工环境的接触机会"[1]；后由梁鹤年在"城市人"理论中重新梳理和定义，是指人在聚居过程中产生的空间接触的可能性[2]。本书认为该概念是对传统地理研究中邻近性（proximity）和隔离性（segregation）概念的具体化，可以代表受距离影响的空间接触可能性。一般来说，空间位置越邻近，空间接触机会越大；空间位置越远离或隔离，空间接触机会越小。

科技城的空间氛围一方面是产业氛围和人才氛围得以形成的空间载体，另一方面是通过空间价值的发挥，参与创新过程的空间资本。空间氛围由科技城用地功能关系、空间位置关系，及在此基础上受空间发展机制和外部干预机制影响的空间接触机会匹配模式决定，体现为空间布局对产业氛围和人才氛围的空间接触需求的匹配。对产业氛围来说，空间氛围匹配同类产业内部不同企业之间的空间接触需求，也匹配不同产业之间或不同类型主体之间的空间接触需求。对人才氛围来说，空间氛

1 Doxiadis C A. Ekistics, the science of human settlements[J]. Science, 1970, 170(3956): 393–404.

2 梁鹤年. 城市人[J]. 城市规划, 2012, 36(7): 87–96.

围匹配各类型人才在科技城日常生活中的空间接触需求，也匹配各类型人才在科技城的创新互动过程中所需要的空间接触需求（图4-19）。

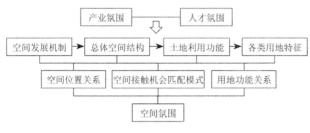

图4-19　科技城空间氛围分析框架

5．小结

本章主要运用理论演绎和实践归纳的方法，剖析科技城在创新驱动发展背景下的运行过程，分析了创新驱动的科技城的激发因子、演化机理、发展阶段和发展环境等内容。本章研究结论如下：

（1）科技城创新的激发因子主要包括四类，其中企业是科技城创新的主体，大学和研究机构是科技城创新的科学基础，也是创新得以形成的主要知识创新源，人才是促成科技城创新的直接动力，政府是科技城创新的引导和支撑力量。

（2）科技城发展演化主要依赖于五个演化机理：知识创新源、人力资本、嵌入性、创新环境和全球—地方联结。五个演化机理共同作用，联系起创新激发因子，形成以知识创新源、企业发展和新企业衍生为动力，人力资本、社会资本和文化资本相互作用产生的嵌入性为联结的科技城演化机制内核；科技城演化机制外延中，在政府的支持和引导下，形成支撑创新的制度环境和空间环境，并引导形成全球—地方的联结。五个演化机理与激发因子的相互作用，是科技城不断形成创新成果的基本原理。

（3）科技城发展存在阶段性。全新建立的科技城要真正实现由创新驱动，一般会经历由政策驱动的要素集聚和基础设施建设的起步期，由投资驱动的产业集群专业化发展的发展期，以及创新驱动的多样化系统性自组织发展的成熟期。三个阶段的发展过程和演化机制各有特征，阶段时间长短受所在国家和地区发展环境、发展机遇、发展策略等影响。

（4）科技城发展环境包括科技城的产业氛围、人才氛围和空间氛围。本章主要提出了接下来的章节对三者进行分析的框架，其中对产业氛围和人才氛围的研究将从科技城的特征和性质出发，分析高技术产业发展和各阶层人才集聚的特征、机制和需求，空间氛围的研究将从对空间结构和土地利用的研究出发，分析科技城空间对产业氛围和人才氛围所需要的空间接触机会的匹配模式。

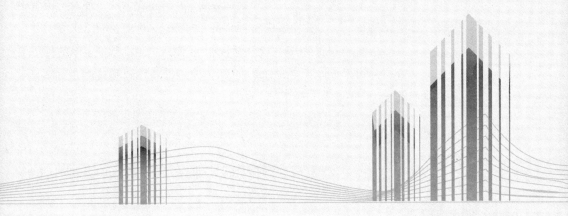

第 5 章

科技城产业
布局研究

笔者以北京未来科技城和武汉未来科技城为研究对象，走访了北京和武汉未来科技城管委会和30余家企业，开展企业访谈，涉及科技城的产业结构特征、产业发展机制、产业组织模式和产业空间需求等问题，旨在分析梳理当前我国科技城的科技产业体系，明确创新驱动的科技城产业布局需要重点考虑的因素，并在此基础上提出科技城产业布局的理想模式。

1. 央企主导的科技城产业布局：北京未来科技城

北京未来科技城作为中组部、国资委启动的"千人计划"实施项目，主要吸引央企的研发机构入驻，建设目标是主要面向央企人才的创新创业基地，一期总面积10km²，二期北扩7km²，是以央企的研发机构为产业构成主体的科技城。产业的构成、创新策略和空间布局基本由各家央企与政府达成一致后确定，属于央企和政府共同主导的科技城产业布局。

1.1 主要产业构成

北京未来科技的产业类型构成主要由进驻未来科技城的一期15家央企和二期9家央企的产业类型决定。这24家央企的产业涵盖了国家战略性新兴产业的六大产业，分别是：高端装备制造产业、新能源产业、新材料产业、新一代信息技术产业、节能环保产业、生物产业（表5-1）。这些央企在未来科技城中成立研究院、研究中心及相关的产业公司，除了新一代信息技术产业有部分产品生产功能以外，其他产业在未来科技城中的功能定位都是以研究为主，开发和中试为辅，形成提升企业核心业务的创新创业平台和人才基地。

北京未来科技城战略性新兴产业类型及相关企业　　表5-1

产业类型	涉及企业
新能源产业	神华北京低碳能源研究所、神华研究院、神华科技发展有限责任公司、国网智能电网研究院、国网北京经济技术研究院、国网能源研究院、中电普瑞电力工程有限公司、中电普瑞科技有限公司、国电新能源技术研究院、国电科学技术研究院北京节能减排研究所、中海油能源技术开发研究院、华能清洁能源技术研究院、中铝能源有限公司、国核（北京）科学技术研究院有限公司
高端装备制造产业	中国商飞北京民用飞机技术研究中心、中国兵器装备集团中国南方工业研究院
新材料产业	中国商飞北京民用飞机技术研究中心、国网智能电网研究院、鞍钢未来钢铁研究院、武钢（北京）新材料研究中心、中铝科学技术研究院、中建材创新科技研究院
新一代信息技术产业	神科世纪卫星通信技术有限责任公司、中国电子信息安全技术研究院、中电长城网际系统应用有限公司、中电六所智能系统有限公司、中电集成电路（北京）有限公司、中国电信集团公司北京信息科技运营部和北京科技创新中心、天翼电子商务有限公司、中国信息安全研究院
节能环保产业	神华集团北京低碳能源研究所、神华研究院、国网能源研究院、国电新能源技术研究院、国电科学技术研究院北京节能减排研究所、中海油能源发展股份有限公司北京安全环保工程技术研究院、华能清洁能源技术研究院、鞍钢未来钢铁研究院、武钢（北京）新材料研究中心
生物产业	中粮营养健康研究院

资料来源：根据15家央企资料整理。

从产业大类来看，未来科技城的产业中生产性服务业占主要部分，各企业的具体经营范围包括：① 技术和产品的研究与开发。如各项产业技术和产品的研究、实验、中试、技术开发、产品开发；② 技术推广、咨询与应用。如技术转让、技术咨询、技术推广服务、技术进出口；③ 产品推广、销售和贸易。如新产品推广与应用、产品生产与销售、货物进出口、技术进出口、代理进出口等；④ 投资管理。如项目投资、投资与资产管理、投资咨询等；⑤ 企业发展和日常管理。如企业管理、会议服务、培训服务、物业管理、展览展示。除了央企的研发、管理和服务机构以外，一些为这些研究机构提供共性服务的企业，如提供技术交易服务、广告服务、会展服务、投资服务等类型的独立生产性服务业企业将在后期进一步集聚。

在未来科技城发展建设初期，也有部分企业从事房地产开发、土地开发、施工总承包、专业承包、城市园林绿化等业务，集中在北京未来科技城开发建设有限公司，以及开展各个入驻企业项目建设的房地产企业等，这些业务在未来科技城完全建成后会减少。目前，也有少量消费者服务业出现，主要是为入驻企业的员工提供商品的新世纪商城分店，提供各类日用百货的销售服务。根据未来科技城发展规划，居住和商业等功能将在近期内完善，意味着未来科技城在发展较为成熟后，消费者服务业也将成为未来科技城产业的重要组成部分，这也是科技城区别于科技园区的重要方面。

1.2 产业集聚机制

北京未来科技城在发展初期的产业集聚机制以政府引导为主导，市场资源配置为辅助。初期入驻的企业主要在相应的土地价格、政策支持等优惠下，集聚到未来科技城；也有部分企业的进入主要是为未来科技城的建设发展提供服务，符合市场资源配置的规律。

（1）政府主导

未来科技城的发展源自中央政府的决策，是中组部和国资委为贯彻落实创新型国家战略，和中央吸引海外高层次人才的"千人计划"而建设的人才创新创业基地和研发机构集群。发展定位为：具有世界一流水准、引领我国科技应用发展方向、代表我国相关产业应用研究技术最高水平的人才创新创业基地。在此背景下，初期入驻未来科技城的15家中央企业的相关机构都隶属于由国资委监管的中央企业集团。这些央企主要涉及新能源、高端装备制造、新材料、节能环保、新一代信息技术、生物技术等战略性新兴产业的重点领域，分别在未来科技城建立了各类研究院、研究中心和实验室。

未来科技城发展初期的产业集聚机制主要是在中央政府发展战略的引导下，通过地方政府提供价格较低的土地供应和税收优惠，由中央企业通过组建研究院、搬迁原有企业分支的形式来实现的。中央政府的"千人计划"吸引海外高层次人才创新创业计划的实施，主要是通过央企直接负责，吸引人才进入央企后，央企安排"千人计划"专家到未来科技城开展工作。

（2）市场辅助

未来科技城的产业集聚机制，除了由政府主导的央企研究机构进入以外，还有两种类型的企业。一类企业在科技城发展初期，为了满足未来科技城的建设需要，自发集聚或投资成立的开发建设类企业、房地产企业等；另一类企业是服务于央企或员工的日常发展需要，自发集聚或投资成立的物业管理类企业、投资类企业、消费者服务类企业等。随着未来科技城的进一步发展，可能还会有新能源、新材料、信息技术等行业的企业集聚到未来科技城，或从央企研究院衍生出来。

1.3　产业组织模式

北京未来科技城的产业组织模式目前由各家央企的战略布局模式决定，主要可以从两个方面来评估，一是央企总体布局组织对未来科技城的安排，可以看出央企对未来科技城产业发展布局的思路；二是央企研究机构内部的组织模式，可以看出各机构的研究创新机制。

各个央企的总体布局组织及对未来科技城研究机构的定位存在一定差别，主要与各个央企的集团组织模式、核心业务分布、创新体系架构和在未来科技城的发展战略有关。概括来说，央企在未来科技城中的战略设计，可以分为以下四种模式，分别是核心研究院模式、片区研发基地模式、新的研究分支模式和投资孵化机构模式。

（1）核心研究院模式

核心研究院模式，是指央企采取搬迁、重组或新建的形式，将集团的核心研发部门、重要技术方向和企业决策咨询机构集聚到未来科技城，形成具有一定规模的央企核心研究院。采取这种模式建立研发基地的央企包括神华集团、国家电网、华能集团、中国国电、国家核电、中粮集团6家。以下以神华集团、国家电网和华能集团为重点，其他3家为辅助，分析其组织模式。

神华集团公司是国有独资公司，业务集中在煤炭生产、煤化工、电力生产、铁路港口、物流运输等领域。这些业务根据所需资源位置的不同，分布在全国各个省市（表5-2）。其中，集团总部位于北京，研究开发主要位于北京，各省市子公司有部分研发功能。煤炭生产、电力生产和运输等业务由资源区位决定。神华集团目前形成了从科技决策到生产服务的科技创新体系架构（图5-1）。其中科技决策和管理功能集中在位于北京市中心城区的集团总部；技术研发功能主要集中在位于未来科技城的北京低碳能源研究所、神华研究院和位于各省市的板块技术中心；技术应用主要分布在北京以外各省市的各基层单位，同时也在北京未来科技城注册成立了神华科技发展公司，负责推动神华科技创新及成果快速转化为生产力；生产服务除了分布在北京中心城区、其他省市以外，还在未来科技城成立了神华管理学院和神华培训中心公司，开展集团的高规格培训、决策研究和企业管理咨询等业务。总体来说，神华集团将未来科技城的研发机构、转化企业和服务机构作为集团的技术研究核心，开展低碳清洁能源领域的研究开发工作，同时也赋予部分创新成果转化和集团管理培训服务功能。

<table>
<tr><td colspan="2">神华集团业务类型及地理分布</td><td>表5-2</td></tr>
</table>

业务类型	分布位置
总部管理	北京
研究开发	北京及各省市
生产服务	北京、天津、河北等地
煤炭生产	内蒙古、陕西、山西、新疆、宁夏等地
电力生产	安徽、四川、福建、河北、天津、广东、浙江、陕西、江苏、内蒙古等地
铁路港口运输	陕西、河北、内蒙古、天津和广东等地

资料来源：根据神华集团资料整理。

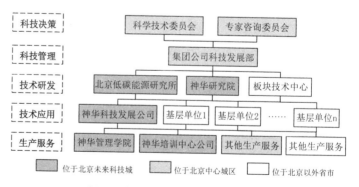

图5-1　神华集团的创新体系架构及空间分布

资料来源：根据神华集团资料整理。
http://www.shenhuagroup.com.cn/cs/sh/PAGE1382688619009/ED.html

国家电网是国家授权投资的机构和国家控股公司的试点单位，核心业务是建设和运行电网。集团直属单位总数为33个，其中4家研究院，管理、培训、教育相关单位3家，金融、服务、投资相关企业11家，其余15家为电力相关业务类企业。国家电网集团的创新体系架构可以分为总部管理、决策研究、技术研发和技术应用四个层级（图5-2）。其中总部管理和部分技术研发位于北京中心城区；4家研究院中的3家位于北京未来科技城，分别从事决策研究支持和技术研发工作；技术应用企业大多位于北京以外省市，包括各网省公司、公司各分部和其他直属单位，只有从事电网直升机作业业务的国网通用航空有限公司布局在未来科技城。位于未来科技城的3家研究机构主要开展技术研究、工程咨询、战略研究等方面的业务，技术领域和研究重点各有侧重，成为中国电力科学研究院以外国网集团最重要的研究力量（表5-3）。

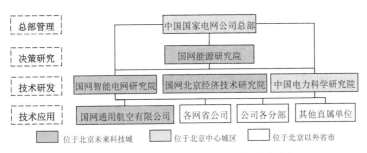

图5-2　中国国家电网公司的创新体系架构及空间分布

资料来源：根据国家电网各企业资料整理。

中国国家电网公司在未来科技城中的机构概况　　　表5-3

国网各机构	主要业务	重点职能
国网智能电网研究院	智能电网技术及设备研究	开展智能输变电、通信与信息、智能配电与用电、新能源、新材料应用、能源战略与政策等研究
国网北京经济技术研究院	电工施工设计及概算评估	电力、电网规划和勘测设计研究咨询，项目评审以及对系统内设计单位实行专业技术和业务归口管理等职能
国网能源研究院	国家电网公司战略与运营管理研究	电力行业规划、能源与环保、电力供需分析、企业战略与管理、体制改革与电力市场、智能电网、新能源、电力价格等领域
国网通用航空有限公司	电网直升机作业	电网工程施工、勘测设计、巡检运维、应急抢险、商务运输、科学试验六大业务领域

资料来源：根据国家电网各企业资料整理。

　　华能集团是国有重要骨干企业，主要业务为电源开发及投资建设管理、电力（热力）生产销售、交通运输、节能环保、金融等产业和产品的开发、投资、建设、生产、销售，以及实业投资、经营和管理。华能集团的创新体系可以分为总部管理、决策研究、技术研发与技术应用四个层级（图5-3）。其中，进行总部管理的华能集团总部以及对各项决策开展研究和咨询的华能经济技术研究院位于北京中心城区，从事技术研发的两个研究机构——华能清洁能源技术研究院和西安热工院分别位于北京未来科技城和西安，开展技术应用的各区域分公司、子公司、各产业公司和直管单位位于北京以外的省市。华能清洁能源技术研究院主要从事煤基清洁发电和转化、可再生能源发电、污染物及温室气体减排等领域的技术研发、转让和服务，以及关键设备研制和工程实施。与西安热工院相比，清洁能源技术研究院更侧重于对传统能源的节能减排和清洁能源技术的研发，代表了华能集团未来发展的技术重点。

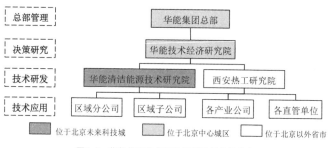

图5-3　华能集团的创新体系架构及空间分布

资料来源：根据华能集团资料整理。

　　中国国电、国家核电、中粮集团3家企业在未来科技城设立了研究中心，开展与集团核心业务相关联的，对产业未来发展具有战略意义的研究工作。这三家企业的总部也都位于北京中心城区，在未来科技城成立的研究机构是集团科技创新体系的重要组成部分，如中国国电的新能源研究院，开展风电、太阳能等新能源的开发，火电厂高效运行及节能减排、污染控制与资源化、煤洁净燃烧技术、海洋能技术、低碳能源技术的应用基础研究和应用技术开发与集成研究；国家核电的国核（北京）科学技术研究院有限公司，开展核电技术相关的应用基础、软件开发、试验验证、技术经济、核电标准等方面的研究；中粮集团设立营养健康研究院，转变了过去各公司自主研发的模式，转变为由集团集中力量开展研发，对食品加工应用技术、生物技术、食品与消费科学、食品质量与安全、营养与新陈代谢、知识管理、新产品研发等领域开展研究，支撑集团产业链发展。

（2）片区研发基地模式

片区研发基地模式，是指央企原有总部或核心研发机构不在北京，为了充分利用北京的人才、技术和政策优势，采取重组或新建的形式，在北京未来科技城设立集团的北京研发中心，并作为与原有研发中心协同发展的片区研发基地。这类研发基地的主要业务一般只涉及特定类型的技术研发与服务，不涉及总部管理咨询、管理培训等其他生产服务。采取这种模式建立研发基地的央企包括商飞集团、武钢集团、鞍钢集团、中国铝业4家。以下以商飞集团为重点，其他3家为辅助，说明这种片区研发基地模式的特征。

中国商用飞机作为国家大型飞机专项主体、开展大型客机项目的国有企业，推进我国实现民用飞机的产业化，主要开展民用飞机等产品的研发、生产和试飞，以及租赁、销售和运营服务等相关业务。中国商飞集团的总部和主要直属单位多位于上海，生产链上的总部管理、研究开发、生产制造、试飞、服务等功能也均位于上海（图5-4）。在北京未来科技城成立北京民用飞机技术研究中心的目的，是希望利用北京的人才、政策等资源优势和对外合作的优势，形成国家先进水平的民用飞机基础研究中心，系统开展民用飞机技术的关键性、前瞻性和基础性技术发展策划与研究。从商飞集团各企业的人员构成（表5-4）可以看出，北京民用飞机技术研究中心的规模只占整个集团研发力量的较小部分，今后随着北京研究中心的发展，规模可能增大，但由于距总部和制造基地较远，只可能作为片区研发基地，与上海研究中心协同发挥作用。

武钢集团、鞍钢集团、中国铝业3家央企也采取了在北京未来科技城建设片区研发基地的模式，作为对集团原有科技创新体系的支撑。其中，武钢集团和鞍钢集团的总部、生产制造、研发、服务等职能都分布在武汉、鞍山及其周边城市，中铝集团的总部虽然位于北京，但核心研究机构郑州轻金属研究院位于郑州，3家企业在北京未来科技城设立片区研发基地的目的与中国商飞类似，都是希望利用北京的人才资源和政策优势，形成符合集团长期技术发展方向的研究基地。武钢集团成立武钢（北京）新材料研发中心，以功能材料、冶金技术、能源环保、加工制造等技术的研发为重点；鞍钢集团成立鞍钢未来钢铁研究院，将在金属材料制造、材料应用与深加工、节能与能源综合利用等技术领域，以

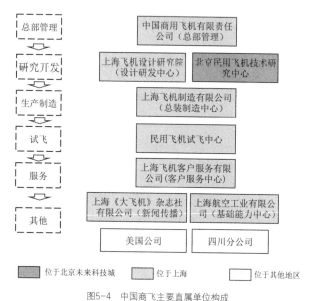

图5-4　中国商飞主要直属单位构成

资料来源：根据中国商飞网站资料整理，http://www.comac.cc/gk/zzgj/。

中国商用飞机各主要业务类型的人员构成分布　　　　表5-4

业务类型	企业	人员
总部管理	中国商用飞机有限责任公司	不详
研究开发	上海飞机设计研究院	1900
	北京民用飞机技术研究中心	270
生产制造	上海飞机制造有限公司	5000
试飞	民用飞机试飞中心	340
服务	上海飞机客户服务有限公司	500
	上海航空公司有限公司	不详

资料来源：根据北京民用飞机技术研究中心办公区展板整理。

及企业中长远科技发展战略等方面开展研究；中国铝业成立的中铝科学技术研究院，将集中开展有色金属产业领域的材料科学与加工技术研究。总体来说，与核心研究院模式相比，片区研发基地模式的研究机构与央企集团当前的技术业务联系并没有那么密切，主要是侧重于企业长期发展的技术支持储备。

（3）新的研究分支模式

新的研究分支模式，是指央企已有完善的科技创新体系，在北京未来科技城设立的研究机构仅作为某些技术领域的分支，不影响集团总体的研究机构布局。与片区研发基地模式相比，这种模式并未拓展企业研究机构布局的格局，多为在北京原有研究中心的基础上，针对特定研发方向成立的研究分支。采取这种模式建立研发基地的企业有中国电信、中国电子、中国建材和中海油4家。以下以中国电子为重点，其他3家为辅助，说明此种模式特征。

中国电子集团是中国最大的国有综合性信息技术企业集团，以提供电子信息技术产品与服务为主营业务，产业涉及新型显示、信息安全、集成电路、信息服务等国家战略性、基础性电子信息产业领域。中国电子目前已有成熟的科技创新体系，以国家工程技术中心、集团专业技术研究院、企业技术中心为研发体系的三个层次（图5-5）。位于北京的中电第六研究所是中国电子集团的核心研究机构，长期开展通信、计算机、控制三大领域的研发、产品制造、系统工程承包、自由品牌产品销售和技术服务。而在北京未来科技城设立的重点信息技术研究院仅开展信息安全产业的研发和设计工作，是中国电子集团信息安全业务重要支撑单位和信息安全工程业务总体单位。此外，中电集团还在未来科技城注册了3家面向产业应用的企业，分别是中电六所智能系统有限公司、中电长城网际系统应用有限公司、中电集成电路（北京）有限公司，并将其作为科技成果转化的基地。

中国电信、中海油、中国建材3家央企在未来科技城的布局也采取了在现有较为完善的科技创新体系之外成立研究分支的形式，选择面向未来的技术方向，将其作为对原有研究体系的补充。中国电信成立北京信息科技创新园，进驻机构包括北京信息科技运营部、天翼电子商务有限公司、北京科技创新中心等，进行下一代宽带、移动通信、互联网、网络信息安全等技术业务创新及产品的开发；中海油成立中海油能源技术开发研究院，研发重点在海上油气勘探开发、深水钻井、天然气开发利用、新能源技术研究；中国建材成立中建材创新科技研究院，研究开发和推广应用我国经济建设急需的建筑材料一体化产品、各类建筑材料的生产与应用技术等。

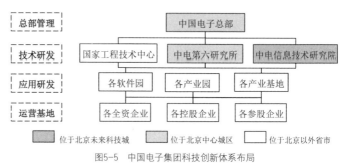

图5-5 中国电子集团科技创新体系布局

资料来源：根据中国电子集团资料整理。

（4）投资孵化机构模式

投资孵化机构模式，是指央企在未来科技城设立研究基地和中小企业孵化基地，不仅注重对特定领域技术和产品的研发，而且注重对已有技术和产品的成果转化，通过设立投资机构对中小企业进行孵化，成为特定类型技术和产品的孵化产业园。以这种模式对未来科技城进行布局的企业是兵器装备集团。

兵器装备集团是我国军民结合的特大型军工集团之一，目前覆盖产品、车辆、新能源、装备制造4大产业板块。拥有9大生产基地、23个整车厂和27家企业，其组织架构包括总部、民品事业部、科研院所、工业企业和贸易公司等。科研院所分布在北京、上海、绵阳、重庆等地。其中北京的中国兵器装备研究院位于昌平。与其他央企在未来科技城成立研究机构不同，兵器装备集团在未来科技城注册的企业是南方科创投资有限公司，隶属于南方工业资产管理有限公司，是兵器集团的贸易公司，功能定位面向工业类高技术及产品的研发、高技术成果的中试转化、高新技术企业及科技型中小企业的培育孵化。该孵化基地将挖掘兵器装备集团的自身优势，形成面向特种产品、新能源及民用产品技术研发和转化的三大基地。

1.4　产业创新机制

北京未来科技城的产业创新机制可以从驱动力和资源运用角度概括为以下四个方面，分别是各级科研项目支持的内部研发驱动、市场竞争格局下的外部需求拉动、国内资源引入的大学企业合作、国外资源引入的海外机构合作。

（1）各级科研项目支持的内部研发驱动

内部研发驱动是指科技创新过程遵循从技术研究到市场应用的模式，按照基础研究—应用研究—成果转化—市场化应用来组织创新过程，创新的原始驱动力来自于技术发展本身，创新的资金支持来自国家或企业对基础研究的投入。一般来说，这类研发项目的类型主要由技术发展趋势、国家发展战略要求和企业战略决策方向决定，与市场需求的关系可能并不密切，而是偏重于对影响未来发展的新兴技术的开发和储备。目前，央企各研究院通过申请国家、省市级别和集团内部的科技项目，获得资金支持，开展技术研发，并进行相应的成果转化，即为内部研发驱动的创新类型。这种形式是当前未来科技城发展初期驱动技术创新的重要力量，也是各研究院获得研发资金的重要途径。但值得说明的是，部分集团内部科技项目可能也是根据市场竞争格局下的企业客户需求来设置的，属于外部需求拉动的创新，因此不能单纯从获得研发资金的方式上判断是否为内部研发驱动，而要从创新形成的初始动力来分析。

中国商飞集团北京民用飞机技术研究中心主要从事民用飞机的基础性和前瞻性研究，包括民用飞机产业发展战略研究、背景型号总体论证、民用飞机前沿技术探索、民用飞机评估验证方法和手段研究等。该单位的技术研发方向主要由国家战略需求和集团发展方向决定，研发资金来源于国家部委和北京市的研究课题，以及集团投入的研发资金。目前开展的技术研发工作主要包括未来远程宽体客机的研发、复合材料的机翼和飞机研究，以及承担的各项国家和地方课题。未来将根据研究成果的情况，为民用飞机技术的应用提供支撑，属于典型的内部研发驱动型创新。国网智能电网研究院也受这种创新模式主导，在2013年共承担国家地方项目18项，获得国家拨款1亿元，占总研发投入的12.5%；承担国网公司科技项目60项，获得经费支持5.4亿元，占总研发投入的67.5%；院内自筹经费项目27项，获得资金支持1.6亿元，占总研发投入的20%。为了促进科技研究成果的产业化，国网智能电网研究院专门成立了两家负责创新成果转化的产业公司——中电普瑞科技有限公司和中电普瑞电力工程有限公司，在市场应用方面进行开拓。可以看出，除了初期保证大量研发资金的投入外，科技研究成果的转化和后期的市场化应用推广是这种内部研发驱动创新成功的重要因素。

目前，北京未来科技城的创新模式以各级科研项目支持下的内部研发驱动为主体，各研究单位都在尽量通过申请项目的形式，获得创新的资金支持。

（2）市场竞争格局下的外部需求拉动

外部需求拉动是指在市场竞争的背景下，科技创新过程遵循从市场需求到技术改进的模式，按照用户需求收集—业务反馈—技术改进来组织创新过程，创新的原始驱动力来自于市场中用户的需求，创新的资金支持来自客户或企业对技术改进的投入。一般来说，这类研发项目的类型主要由客户各类需求、企业市场调查所确定的技术问题决定，与市场应用密切相关，偏重于对已有技术的应用和改进。目前，央企各研究院承担的集团内部的部分科技项目和来自企业的横向项目可以概括为外部需求拉动的创新。在这一创新过程中，企业也需要对研发进行投入，但不同的是，其研发成果是直接面向已有的产业化需求和产业化应用的，因此，技术研究的转化率更高，对现实产业发展的推动作用更为直接。

华能集团的清洁能源技术研究院开展了一系列市场需求方面的改进创新。例如，其下设的6个部门之———清洁能源系统优化设计部根据一些企业提出的控制系统设计和成套设备供应与调试技术的需求，研发出应用于电力、化工和各类清洁能源的发电整体控制系统，并根据系统设计规范和厂家配置要求，拟定配置方案，确定软硬件配置，根据工艺要求作出控制系统规格书，设计逻辑及控制回路图，根据系统选型，进行控制系统逻辑组态，制定调试方案和措施。目前，这项技术已经应用于华能集团旗下企业或其他企业的工程项目实践，如华能天津IGCC电站示范工程、秦皇岛秦热发电有限公司脱硝工程、鄂尔多斯市乌审旗世林化工有限责任公司年产30万吨甲醇工程、国际合作挪威项目二氧化碳捕集实验装置、上海石洞口12万吨/年级燃煤电厂CO_2捕集示范工程烟气预处理技术研究等。需求拉动型的创新可以直接与技术应用对接，这对于提升当前行业的科技创新水平有直接拉动作用。

目前，未来科技城各机构中，通过外部需求拉动来实现创新的比例较低，一方面与大多研究机构刚刚成立、承接横向课题的委托较少有关；另一方面与央企创新体系较为庞大，部分迫切的产业技术改进需求无法及时反馈到央企核心研发机构，而多在央企下属的产业公司自主解决有关。

（3）国内资源引入的大学企业合作

从对资源的利用来看，利用国内大学和企业资源联合开展技术创新是引入外部资源的重要形式，具体形式是围绕特定项目或课题，由研究院或企业牵头，发挥相关单位的技术、智力和资金等资源优势，协同攻关，实现优势互补，在合作中各个单位分享合作产出。

在对5家初期入驻的央企研究机构的调研中，笔者详细了解了这些研究机构与国内企业和研究机构开展合作的类型、频率和合作方的地理分布。从图5-6中可以看出，这5家企业与国内企业的合作形式包括基于产业链的合作、基于业务外包的合作、基于产业融合的合作和基于技术联盟的合作。基于产业链、产业融合和业务外包的合作主要通过企业自主建立合作关系来推动，基于技术联盟的合作主要通过国家相关制度安排和资源支持的激励来推动。其中，国网智能电网研究院基于技术联盟的合作非常多，基于产业链的合作也较多；商飞集团基于业务外包的合作非常多，也有少量基于产业融合的合作，基本没有基于产业链和技术联盟的合作；神华集团、华能集团、国网集团的研究院基于产业链的合作较多。在与高校和科研院所的合作方面，国电和神华集团的研究院主要采取短期择优合作，根据研究项目选择更具有技术优势的大学或研究机构；国网、华能和商飞集团的研究院主要采取长期定点合作。与这些央企研究机构有合作关系的高校等研究机构部分分布在北京市科技城外的其他地区；部分分布在国内其他城市；有合作关系的企业大多分布在国内其他城市，少量分布在北京市其他地区（图5-7）。可以看出，未来科技城各研究机构开展的合作模式主要受业务类型影响，以基于产业链、技术联盟和业务外包的合作为主。目前在未来科技城内部，基本没有企业之间的合作。

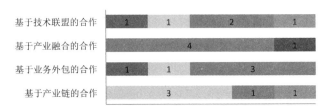

图5-6   北京未来科技城初期入驻的5家央企与其他企业的合作类型频率分布
资料来源：根据作者访谈资料整理。

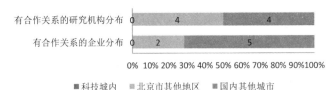

图5-7   北京未来科技城初期入驻的5家央企与其他企业高校合作的位置分布
资料来源：根据作者访谈资料整理。

（4）国外资源引入的人才和与海外机构合作

从对资源的利用来看，利用国外的人才和研究机构的资源联合开展技术创新是引入外部资源的又一形式，包括吸引海外高层次人才回国创新创业，以及围绕特定项目或课题，与技术水平处于国际领先位置的国外研究机构或企业开展合作，引进、吸收先进技术，共同拓展海内外市场。

到2014年初，未来科技城的各央企共引进"千人计划"专家151人，其中有78人将在未来科技城工作，此外在国外取得硕士及以上学历的技术人员有340人。国家人才政策对吸引高层次人才回国起到了关键性的促进作用。国电新能源研究院对2013年科研项目的评估认为，"千人计划"人才负责的科技项目进展顺利，发挥了"千人计划"的领军作用。

在对外合作方面，国电新能源研究院与国外高校、企业开展了技术研发与转让、人才培养、实验室共建和专家资源共享等方面的合作。具体包括：① 聘请世界权威专家担任研究院名誉院长。目前的新能源研究院名誉院长是世界太阳能之父马丁格林，与研究院共同开展太阳能电池研究；同时聘请高分子材料领域的资深专家担任研究院副院长。② 与国外知名高校开展技术研发与转让、人才培养、实验室共建、专家资源共享等形式的合作。与美国麻省理工学院（MIT）签署合作协议，成为该院在亚洲首家大型国有企业会员单位，并已经开展了低阶煤与半焦低排放燃烧发电关键技术研究；③ 承担国际组织的会议和论坛，提升影响力。与亚太经合组织合作开展通过储能系统推动稳定新能源应用，承担APEC新能源与可再生能源技术专家会议及APEC论坛等。④ 与跨国企业开展联合研发攻关。已与德国施密德集团签署太阳能技术研发、装备制造和光伏产业链新技术等方面的合作协议；与瑞士ABB集团、比利时微电子研发中心和新南威尔士大学等达成太阳能、风能方面的合作意向。

（5）产业创新存在的问题

根据北京未来科技城各单位的发展情况，比对理想的科技城演化机制，目前未来科技城的产业创新在创新源和人力资本两方面不存在问题，但在嵌入性、创新环境和全球—地方联结三个方面仍然存在欠缺。

首先，嵌入性不足，尚未形成支撑产业互动的社会关系网络。一方面由于科技城处于发展初期，尚未形成未来科技城自身的关系网络和社会结构，导致创新行动者尚未嵌入未来科技城的关系网络中。另一方面，由于入驻未来科技城的都是央企的研发机构，本身就存在集团内部自成体系、体内循环，而与外部互动较少的问题。如果未来科技城在今后的发展中不注重对嵌入性的培育，那么产业主体之间互动的缺乏会阻碍知识溢出的产生，而且嵌入性的不足会影响企业和个人对未来科技城的粘性。将出现的问题是，创新源和企业集聚，但相互独立没有合作，无法形成产业内和产业间的相互学习机制和知识溢出，无法通过协同作用发挥个体相加大于个体之和的效应，也就违背了建设未来科技城的初衷。

第二，创新环境尚未形成，缺乏软环境方面的研究成果转化机制、企业协同合作机制、中小企业孵化机制以及硬环境方面的生活设施和创新激发设施。软环境方面，一是企业尚缺乏研究成果的转化机制。虽然一些企业已经通过成立产业公司开始了探索，但大多数仍然仅作为央企集团公司科技创新体系的一部分，仅注重申请研究经费、形成研究成果，并不关注研究成果的转化和市场化应用。如果各央企能够进一步重视研究成果的转化，在未来科技城形成促进成果转化的机制，那么将极大促进产业创新的步伐。二是未来科技城缺乏由政府或第三方机构搭建的科技城内部企业之间的合作平台和协同机制，因此虽然有好几家企业都在新能源领域开展技术研究，但并未形成信息共享和知识交流的沟通机制。三是未来科技城缺乏对中小企业孵化衍生的支撑机制。目前未来科技城关注的重点还是在央企的研发机构上，但这些基本属于存量发展，而关于创造产业发展增量，可以探索制度创新，调动人才积极性，促进新企业从研究机构衍生出来，充分挖掘和利用研究机构的科研成果价值，推动产业化。硬环境方面，由于科技城尚未完成建设，目前仍然缺乏生活设施和创新激发设施，因此对于人才和创新活动的吸引力受限。

第三，全球—地方联结有待加强。目前未来科技城与外界的联结，主要局限在人力资本和技术合作层面，但在资本、市场的联结方面依然薄弱，也与目前进驻未来科技城的机构的性质有关。在未来可以进一步吸引外资投入，促进科技成果转化，并提升未来科技城在全球技术交易市场中的位置。

总体来说，目前未来科技城的各产业主体仍然是作为原有企业体系中的一个组成部分来运作，相对缺少独立运作的自主性。而且由于各企业垂直一体的结构，限制了企业之间的合作和交流，不利于发挥协同创新的优势。今后的未来科技城产业创新可以考虑以下几方面措施：① 增强研究院进行研究和产业转化的自主性，鼓励央企研究院成立产业公司，促进科研成果产业化；② 加强与客户的沟通合作，增加针对市场需求的创新研究；③ 建立企业间合作平台，形成信息共享和知识交流机制；④ 营造企业员工之间的互动学习氛围，促进非正式交流互动和文化建设；⑤ 拓展技术服务和应用的国际市场，加强未来科技城的国际影响力；⑥ 探索合理的机制，比如通过股权分配鼓励研究机构的员工利用研究成果创业，并积极支持和孵化中小企业，增强未来科技城企业类型的多样性。

1.5 产业布局模式

北京未来科技城是由中央政府主导建设的科技城，选址在中关村北部研发服务和高技术产业带上，与昌平区各类产业的高技术产业基地邻近。其内部产业布局过程是先有企业后有布局规划，企业选址布局主要由各央企选址的先后顺序、各研究单位对地块功能的初步设想决定，基本遵循了同类型产业就近布局的原则。

（1）所在区域产业格局

从北京未来科技城所在区域的产业布局来看，属于中关村"两城两带"（两城：中关村科学城、未来科技城；两带：北部研发服务和高技术产业带、南部高技术制造业和战略性新兴产业带）的两城之一（图5-8）。未来科技城邻近北七家镇工业区和空港工业区，距离昌平区的生命科学园、永丰产业基地、航天城、创新园、环保园和工程技术创新基地等20km左右。在未来科技城北部，六环以外的区域未来将设立未来科技城的产业转化基地，为央企创新成果的转化提供空间支撑（图5-9）。

（2）科技城内部产业布局

从北京未来科技城内部产业布局来看，北京未来科技城集聚的15家央企的研发机构分布在未来科技城的南区和北区，北区主要集聚了与新能源、新材料和高端装备制造相关的6家央企研发机构，南区集聚了与新能源、新材料、新一代信息技术、食品加工相关的9家央企研发机

图5-8　中关村"两城两带"空间布局示意图
图片来源：中关村国家自主创新示范区网站。

构，各企业分别形成了研发基地以及创新平台和交流展示平台，涉及研究、开发、孵化、展示、培训、产品体验等功能。产业布局主要依据企业之间的产品和技术联系，将同类企业邻近安排，但同时也考虑各家央企对用地规模、位置环境的具体要求，形成如图5-10所示的央企分布格局。除了央企的研发机构外，在南区和北区的核心区域还有部分服务类用地提供生产性服务和消费者服务（图5-11）。具体的形式是建设170～180万m²的写字楼和300万m²的公共服务建筑。写字楼以出租的形式，吸引央企业务上下游的企业或同类产业的中小企业入驻，重点发展新能源产业和高技术服务业。公共服务建筑为整个未来科技城的居民和工作者提供文化、娱乐、休闲等服务。

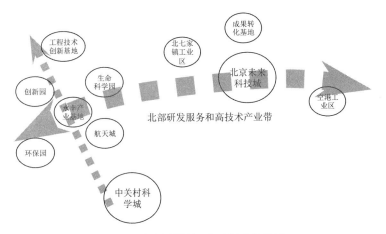

图5-9　北京未来科技城周边区域产业布局示意

图5-10　北京未来科技城各央企位置分布

（3）产业布局问题及改进

根据前文比对科技城演化机制提出的未来科技城产业创新存在的问题，可以进一步分析产业布局存在的问题，主要包括以下几点：① 选址时对企业业务关联性的考虑不足。产业布局并未完全从企业经营业务

图5-11 北京未来科技城产业布局模式

之间的相互关联性出发，并未将所有同类型产业就近布局，而是将部分业务相近的研究机构分别布置于南北两区，分别形成了两个新能源片区、两个新材料片区。这样布局会减少从事同类技术开发的工作人员之间的互动可能性，不利于企业之间互动氛围的形成。② 央企封闭的大院式空间组织阻碍开放氛围的形成。各家央企都用栏杆或围墙限制了各自的空间领地，大院门口都有保安守卫，非企业员工未获许可不得入内。各央企的员工食堂位于各个大院内部，接送员工上下班的班车也是各单位仅负责自己的员工，导致各家央企研发机构的运转完全自成体系，除了上下班时路上有车辆和行人来往以外，其他时间未来科技城的道路上基本空无一人，员工全都在各自的企业大院中上班，完全没有开放互动的氛围。③ 生产性服务功能的植入不足。因处于发展初期，为企业发展服务的咨询、技术交易、广告、会展、法律、金融等服务功能尚未进入未来科技城，也缺乏企业之间信息共享和互动交流的平台。

针对以下问题，可以通过以下几个方面考虑产业布局的优化：① 在公共服务核心区的建设中，增加孵化类空间，促进央企研究机构各类中小企业的衍生，同时吸引央企产业链上下游的企业，就近布局在同类央企周边区域，承接央企的业务外包和产业转化。② 除了严格保密单位以外，逐渐拆除央企围墙，允许部分商业、休闲、体育功能植入央企研发机构周边，为员工提供非正式的互动空间，增强技术人员之间的互动和交流。③ 在公共服务核心区的建设中，增加知识共享平台、技术交易平台和技术服务平台，为各央企研究院提供共性服务，同时促进企业之间的互动和交流。

2. 多类型企业共生的科技城产业布局：武汉未来科技城

武汉未来科技城也是中组部、国资委的"千人计划"落地项目之一，位于面积为518 km²的武汉东湖国家自主创新示范区范围内，面积66.8 km²，是我国中西部地区唯一的一个未来科技城。与北京未来科技城的不同之处在于，武汉未来科技城并不以央企的研发机构为主体，而是采用了央企、外企、民企、大学—政府合办企业等多类型企业共生的发展模式。

2.1　主要产业构成

武汉未来科技城的产业类型主要受产业规划影响，而产业规划主要根据武汉东湖国家自主创新示范区的自身特色、产业定位、区域产业总体布局关系决定，在实际发展中也受到具体招商情况的影响。目前，武汉未来科技城重点发展四大产业类型：光电子信息产业、新能源与节能环保产业、高端装备制造业和高技术服务业，兼顾其他战略性新兴产业的研发（表5-5）。与武汉东湖高新区"一三一"的产业构成基本一致（"一"是指光电子信息产业，"三"指生物产业、高端装备制造业、新能源与节能环保产业，"一"是指高技术服务业），不同之处是生物产业将不在未来科技城发展，而集中布局于未来科技城旁边的光谷生物城。未来科技城界定的产业功能以应用型科技研发为主，兼顾基础性研究、中试孵化功能，区域内部不推进产业化。

武汉未来科技城主要产业类型及入驻企业　　　表5-5

产业大类	入驻企业
光电子信息产业	武汉光电工业技术研究院、中国航天科工锐科大功率光纤激光器及关键器件研发基地、华为武汉研发基地、湖北捷讯光电有限公司总部及研发基地、武汉锐奥特科技有限公司、武汉隽龙科技有限公司、武汉虹拓新技术有限责任公司、武汉飞恩微电子有限公司、武汉长盈通光电技术有限公司
新能源与节能环保产业	武汉新能源研究院、中美清洁能源联合研究中心试验基地、武汉凯迪生物质热化学技术国家重点实验室、中国电子新能源（武汉）研究院、西门子（武汉）创新中心、中国地质大学资源环境科技创新基地、中国冶金地质总局环保产业研发和中试基地、中国华电武汉天和等离子体点火技术研发基地、武汉格林美城市矿山资源循环利用研发基地、武汉美格科技有限公司、武汉格斯净环保科技有限公司、风脉（武汉）可再生能源技术有限责任公司

续表

产业大类	入驻企业
高端装备制造业	武船重工国家（湖北）海洋工程装备研究院、中国航天科技（武汉）创新技术研究院、武汉智能装备工业技术研究院、武汉探道能源技术有限公司、武汉尼万科技有限公司
高技术服务业	武汉导航与位置服务工业技术研究院、武汉遥感与空间信息工业技术研究院、中国移动TD研发中心、中国电信湖北（国家）宽带研发中心、中船重工船舶与海洋工程电子信息技术研发基地、中国联通武汉未来科技城信息园、德国电信武汉光谷开发中心、国家电网公司智能输变电研发基地、中国电科院武汉科研基地、中核集团核动力运行研究所总部及研发中心、中国葛洲坝集团试验检测有限公司总部及研发中心、新诺普思科技武汉开发中心、武汉智慧城市研究院、中南电力设计院、中兴通讯智慧教育产业基地、人才企业发展服务中心、创未来咖啡、武汉九同方微电子有限公司、北京普泉科技有限公司痕量灌溉研发生产基地、武汉擎木创业科技有限公司、武汉非与科技有限公司、武汉恩倍思科技有限公司

资料来源：根据作者调研资料整理。

2.2　产业集聚机制

武汉未来科技城在发展初期的产业集聚机制以政府引导为主导，市场资源配置为辅助。与北京未来科技城在发展初期即确定了入驻的主要企业不同，武汉未来科技城各企业的入驻主要是通过政府招商、资源整合过程完成的，面向的企业类型不仅仅局限于央企，而是吸引各种类型的企业。

（1）政府引导

政府在吸引企业入驻未来科技城的过程中，通过土地价格优惠、税收优惠、人才政策优惠、完善的基础设施服务等方面为企业落户和人才落户提供便利（表5-6）。首先，在招商引资和海外人才吸引中，针对不同类型企业需求的不同，提供相应的优惠政策；其次，特别注重对各类创新活动的推进，政府出台科技创新政策的"黄金十条"，促进科技成果转化，鼓励人才创新创业；再次，与大学、企业合作搭建创新平台，整合三方的资源优势，形成制度化的创新平台，协同促进创新成果的转化。

（2）市场协同

在政府积极吸引企业集聚的过程中，市场力量主要体现在，第一，随着一些大型企业的入驻，提供上下游配套的中小企业在大型企业周边落户或成立，争取通过地理位置的邻近建立起合作关系。比如华为（武汉）研发基地的入驻，吸引了多家光电子信息相关的人才创业企业；第二，外企入驻未来科技城主要结合了自身拓展中国市场的需求，采取与本地企业合作的形式，形成优势互补；第三，风险投资带动企业集聚，通过初期对某一领域风险投资的吸引来集聚企业，比如在中国宽带产业资本和相关央企宽带领域研发基地的带动作用下，吸引相关的中小企业集聚，形成中国宽带产业基地。此外，一些服务未来科技城企业建设和人才需求的生产者服务类与消费者服务类企业也相继入驻未来科技城，满足专业化发展和日常生活需要。

武汉东湖未来科技城在企业吸引和创新促进方面的政策　　表5-6

策略	政府引导政策	具体政策
企业吸引策略	土地价格	低于市场价，而且一企一策，一事一议
	税收优惠	东湖高新区税收政策
	人才政策	"千人计划"政策、"3551光谷人才计划"、人才特区建设意见、科技人员创业推进实施意见、加快科技成果转化暂行办法、融资补贴风险补偿转向资金管理办法、高级人才个人所得税奖励实施意见
	配套设施	土地利用集约化、产业发展高端化、城市功能智能化、工作生活人性化
创新鼓励策略	政策创新	黄金十条：（1）允许和鼓励在武汉高校和科研院所的科研人员留岗创业，（2）开展国有知识产权管理制度改革试点，（3）支持新建新型产业技术研究院，（4）科技型内资企业注册零首付，（5）给予区内科技型中小企业资金支持，（6）遴选支持"光谷瞪羚企业"，（7）设立股权激励代持专项资金支持符合条件的团队和个人，（8）奖励入驻的风险投资机构和支持科技型企业的银行、担保机构，（9）对科技企业孵化器和加速器以优惠价格供地，（10）开展非公领域科技人员职称评定制度改革
搭建创新平台	模式创新	大学—政府—企业共建成立研究院和创新平台，促进高校研究成果转化

资料来源：根据武汉东湖未来科技城入驻企业政策整理。

2.3 产业组织模式

武汉未来科技城的产业组织模式比北京未来科技城更为多样，按照责任主体的所有制形式来划分，除了组建央企研发基地以外，还有其他四种产业组织模式，分别是高校—政府—企业合作模式、海外人才创业孵化模式、民企研发生产基地模式和外企中国研究中心模式。

（1）央企研发产业基地模式

截至2014年1月，入驻武汉未来科技城的央企研发机构有15家，除了2家为搬迁入驻之外，大多数为新建的研究机构或产业基地。与北京未来科技城入驻的央企研发机构多为央企核心研发机构或片区研发基地不同，武汉未来科技城入驻的央企单位多为央企集团下属的全资公司、区域分公司、研究机构旗下的研究分支或产业化基地，投资规模相对较小。在企业原有的科技创新体系格局中只占据很小的部分，为特定研究方向或地方产业化发展服务。这15家央企的产业研发组织模式可以概括为三类（表5-7）。

武汉未来科技城央企研发产业基地类型及定位　　　　表5-7

模式	机构	定位
片区研发基地模式	中国电子新能源动力电池（武汉）研究院	开展新能源汽车动力电池的研发，完善集团总体的产业链，目标是形成集团新能源动力电池产业的技术研发中心
	国网中国电科院武汉科研基地	开展高压计量、输变电设备运行与管理等方面的研发业务和涵盖电气设备、高电压计量业务的检测业务
	葛洲坝集团试验检测有限公司总部及研发中心（搬迁）	综合性办公试验研发基地，研究领域涉及新型建筑材料、新工艺和监测技术
新的研究分支模式	中国移动湖北信息港	湖北第四通信枢纽、TD研发中心及分公司管理中心
	中国电信湖北（国家）宽带研发中心	开展面向三网融合的新型网络体系构架研究，在网络宽带、网络安全、网络技术等领域的产业带动和实验示范
	中国联通武汉未来科技城信息园	云计算领域研发为核心，将建成独立的省级数据中心
	中船重工集团公司第七二二研究所船舶与海洋通信研发基地	面向海洋船舶与工程装备应用的通信与信息系统研发中心、信息安全与软件研发中心和特种天线技术研发中心
	中核集团核动力运行研究所总部及研发中心（搬迁）	核蒸汽发生器的试验研究基地、在役检查技术服务和研究基地
	长江科学院中国智慧流域工程技术研究中心	长江科学院16个研究所（研究中心）之一，是与地球空间信息及应用服务、智慧流域相关的研究基地
	中国华电武汉天和等离子体点火技术研发基地	大功率等离子体发生器研制中心、等离子体气化技术研发中心和等离子体气化示范基地等
	中国质量认证中心华中低碳节能技术研究中心	服务区域经济的低碳与认证技术的推广研究中心

续表

模式	机构	定位
产业化基地模式	中国航天科工集团公司锐科光纤激光器产业化基地	光纤激光器研发、试验和生产基地
	国网南瑞集团智能输变电产业化项目	智能电网运行与维护、电力新材料、节能服务、电气设备智能化
	中国冶金地质总局"三川德青科技有限公司环保产业研发和中试基地"	重点开展工程泥浆处理及零排放、城市管网污泥及污水处理装置、河道湖泊疏浚污泥处理处置、污染土壤治理修复四个领域的研发
	中国航天科技（武汉）创新研究院	重点促进航天科技成果本地转化，进而形成航天技术高科技产业集群

资料来源：根据武汉未来科技城各企业资料整理。

① 片区研发基地模式

即央企之前并未在武汉设立研发中心，为了充分利用武汉的人才、技术和政策优势，采取搬迁或新建的形式，在武汉未来科技城设立集团下属机构的武汉研究院或研发中心，作为对原有研究体系的补充（表5-8）。相关企业包括中国电子、国家电网和葛洲坝集团的研究院或研发中心。例如中国电子在未来科技城设立的新能源动力电池（武汉）研究院，隶属于中国电子的全资企业武汉中原电子集团有限公司，主要开展新能源汽车电池的研究和开发；国家电网成立的中国电科院武汉科研基地，隶属于国家电网的直属科研单位中国电力科学研究院，开展高压计量、输变电设备运行与管理等方面的研发业务。

片区研发基地模式企业管理层级　　　表5-8

层级	中国电子	国家电网
集团总部	中国电子信息产业集团总部	国家电网公司总部
全资企业或直属研究单位	武汉中原电子集团有限公司	中国电力科学研究院
研究院	新能源动力电池（武汉）研究院	武汉科研基地

资料来源：根据企业信息整理。

② 新的研究分支模式

该模式是指央企的科技创新体系已经在武汉布局了相关研发机构，在未来科技城成立的机构仅为某一领域或研究方向上的分支，并将其作为对原有科技创新体系的补充。采用这种模式设立研究机构的企业有8

家，分别是中国移动、中国联通、中国电信、中船重工、中核集团、长江科学院、中国华电和中国质量认证中心。这些企业总部与未来科技城研发分支的关系是总部—区域分公司—分公司研发产业园，如中国联通、中国移动、中国电信和中国质量认证中心都是在其区域分公司下设研发产业园，开展面向下一代通信技术的研究；或是形成总部—分公司—分公司子公司—专项技术研发基地，如中国华电武汉天和等离子体点火技术研发基地隶属于中国华电集团直属子公司国电南京自动化股份有限公司旗下的子公司——武汉天和技术股份有限公司，它是针对等离子体点火技术的专项技术研发基地。可以看出，武汉未来科技城以新的研究分支模式建立的机构层级比北京未来科技城低，多为央企二级或三级单位下设的研究分支，与地方企业或研究机构的关系更加密切。

③产业化基地模式

是指央企在未来科技城设立科研生产综合体，这种模式注重技术研究与产业应用的对接和对已有研究成果的产业化，不仅开展研发活动，而且也从事生产和技术服务。采取这种模式建立产业化基地的企业隶属于中国航天科工、国网南瑞集团、中国冶金地质总局和中国航天科技。例如，中国航天科工的锐科光纤激光器产业化基地隶属于中国航天科工集团下属的中国航天三江集团公司控股的武汉锐科光纤激光器有限责任公司，其产业化基地的定位是光纤激光器研发、试验和生产基地；中国冶金地质总局集团控股的产业公司三川德青科技有限公司在未来科技城设立环保产业的研发与中试基地，开展污染处理相关研发中试工作。可以看出，这类产业化基地多为央企的二级或三级子公司建立，直接对接特定技术的开发和生产活动。

（2）高校—政府—企业合作模式

武汉未来科技城的第二种产业组织模式是由高校、政府和企业开展合作，组建特定方向的工业技术研究院，整合各个机构的资源优势，促进科技研究成果的产业化，形成协同创新平台，覆盖研发、中试、熟化、技术转移、产业孵化、技术支持和研发服务等功能。工业技术研究院的具体组建形式为：大学提供无形资产，如人才、科研成果，包括专利和著作权等；政府提供制度环境和有形资产，包括政策、资金和承载空间；相关企业出部分资金、管理技术和负场开拓市场，成立的工业技术研究院公司采取股份制形式，实行管理人才外聘，推进大学科技成果的产业化（图5-12）。对于大学的研究成果来说，工业技术研究院除了提供技术服务以外，还有两条产业化路径，一条是研究—成果—孵化模式，即围绕科技成果组建管理团队，创办新企业，通过对新企业的孵化推进科技成果转化；另一条是研究—成果—交易模式，即将研究成果进行熟化，与市场需求对接，将知识产权卖给有需要的企业。

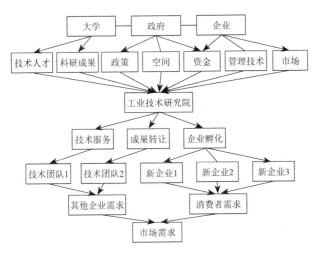

图5-12　工业技术研究院资源整合与运作流程

目前武汉未来科技城已成立7家围绕重点技术方向的工业技术研究院，其中高校和政府合作的有6家，政府和学校按照1∶1出资，学校提供无形资产，政府提供有形资产，成立围绕重点技术方向的工业技术研究院；企业和政府合作的有1家，主要由企业建立，政府提供补贴资助；高校和企业的合作模式，目前仍在探索中，希望整合高校的技术和智力资源与企业的管理经验和市场资源，推动创新产生。

工业技术研究院在发展初期大都利用其所依托学校的技术，在有市场前景的领域，将学校实用的新型技术进行再次开发，与社会技术路径更加匹配，形成"能赚钱的技术"，发展后期希望形成自己的研发团队，形成持续造血能力。各个工研院的发展形式各有不同（表5-9），武汉光电工业技术研究院和武汉地质资源环境工研院侧重于学校已有科研成果的转化，而武汉导航与位置服务工业技术研究院侧重于自身团队的研发、标准的制定和市场开拓。

武汉未来科技城入驻的工业技术研究院

表5-9

工业技术研究院	技术领域	高校或企业主体	发展定位
武汉智能装备工业技术研究院	高端装备制造	华中科技大学	形成面向智能装备产品开发和产业技术转化的平台；培育智能装备企业，促进智能装备产业集群形成
武汉光电工业技术研究院	光电子信息	华中科技大学	建立光电领域产业化技术开发平台，推动科研成果完成小试、中试阶段的设计和开发，孵化高新技术企业，促进光电产业集群形成
武汉导航与位置服务工业技术研究院	高技术服务	武汉大学	建立导航与位置服务、北斗精密应用技术开发与产业化平台、北斗产品及位置服务软硬件产品标准测试评估中心和产业孵化基地
武汉新能源研究院	新能源环保	华中科技大学	在风能、太阳能、生物质能、智能电网、新型动力电池及储能、碳捕捉及存储、节能与减排、能源政策与低碳经济研究等领域开展前沿技术研发
武汉地质资源环境工业技术研究院	新能源环保	中国地质大学	在地质装备与工程服务，资源综合开发利用与新材料、新能源，生态地质与地质环境保护，地理信息技术与高技术服务和珠宝旅游文化创意产业等方面建立研发平台
武汉遥感与空间信息工业技术研究院	高技术服务	武汉大学	高分辨率遥感数据处理与产业化应用，构建遥感与空间信息技术创新、成果转化、公司孵化、产业整合平台，开展高分卫星商业化运营，尤其是推动遥感数据处理及其在智慧城市中的应用
国家（湖北）海洋工程装备研究院	高端装备制造	武船重工	重点围绕海洋工程大型装备、海洋工程船舶、海洋工程配套设备、海洋工程专用装备、基础共性支撑技术等装备和技术，面向海洋工程装备产业链，面向国际海洋工程装备工程总包，培育具备武汉技术优势的自主品牌海洋工程装备产品

资料来源：根据各工业研究院资料整理。

（3）海外人才创业孵化模式

未来科技城产业组织的第三种模式为海外人才创业孵化模式，通过提供奖励、空间、税收等优惠政策，吸引海外人才回国创办企业，对接海外的技术和智力资源与国内的市场需求。国家"千人计划"、湖北省"百人计划"、武汉东湖国家自主创新示范区的"3551光谷人才计划"等在人才回国创业方面提供了以下支持：① 对符合条件的人才及团队最高可给予1亿元的资金支持，② 可通过人力资本作价出资、知识产权作价出资创办企业，③ 试行企业股权和分红激励，④ 符合条件的个人所得税奖励，⑤ 资助或补贴人才参与创新创业为目的的国际性高层次学术、技术交流活动，⑥ 高标准保障高层次人才子女家属的入学就医，⑦ 优先推荐高层次人才参评国家、省市奖励。政府在高层次人才创业初期给予大力支持，是对创业投资的外部性和不确定性的补偿，通过在创业初期的各项支持，为人才提供相对稳定的创业环境。目前武汉未来科技城已经引进国家"千人计划"人才16人，湖北省"百人计划"人才2人、东湖高新区"3551人才计划"人才25人，在光电子信息、节能环保、移动互联网等产业领域创办企业31个（图5-13）。

所调研的13家人才创业企业规模在10～100人之间不等，平均规模为45人，集中在光电子信息、移动互联网和节能环保产业（表5-10）。企业的创办模式多为掌握相关技术的高层次人才在未来科技城人才政策的支持下，进入高层次人才创业孵化器，探索技术研发与市场需求结合的路径，将科技成果进行产业化。

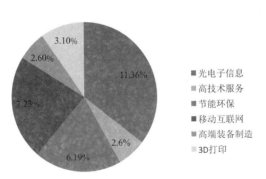

图5-13　武汉未来科技城入驻人才创业企业行业分布
资料来源：根据作者调研资料整理。

（4）大型民企研发基地模式

武汉未来科技城的第四种产业组织模式是国内大型民营企业的研发生产基地模式，以华为武汉研发基地和武汉凯迪生物质热化学技术国家重点实验室为代表。这些大型民营企业已经有完善的管理、研发、销售体系，在武汉未来科技城成立研发基地的目的是利用武汉地区在特定产业方面的技术优势和人力资源优势，提升集团总体的科技创新能力。研发基地的相关研究成果将直接通过各企业的内部运营体系得以产业化运用。比如，华为已经在国际和国内设立了20多个研究所和研发基地，每个研发中心的研究侧重点各有不同，在未来科技城设立的华为武汉研发基地将重点开展光电子信息、消费电子终端、软件及外包和云计算等4个领域的研发，项目将容纳研发人员4万人，成为全球最大的光电子研发基地。武汉凯迪生物质热化学技术国家重点实验室是阳光凯迪新能源集团有限公司的实验室，也是国家科技部在湖北省组建的第三家企业国家重点实验室，主要开展生物质高效低污染燃烧、气化及液化技术的理论基础研究，并承担工程应用研究、成果推广和高层次专业人才培养的职能。研究成果将在阳光凯迪新能源集团的各公司进行推广和应用。

调研的13家人才创业企业概况 表5-10

所属企业或单位	所属产业	项目内容
武汉虹拓新技术有限责任公司	光电子信息	全光纤飞秒激光器项目
飞恩微电子有限公司	光电子信息	MEMS高端传感器及系统项目
武汉锐奥特科技有限公司	光电子信息	硅光子混合集成技术及其高速光通信收发模块研发项目
武汉长盈通光电技术有限公司	光电子信息	全光纤电流互感器项目
武汉九同方微电子有限公司	光电子信息	射频集成电路电磁场模拟软件项目
武汉恩倍思科技有限公司	光电子信息	大屏幕红外多点触摸屏产业化项目
飞恩微电子有限公司	光电子信息	MEMS高端传感器及系统项目
能力天空科技（武汉）有限公司	移动互联网	AbleSk全球知识交易交互平台项目
武汉云升科技发展有限公司	移动互联网	云计算平台的设计、开发和实施
武汉非与科技有限公司	移动互联网	智慧社区、智慧家庭、智慧城市、智慧安防的科研及产业化工作
风脉（武汉）可再生能源技术有限公司	节能环保	新能源一站式服务项目
武汉格斯净环保科技有限公司	节能环保	纳米纤维膜的研发及产业化项目
武汉美格科技有限公司	节能环保	柔性光电和储能关键技术及材料项目

资料来源：根据作者调研资料整理。

（5）外企中国研究中心模式

武汉未来科技城的第五种产业组织模式是大型外资企业在武汉设立中国研究中心，相关企业有新思科技股份有限公司、德国电信武汉光谷开发中心和德国西门子武汉（创新）中心等。吸引这些企业选择将研发中心设立于武汉未来科技城的原因包括：武汉地区领先的产业基础、充足的人力资源优势和优惠的地方政策，以及未来科技城管理部门积极有效的沟通与服务。比如，将在未来科技城建立全球研发中心的新思科技，是一家从事电子设计自动化软件开发的外资企业，在全球电子设计自动化（EDA）领域排名前三。公司总部位于美国硅谷，在全球有60多家分支机构，员工8000多名。目前在中国的北京、上海、台湾等地已设立研究中心，在武汉未来科技城建立的全球研发中心将成为集成电路设计产业中心和培训基地，规模将达到500多名员工。新思科技尤其注重与本地大学的合作，希望通过集成电路领域的技术研发和教学，带动产业链发展。同样落户武汉未来科技城的德国电信是欧洲最大、全球第四的电信公司，看中武汉的人才、科教优势和快速发展态势，将在武汉未来科技城建设其在中国的首个全球研发中心，重点研发方向涉及云计算、汽车联网、智慧城市等领域，研发团队规模将达1000人。此外，德国西门子将在武汉未来科技城建立中国除北京、上海以外的第三家技术创新中心，在节能、绿色交通和智能电网等领域开展研究创新。

2.4 产业创新机制

武汉未来科技城的产业创新机制可以从驱动机制、创新主体角度概括为以下四个方面，分别是高校科研院所成果转化、大型企业市场需求拉动、海归人才技术创业培育和海外企业研发协同创新。

（1）高校科研院所成果转化

高校科研院所成果转化的创新模式是筛选和评估高校现有研究成果，对那些有一定市场前景的技术采取技术转让或团队创业的形式，推进科研成果的产业化，形成创新产品。创新的原始动力来自于技术发展本身，按照基础研究—应用研究—成果转化—市场化应用来组织创新过程，注重成果的转化。武汉未来科技城探索了促进这一进程的机制，由大学—政府—企业共同创办工业技术研究院，促进成果转化。工业技术研究院与传统孵化器相比，在运营主体、创新路径、孵化项目和提供的服务等方面有所差异。工业技术研究院在创新资源的利用和整合方面比传统孵化器显示出更大的优势（表5-11）。

传统孵化器与工业技术研究院的区别   表5-11

差别类型	传统孵化器	工业技术研究院
运营主体	大学、企业或政府独立运作	大学、企业和政府联合运作
创新路径	依靠小企业的知识产权开展创新	依靠高校已有科研成果开展创新
孵化项目	学生或社会人士创业项目	教师团队科研成果转化项目
提供服务	办公场地、部分指导	办公场地、管理经验、市场渠道、政策支持

　　长期以来，制约高校和科研院所成果转化的一个重要问题是，国家科研经费支持下形成的科研成果或称为教师职务发明，其处置权、收益权和分配权不明确，导致一些具备市场化前景的科研成果也只能"放旧"。针对该问题，2013年湖北省尝试推出《关于促进高校院所科技成果转化暂行办法》，大幅度改革了科技成果转化的收益分配机制，鼓励高校和研究院所将研究成果市场化，将研究成果的使用权、经营权和处置权向研发团队倾斜，增加研发团队实施科技成果转化的收益[1]。这一政策有效解决了以往在科技成果处置权和收益权管理上存在的局限和问题，能够有效调动研发人员的积极性，使其发挥更大的创造性。去年武汉光电工业技术研究院挂牌转让的"显微光学切片断层成像系统（MOST）"技术，是工研院第一项光电高科技转化成果，也是首例国内高校公开挂牌出让的科研成果，研发个人及团队获得70%的转化收益。出资1000万元购买这项技术的企业目前已经进入工业技术研究院孵化区，进一步实施该项专利技术的产业化。在科技成果转化促进政策的鼓励下，高校和科研院所的成果转化将成为未来科技城产业创新的重要机制之一。

　　（2）大型企业技术市场对接

　　大型企业技术市场对接是指大型企业利用自身的技术研发资源优势和已建立的市场销售渠道，将先进技术驱动的STI（科学—技术—创新）流程与市场驱动的DUI（实践—使用—互动）流程对接起来，通过建立企业的信息池与决策中枢，在产品开发的任一阶段都可以根据市场需求进行技术改进，极大缩短了技术与市场之间的距离。武汉未来科技城采

<hr>

1 《办法》提出："将研发成果的使用权、经营权和处置权授予高校、院所研发团队。科技成果处置后由研发团队一个月内报所在单位，所在单位两个月内报国有资产管理部门备案。科技成果转让遵从市场定价，可以选择协议定价或者挂牌转让方式。高校、科研院所团队在湖北实施科技成果转化、转让的收益，其所得不得低于70%，最高可达99%。"

用这种创新模式的企业包括规模较大的国有企业和民营企业，这些企业已有成熟的研发生产销售体系，已在全国或全球范围内根据企业发展需要布局了总部、研发基地、生产基地等分支，通过企业信息池和决策中枢来对接科技研发实力和用户实际需求（图5-14）。

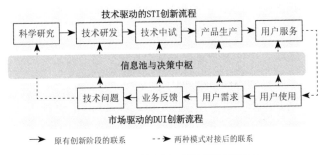

图5-14 大型企业技术市场对接创新流程整合图

从此类企业创新系统的形成过程来看，一类企业是在技术领先的前提下寻找市场渠道，如中国航天科工下属的武汉锐科光纤激光器技术有限公司，首先研发出的10～1000W脉冲光纤激光器和50～4000W连续光纤激光器，后拓展销售渠道，并形成年产4000台脉冲激光器和500台连续激光器的规模和能力。目前在未来科技城建立的大功率光纤激光器及关键器件研发基地专门针对特定激光器类型，在已有的技术基础和销售渠道基础上进一步提升和整合，研制出技术含量更高且符合市场需求的产品。另一类企业是在市场需要的前提下改进技术、增进研发，如华为在1987年起步时是一家生产用户交换机（PBX）的香港公司的销售代理，后在发展中强化自主创新能力，并不断扩大市场，目前已成为技术领先和市场规模巨大的成功企业。华为在未来科技城成立的武汉研发基地将重点开展光电子技术和产品的研发，将在华为已有的科技创新体系中强化对相关技术的研发与原有技术体系的整合，同时根据市场需求和用户反馈调整研发策略，形成产品创新。

（3）海归人才技术创业培育

海归人才技术创业培育是指通过海外高层次人才回国创办企业，将海外先进的知识和技术转化为创新产品的创新模式。这是一条利用人才的流动性，将国际领先技术与本国市场需求相对接的途径，政府在这一过程中给予资金资助和政策支持。在对这些人才创业企业的访谈过程中，笔者发现海归人才技术创业一般采取两种路径：一是由海归人才独立创业，在企业发展初期在已有的技术专利基础上继续研发，通过技术转让的形式获得企业持续运行的资金，与此同时积累市场经验，在企业发展后期逐渐拓展产品销售渠道，独立负责从研发—中试到生产制造和销售的过程。以这种模式创办的海归人才企业有武汉宏拓新技术有限公司、风脉（武汉）可再生能源技术有限责任公司等；另一种是由掌握技术的海归人才与具备国内市场和管理销售经验的国内人才联合创业，在企业发展初期直接根据已有市场需求改进现有技术，保证了尖端技术的市场应用前景。如从事光模块的研发、生产和销售的武汉瑞奥特科技有限公司，两位创始人一位是海外归国的技术人才，一位是曾在华为负责市场销售的管理人才，两人在高新区人才办举荐过程中相识，决定整合两人的技术和市场优势，共同创办企业。目前企业正处于技术改进阶段，未来希望进入华为、中兴等企业的供货商名单。以这种人才互补组合模式创办的企业还有武汉长盈通光电技术有限公司和湖北九同方微电子有限公司。

从对武汉未来科技城17家中小企业的创新活动对相关活动的依赖程度来看（图5-15），企业创新最依赖于内部研发、海外人才引进和市场反馈改进，不太依赖其他企业合作、研究院所合作和业务流程外包。

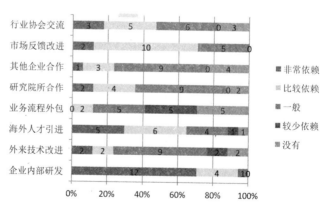

图5-15 武汉未来科技城17家中小企业的创新活动对相关活动的依赖程度
资料来源：根据作者调研资料整理。

（4）全球本地企业协同创新

全球本地企业协同创新是指具备领先技术资源和全球市场渠道的大型外资企业通过建立中国研发中心的形式，建立协同创新的平台，吸引相关领域的国内中小企业在研发中心周边集聚，并整合大企业在基础研究、企业管理和资金等方面的优势与国内中小企业在产品、技术方面的比较优势，以及凭借对国内市场的了解，形成协同创新（图5-16）。尝试以这种模式开展创新的是德国西门子，其在武汉未来科技城建立西门子创新中心，搭建与国内中小企业合作的平台，一方面学习中小企业在中国市场的经验，了解中国用户的需求，整合专有技术和模块化的产品；另一方面为中小企业提供成熟的管理经验和运营模式建议，提供资金支持，形成协作发展的格局。

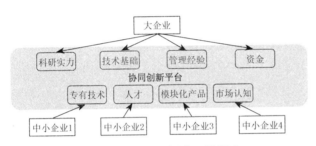

图5-16 全球—本地企业协同创新模式

（5）产业创新存在的问题

武汉未来科技城的产业创新过程较北京未来科技城更加注重创新源的利用，以及人力资本的吸引和全球—地方联结的建立，而且也重点关注了创新环境的制度环境建设，但在嵌入性、创新环境的系统性，以及资本和市场的全球—地方联结方面仍然存在欠缺。

首先，嵌入性不足。尚未形成支撑企业之间业务合作与知识共享的社会关系网络。一方面，大多数企业都是通过政府招商而来，企业之间并不存在已有的社会联系，而且企业所属的行业领域分布广泛，从事同类产业的企业相对较少，缺乏主动建立合作关系的意愿。另一方面，大型企业自成体系，其研发活动由整个企业的创新体系支撑，对与本地企业的合作需求较小。但从当前未来科技城的发展来看，嵌入性的培育可以通过企业员工之间的互动建立。目前，未来科技城为各个企业提供了集中的人才公寓，为中小企业提供了集中的餐饮和日常活动场地，除了少数大型企业在企业内部提供了员工日常所需，员工活动局限在企业内部以外，目前其他企业，特别是人才创业企业的员工可以在日常活动中相互交流，形成社会互动。员工之间的社会交往对于嵌入性的培育将起到促进作用。随着未来科技城居住和公共服务功能的完善，企业的员工之间将有更多相互接触和分享技术信息的可能性。

其次，创新环境的系统性仍有不足。创新软环境方面，虽然未来科技城已经形成了科技成果转化促进机制、海外人才企业孵化培育机制和创新奖励机制，但在合作平台搭建、知识产权制度的强化和社会文化氛围的培育方面仍有提升空间。创新硬环境方面，起步区集中建设的人才公寓为企业的技术人才提供了生活与互动的空间，引入的创业咖啡厅提供了创新激发设施，但目前未来科技城的居住和生活服务设施尚无法满足所有员工入住，仍有大部分员工每天依靠企业班车上下班，往返于中心城区与未来科技城之间，不利于科技城形成24小时全天候的创新氛围。当前企业之间合作与互动的缺乏可以通过创新环境系统性的提升得到促进。

第三，市场与资本的全球—地方联结仍有不足。武汉未来科技城当前的全球—地方联结体现在海外高层次人才和跨国企业研发机构的引入上，一方面联结了海外的人才与技术资源，另一方面服务了外国企业需要拓展中国市场的需要，在华设立了与本国中小企业协同创新的研发中心。然而在本国技术企业拓展海外市场和市场机制下，在全球资本对本地企业发展的支持方面，未来科技城尚未形成良好的渠道。目前科技城工业技术研究院和中小型人才创业企业的初期发展主要依赖政府的资金资助，大多数仍然在寻找市场机制下的风险投资。长期来看，政府应该将对创新创业的资金支持交给市场，而将自身作用限定在引导与监管方面。未来科技城的企业需要依靠自身力量参与市场竞争，依靠风险投资驱动企业创新产品的产生。由市场主导的资本特区的形成是未来科技城形成持续创新能力的关键。

2.5 产业布局模式

（1）所在区域产业格局

从武汉未来科技城所在区域的产业布局来看，总体布局按照"分类集聚、园区发展"的原则，形成八大园区，每个园区中又围绕各自的产业发展重点形成专业化的细分产业园（图5-17）。未来科技城除了不发展生物产业以外，其他重点产业与高新区总体上的产业发展重点相一致，在区域的产业分工协作方面主要负责应用型生产技术及服务的研发和中试，涉及大批量生产的职能将由周边其他园区承担。部分高端生产性服务业和生活性服务业功能将由光谷中心城承担。

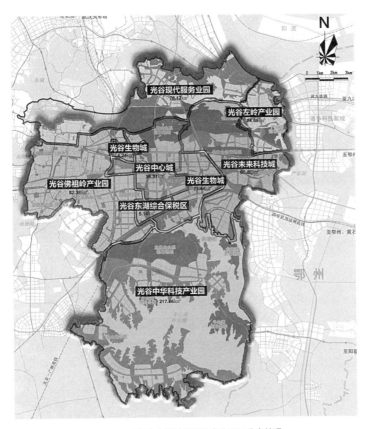

图5-17 武汉未来科技城周边产业园区分布情况

资料来源：东湖高新区管委会资料。

（2）科技城内部产业格局

武汉未来科技城内部的产业布局规划是未来科技城产业招商和项目落地的基本依据。规划按照同类型产业空间集聚的原则，形成专业化的研发园区。综合性服务园区位于科技城的核心位置，支撑整个未来科技城的生产与生活的服务需求。各专业化研发园区根据产业间的相关性确定邻近关系（图5-18）。各个园区的核心也有部分生产性服务功能，提供产业发展都需要的共性服务和交流互动平台。总体形成信息产业、光电子产业、先进装备制造、航空航天、新能源新材料、综合商贸服务等园区（图5-19）。

（3）产业布局的问题及改进

武汉未来科技城在规模上比北京未来科技城大，将承载更多的企业发展，武汉未来科技城产业格局的形成主要依靠政府招商带动的企业集

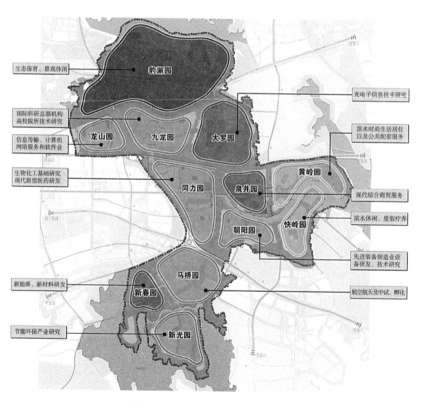

1 武汉市国土资源和规划局.
武汉东湖未来科技城概念规划
[R]. 武汉：武汉市国土资源和
规划局，2010.

图5-18 武汉未来科技城产业布局规划

资料来源：武汉东湖未来科技城概念规划[1]

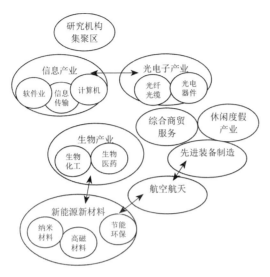

图5-19　武汉未来科技城产业布局规划园区关系

聚，不确定性更强，代表了一般科技城产业发展的特征。当前产业布局存在的问题及改进方式有：① 受科技城发展时序和各企业进驻先后顺序与议价能力所限，未能按照产业布局规划的各个园区布局各产业项目，导致每个园区实际落地的产业类型并不仅仅是规划预想的专一化产业类型，而是以规划产业为主导，其他产业类型兼而有之，如基本每个园区都有几家光电子相关的企业。由此反思规划策略，以往产业规划通过细分专业化园区布局产业的规划方法在实际操作中往往难以实现，而且伴随产业融合越来越多的趋势，不同产业邻近布局也有可能激发创新，因此可以考虑增大产业规划布局的弹性，在各园区产业的选择中适当放宽可选的产业类型，与主导产业存在相关关系的其他产业也可以落户专业化园区。总之，规划起到引导同类产业集聚的作用即可，不必严格按照产业进行功能分区。② 各产业片区公共服务空间的预留不足。从目前已确定的产业项目的空间分布来看，除了龙山园有海外人才创业基地和其他公共服务空间以外，其他园区的产业用地基本被拿地企业一家挨一家地占据，而并未预留为企业提供共性服务的服务平台用地或未来有可能需要的其他生产性服务用地（表5-12）。对于一个园区来说，如果在发展初期就将所有用地全部出售给大企业，那么在后期发展中将难以形成企业之间可以共同使用的公共服务空间。改进方式为在规模相对较大的产业组团核心预留产业用地或服务业用地，由政府引导或与企业合作建立公共服务平台和知识共享平台，为企业提供技术服务、资金服务或管理咨询等相关的共性服务，并促进企业之间的互动、合作和交流。③ 虽然武汉未来科技城是作为系统性的科技新城来进行产业布局规划的，考虑到了现代综合商贸服务、休闲度假等产业，但在产业发展初期，招商部门基本仍然是按照规模较大的科技园区来吸引和筛选企业的，并未考虑未来科技城作为综合性的新城所需要的商贸类以及相关生活类服务型企业的入驻。如果未来也仅仅考虑研发生产类高技术企业的集聚，而不预留生活服务型企业的用地，那么很有可能出现以往高新技术产业园区人气不足留不住人的情况，这与建设科技新城的意图相违背。改进措施是未来科技城可以在靠近居住组团的地块为生活服务类企业预留用地，在人口和企业增多到一定程度时，吸引具备开发经验的商业地产商建设未来科技城的商贸服务中心。

武汉未来科技城产业布局规划与实际占地项目   表5-12

园区	规划产业定位	实际落地产业类型	实际占地项目
龙山园	信息传输、计算机服务和软件业	信息传输、计算机服务和软件、光电子、新能源	华为武汉研发基地、武汉新能源研究院、新诺普思科技武汉开发中心、中国航天科工锐科大功率光纤激光器及关键器件研发基地、中国电子新能源（武汉）研究院、中国移动TD研发中心、中国电信湖北（国家）宽带研发中心、中国联通武汉未来科技城信息园、德国电信武汉光谷开发中心
九龙园	国际科研机构、高校院所技术研发	航空航天、新能源、节能环保、装备制造、高校院所研究机构	航天科技创新研究院、中科院武汉创新研究院、武汉凯迪生物质热化学技术国家重点实验室、中国葛洲坝集团试验检测有限公司总部及研发中心、武汉路德科技有限公司、探道能源技术有限公司、湖北索瑞电气有限公司总部及研发中心、武汉格林美城市矿山资源循环利用研发基地、中国冶金地质总局环保产业研发和中试基地
大罗园	光电子信息一体化产业	高技术服务、光电子、信息技术	大学科技园、江汉油田科瑞德石油工程技术（武汉）有限公司长江油气开发总部及研发基地、湖北省质量技术监督局公共检测技术服务平台、武汉光谷奥源科技有限公司光联网产业基地、捷迅光电公司总部及光电子研发基地、湖北东慧通信网络投资有限公司电子支付产业研发生产基地、高新现代轨道交通科技产业基地

续表

园区	规划产业定位	实际落地产业类型	实际占地项目
同力园	生物医药产业	地球空间信息、高技术服务、光电子、信息技术	国家地球空间信息产业基地、北京国遥新天地信息技术有限公司高分辨率航空遥感云平台、长江科学院中国智慧流域工程技术研究中心、中核集团核动力研究所、千人计划园、武汉光谷科威晶激光技术有限公司高功率激光器研发基地、盛天网络公司创新研究院、中国电科院武汉分院、中国华电武汉天和等离子体点火技术研发基地、中船重工船舶与海洋工程电子信息技术研发基地、智能制造工研院、光电工研院、武大导航院、国网电科院武汉南瑞有限责任公司、武汉苍穹数码仪器有限公司、瑞达光谷信息安全产业园、北京普泉科技有限公司痕量灌溉研发生产基地
泉井园	现代服务业、金融业	高技术服务	中美科技园、华中数控
朝阳园	先进装备制造业	–	尚无项目入驻
马桥园	航空航天产业	–	尚无项目入驻
新春园	新能源、新材料产业	–	尚无项目入驻
新光园	节能环保型产业	–	尚无项目入驻
快岭园	滨水休闲、度假疗养	高校院所科研机构	中国地质大学
黄岭园	滨水时尚居住及配套服务	–	尚无项目入驻
豹澥园	生态保育、休闲景观	生态保育	植物园

资料来源：根据武汉未来科技城提供的相关资料整理，时间截止到作者调研时。

3. 理想的科技城产业氛围营造

根据以上两大未来科技城的产业组织与布局特征分析，结合对世界已建科技城产业组织与布局特征的借鉴，本节尝试总结概括科技城主要产业类型，提出适应我国现阶段发展的理想科技城的产业氛围营造策略。

3.1   科技城的主要产业类型

根据科技城作为具备系统性城市功能高技术创新中心的概念，理想的科技城产业结构由高技术制造业、生产性服务业和消费者服务业共同构成（表5-13）。在我国当前发展背景下，科技城还承担了通过发展战略性新兴产业带动经济社会全局发展的任务，因此，科技城的产业也涵盖国家七大战略性新兴产业。

我国当前发展背景下的科技城产业类型   表5-13

科技城产业大类	界定	产业类型
战略性新兴产业	由国家确定的关乎经济社会全局发展，具备引领带动作用的产业	新能源、节能环保、电动汽车、新材料、生物、高端装备制造产业、新一代信息技术
高技术制造业	国民经济行业中研发投入强度相对较高的制造业行业[1]	航空航天器及设备制造、医药制造、电子及通信设备制造、计算机及办公设备制造、医疗设备及仪器仪表制造、信息化学品制造等
生产性服务业	为科技城内部或科技城以外的高技术产品生产、销售和推广或高技术企业孵化和成长提供服务的产业[2]	信息服务、电子商务服务、检验检测服务、专业技术服务业中的高技术服务、研发设计服务、科技成果转化服务、知识产权及相关法律服务、环境监测及治理服务和其他高技术服务、企业孵化、科技金融、科技保险、科技中介、管理咨询、营销广告、会展、仓储运输、人力资源等
消费者服务业	主要面向科技城各类型工作者和居民提供居民服务消费和生活服务消费的产业[3]	商贸服务业、文化产业、家庭服务业、健康服务业、养老服务业、体育产业、房地产业等

3.2   理想的科技城产业氛围营造策略

我国现阶段科技城的发展，起步期多由政府主导，通过政策带动和资金扶持，在土地价格、税收、人才政策等方面提供优惠，并提供完善的基础设施服务，吸引特定产业方向的各类企业的研发部门和高校科研院所的研究成果转化机构集聚。市场机制仅起到辅助作用，包括带动相关中小企业围绕大企业集聚，吸引消费者服务业企业落户等。而从长远来看，科技城中创新创业的持续产生必须依赖于市场机制，通过企业在

---

1   符合我国《高技术产业（制造业）分类（2013）》标准的制造业行业。

2   符合我国《高技术产业（服务业）分类（2013）》标准的服务业行业，以及其他科技城特有的生产服务业行业。

3   基本可以对应我国服务业发展"十二五"规划中的生活性服务业。

市场机制下的竞争与合作，对接技术研发力量与市场需求。因此科技城产业氛围营造的前提是明确政府与市场的相互作用关系，规划针对科技城产业发展的外部性问题，并综合考虑发展目标与发展时序，确定利于创新产生的产业布局。

（1）加强科技创新源的带动作用

科技创新源是科技城的主体通过科学—技术—创新路径不断形成创新的重要来源，因此在科技城产业布局中需要重点考虑科技创新源对科技城创新发展的带动作用，考虑即将入驻的企业与科技城科技创新源的空间关系。可以通过以下几个途径强化科技创新源的带动作用：① 将科技创新源布局于科技城比较核心的位置，增大各类企业、各类人才和科技城居民对创新源的可达性；② 邻近科技创新源重点布局那些主要依靠科学研究发现和知识创造形成创新的产业类型（即基于科学的分析型产业），如生物医药、新能源、新材料等，促进企业与知识源之间的联系和交流；③ 以高校科研院所与企业、政府共建的形式，创建促进高校科技成果转化的工业技术研究院，推动有一定市场应用前景研究成果产业化；④ 邻近创新源布局大学科技园和创业孵化器，鼓励高校研究院所的研究人员和学生创办企业，提供孵化和培育环境。

（2）集中布局科技创新服务平台

科技城科技创新服务平台由政府主导，企业协同搭建，是为科技城入驻的高技术企业提供共性服务的机构，其建立的目的是整合科技服务资源，集中为企业创新和人才创业提供各类服务和空间、资金、政策等方面的支持。从功能上可以分为三大类：① 科技资源服务。主要为科技城的入驻企业提供资源共享与知识产权服务、研发设计服务、检验检测服务和研究咨询服务等，并定期组建科技大市场、技术博览会，推广科技城最新的研究成果和技术产品；② 科技创业孵化服务。为从科技创新源、已有大型企业衍生出来的创业企业，以及各类人才的创业企业提供孵化器、加速器等硬件环境和企业成长、创业资源匹配相关的软件服务；③ 科技金融服务。集聚银行、投资机构等金融服务机构，形成金融投资服务平台，为企业贷款、融资、上市等金融活动提供便利。

（3）关联布局相关技术基础的企业

围绕科技城的产业主导方向，根据入驻企业在技术水平、市场联系方面的相互联系，关联布局相关技术基础或可能存在产业间联系的企业，促进企业之间的合作。具体布局的目标是通过企业在空间上的邻近布局，促进同类技术基础企业的知识溢出和合作建立，重点考虑企业之间的产业链关系、企业对外部创新源的依赖程度、产业融合的趋势、产学研合作关系、大型企业与中小企业的合作关系、外国企业与本国企业的合作关系、新企业衍生的空间等。但值得注意的是，规划只是引导相关企业向相关园区集聚，在企业选择空间区位时给出建议，而不是强制企业做出选择，应充分留出企业与其他入驻企业自主决定空间关系的可能。

（4）弹性布局研究—开发—生产综合体

政府主导或引导建设的科技城规划在搭建平台、引导核心产业集聚、提供公共服务以外，不必严格限定入驻企业的具体功能安排，比如具体开展研究活动、开发活动还是生产活动。而应为企业在科技城的发展提供充足的弹性，由企业顺应市场规律自主选择创新路径，在满足环境保护要求的前提下，企业可以自主布局研究、开发和生产功能。通过研究—开发—生产综合体的形成，促进科技—技术—创新和实践—互动—创新两条创新路径的融合。

（5）分散布局主体间互动交流平台

科技城通过集聚高技术企业促进创新成果产生，一方面依赖于对知识创新源的利用，另一方面依赖于主体之间的相互协同合作和知识溢出，形成知识和技术的外部性。在各个产业片区分散布局主体间互动交流的平台，是通过制度化的空间引导，促进各类创新主体进行正式和非正式交流的途径。利用邻近企业布局的这些交流平台，同类企业或相关企业可以互通有无，共享行业信息，开展优势互补，形成基于产业链、产业融合、技术外包等形式的合作；同时，不同企业的技术人员可以就近利用这些交流平台，开展知识共享、业务学习、兴趣培育等活动，与科技城其他人才建立非正式的社会联系。

（6）预留消费者服务业发展空间

科技城区别于科技园区之处在于其作为生产、生活和生态系统相互交融的新城，不仅注重高技术产业的发展和创新的不断形成，而且需要为了吸引人才和留住人才提供可持续而且有活力的生活环境。在由政府引导的科技城发展初期，首先以高技术制造业、生产性服务业的企业的引入为工作重点，采取土地出售或出租的形式，优先布局这些生产性的单位，而对消费者服务类的企业关注较少，有时将成片的用地全部出让给生产性的高技术企业，而并未在组团中预留消费者服务业的发展空间，造成科技城后期发展缺乏服务业支撑的问题。因此，在科技城规划时，分析高技术制造业、生产性服务业与消费者服务业的关系，在初期发展时预留消费者服务业发展空间，将有利于科技新城多样化产业系统的形成。

4．小结

本章以北京未来科技城和武汉未来科技城的产业布局情况为研究对象，根据企业访谈的结果，分析两个未来科技城的产业构成、产业集聚机制、产业组织模式、产业创新机制和产业布局模式，并尝试在此基础上提出科技城产业布局的理想模式，结论如下：

（1）央企主导的北京未来科技城产业构成以高端装备制造产业、新能源产业、新材料产业、新一代信息技术产业、节能环保产业、生物产业为主，集中在生产性服务业；产业集聚以政府引导为核心动力；产业组织模式由各家央企不同的发展战略决定，可以概括为核心研究院模式、片区研发基地模式、新的研究分支模式和投资孵化机构模式；产业创新主要依靠各级科研项目支持下的内部研发驱动、市场竞争格局下的外部需求拉动、国内资源引入的大学企业合作以及国外资源引入的人才和海外机构合作；当前产业创新存在嵌入性不足、创新环境尚未形成和全球—地方联结有待加强的问题；产业布局形成以服务业为核心、研发中试技术服务为外围的空间格局，并作为区域创新增长极邻近产业转化基地；产业布局当前存在的问题包括选址对企业间关联性考虑不足，央企封闭的大院式空间组织阻碍开放氛围的形成，以及生产性服务功能植入不足。

（2）多类型企业共生的武汉未来科技城产业构成以光电子信息产业、新能源与节能环保产业、高端装备制造业和高技术服务业为主；产业集聚以政府引导为主，市场协同为辅；产业组织模式包括央企研发产业基地模式、高校—政府—企业合作模式、海外人才创业孵化模式、大型民企研发基地模式和外企中国研究中心模式；产业创新机制包括高校科研院所研究成果转化、大型企业技术市场对接、海归人才技术创业培育、全球本地企业协同创新；当前产业创新存在嵌入性不足、创新环境的系统性不足、市场与资本的全球—地方联结不足等；产业布局采用了专业化园区的布局模式，与其所在东湖自主创新示范区的其他园区分工协作发展；产业布局当前存在的问题包括专业化园区规划与实际落地项目不符、公共服务空间的预留不足、未考虑消费者服务业空间的预留等。

（3）在总结已建科技城产业发展经验的基础上，本节提出适应我国现阶段发展的科技城主要由高技术制造业、生产性服务业和消费者服务业共同构成，理想的科技城产业氛围营造应考虑以下原则：加强科技创新源的带动作用、集中布局科技创新服务平台、关联布局相关技术基础的企业、弹性布局研究—开发—生产综合体、分散布局主体间互动交流的平台、预留消费者服务业的发展空间。

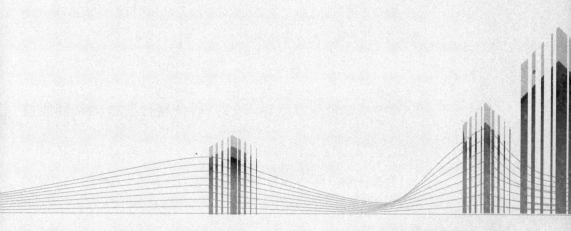

第 **6** 章

科技城社会
结构分析

本章提出科技城社会结构特征假设，尝试挖掘科技城社会结构特征与一般城市的不同之处，通过对人才空间需求的分析，明确创新驱动的科技城发展所需要的人才氛围。

1. 科技城社会结构特征假设

有关科技城社会结构特征的理论研究可以大体分为两类，一类是从当前全球化和信息化的时代背景出发，对高技术社会的总体结构和发展趋势开展的研究；另一类是从与创新相关的特定社会阶层出发，开展的对这些阶层的特征及空间需求的研究，代表了科技城社会构成中典型群体的社会特征。相关理论包括：从信息化角度提出的二元城市理论、从全球化角度提出的M型社会理论和从创新创意角度提出的创意阶层理论等。总体来说，大多数学者认为，高技术社会结构呈现两极分化的社会特征。

根据已有的理论研究和国内科技城基本条件判断，本研究对国内科技城社会结构特征的假设为：

（1）年龄结构年轻化。科技城属于高新技术产业和创新的集中空间，一方面高技术产业的发展依赖于最新知识和技术在产业中的应用，因此对掌握最新技术的年轻人才的需求较高；另一方面，创新创业活动多由较为年轻的群体开展，年轻人接受新鲜事物的能力更强，更喜欢创新和冒险，会被更多地吸引到科技城中，因此科技城总体年龄结构可能呈现年轻化的特征。

（2）教育结构两极化。科技城中受过高等教育的高技术人才和受教育程度较低的服务型工人构成两极，一极由于需要利用大量知识和尖端技术持续推动产业创新发展，因此多需要在专业领域接受很长时间的培训，以满足开发创新产品、参与市场竞争的需要；另一极主要依靠体力劳动或服务为科技城的日常运转提供生产者服务或消费者服务，不需要工作人员拥有较高的学历。因此科技城可能会出现受教育程度两极分化的现象。

（3）职业类型多样化。科技城与专业化的科技园区不同，由于规模较大而且是相对完备的城市系统，所以其产业类型的多样化更强，企业类型更多，可以更多地依靠多样化的互动产生创新。因此科技城工作人员的职业类型可能会更加多样化。

（4）收入水平两极化。科技城工作者的收入由其受教育程度、从事职业类型决定，受教育水平和职业类型的分异将可能造成科技城工作者收入两极分化的情况。

同时，科技城中各类人才对科技城功能与空间需求的假设为：这些人才对不同类型的城市功能和空间位置布局可能存在偏好。

以上假设将尝试在两个未来科技城的实际调研中进行验证。

2．两个未来科技城的企业人才调查

由于调研开展时，两个科技城尚处于发展初期，居住、服务等功能尚十分欠缺，因此只能通过对入驻企业的工作人员的调查从总体上认知科技城在发展初期的社会结构。

2.1 调查概况

2014年1月20日至1月26日、2月8日至2月13日，笔者分别走访了北京未来科技城和武汉未来科技城的入驻企业，针对企业人才构成特征和空间需求开展调查。受科技城入驻企业人数和各企业配合调查的意愿限制，调查无法按照严格的抽样设计开展，只能保证尽可能多地覆盖科技城企业、机构和人才类型，问卷由各企业的联系人辅助发放。

北京未来科技城调查主要面向在2014年初已经入驻未来科技城的4家央企下属的9家二级单位中的各类员工，以及管委会和未来城开发建设公司的部分工作人员，共发放问卷110份，收回98份，问卷回收率89.1%。其中有效问卷97份，问卷有效率99.0%（表6-1）。

北京未来科技城人才调查问卷发放情况　　　　　　表6-1

单位	发放数量	回收数量
国网智能电网研究院新材料研究所	20	20
国网智能电网研究院直流所	2	2
国网能源研究所	1	1
国网通用航空有限公司	10	9
国网经济技术研究院	12	11
国电新能源技术研究院	11	10
龙源环保有限公司	1	1
国电联合动力技术有限公司	1	1
中国商飞北研中心	20	19
神华科技发展有限责任公司	22	15
国华实业有限公司	5	4
北京未来科技城管委会	2	2
北京未来科技城开发建设公司	3	3
总计	110	98

　　武汉未来科技城调查主要面向在2014年初已经入驻未来科技城的22家企业，其类型包括工业研究院、海归人才创业企业、外资企业、其他高新技术企业，以及未来城建设管理办公室、物业公司的各类工作者，共发放问卷150份，收回124份，问卷回收率82.7%。其中有效问卷118份，问卷有效率91.9%（表6-2）。

北京未来科技城人才调查问卷发放情况　　　　　　表6-2

发放单位	发放数量	收回数量
地球空间信息投资产业公司	10	10
武汉地质资源环境工业技术研究院	9	7
武汉光电工业技术研究院	10	6
武汉导航与位置服务工业技术研究院	6	5

发放单位	发放数量	收回数量
武汉虹拓新技术有限责任公司	10	7
武汉长盈通光电技术有限公司	5	3
武汉锐奥特科技有限公司	5	4
武汉市云升科技发展有限公司	5	3
武汉非与科技有限公司	5	5
武汉未来科技城建设管理办公室	5	5
新诺普思科技武汉开发中心	10	8
武汉丽岛物业管理有限公司	2	2
武汉交通研究院	1	1
武汉九同方微电子有限公司	2	2
武汉恩倍思科技有限公司	10	10
武汉飞恩微电子有限公司	10	10
风脉（武汉）可再生能源技术有限责任公司	10	8
武汉格斯净环保科技有限公司	5	2
武汉隽龙科技有限公司	10	8
能力天空科技（武汉）有限公司	10	10
武汉美格科技有限公司	5	4
武汉尼万科技有限公司	5	4

2.2　受调查者基本构成特征分析

（1）年龄结构年轻化，受教育程度偏高

受调查者年龄以20～40岁为主，在两个科技城中都达到了90%以上。性别构成方面，男性占60%以上。受教育水平方面，大学本科及以上的占90%以上，其中北京未来科技城的硕士及以上比例占70%，武汉未来科技城占将近40%。收入水平并未出现预期的两极分化情况，大多集中在2000～4000元和4000～10000元之间，占90%，可能与调查方式造成的群体偏误有关（图6-1）。

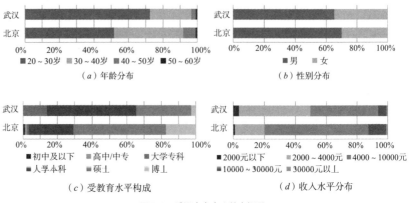

图6-1　受调查者个人基本概况

（2）从事行业多样化，以研发管理为主

受调查者从事的工作多分布在战略性新兴产业，与国家对未来科技城的产业发展定位要求相关。武汉未来科技城中有40%左右的受调查者从事信息技术行业，受调查者分布较多的其他行业包括新能源、节能环保、电力电子等行业；北京未来科技城受调查者分布较多的行业包括新能源、节能环保、航空航天、电力电子、其他生产服务。职业身份构成方面，受调查者以工程师、企业家和行政办公人员为主，占90%左右。两个未来科技城受调查者主要从事研发、管理和服务工作，占70%以上。武汉未来科技城受调查者有10%左右从事销售工作，而北京未来科技城这一比例较低。受调查者在科技城工作时间为1～4年不等，与科技城建设过程相匹配，武汉未来科技城工作1年及以下的受调查者占60%，说明最近一年处于快速发展阶段（图6-2）。

2.3　受调查者居住通勤情况分析

受调查者当前的居住就业空间分析旨在确定当前科技城就业者的工作和生活空间分布情况，了解科技城发展初期阶段人才的工作和居住情况。

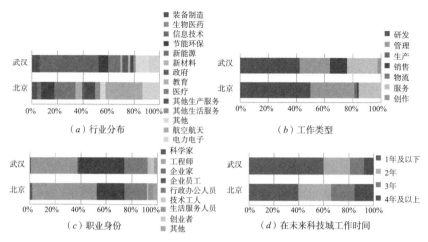

图6-2 受调查者从事职业概况

（1）职住分异存在，程度各有不同

北京未来科技城受调查者的居住区域分布在北京的10个城区，以未来科技城所在的昌平区为最多，占35%，海淀区占29%，朝阳区占13%，其他区域为10%以下。住房类型以租房为主，占51%，自购商品房的占44%，只有5%的受调查者住在企业宿舍中，未来科技城尚未建设人才公寓（图6-3）。

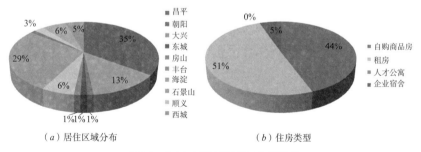

图6-3 北京未来科技城受调查者居住情况

武汉未来科技城中的受调查者有40%居住在未来科技城内的人才公寓中，其他居住分布较多的区域包括东湖高新区和洪山区。受调查者中拥有自购商品房的为39%，租房居住的为24%，同时有32%住在科技城的人才公寓，5%住在企业宿舍（图6-4）。

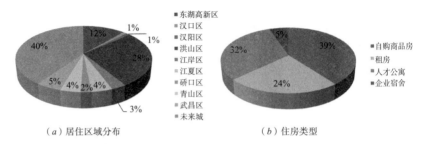

（a）居住区域分布　　　　　　　（b）住房类型

图6-4　武汉未来科技城受调查者居住情况

（2）通勤方式多样，通勤时间北京较长

受调查者的上班通勤方式，开车、公交和单位班车各占1/3，电动车或自行车只占2%。平均每日上班通勤时间在30min以内的只占24%，30min～1小时的占40%，1～2h的占28%，2～3h的占8%，说明受调查者的职住分离情况仍然比较严重（图6-5）。

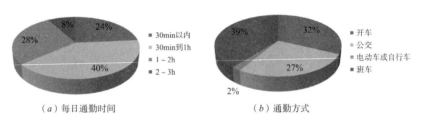

（a）每日通勤时间　　　　　　　（b）通勤方式

图6-5　北京未来科技城受调查者通勤情况

通勤方面，武汉未来科技城受调查者采用公交上班的占41%，比北京高10%，开车的占29%，也有26%的受调查者步行上下班。通勤时间方面，一半的受调查者为30min以内，另有30%在30min到1h，体现了武汉未来科技城发展初期由于人才公寓的建设和东湖高新区居住配套的完善，促进了职住平衡（图6-6）。

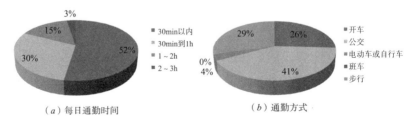

（a）每日通勤时间　　　　　　　（b）通勤方式

图6-6　武汉未来科技城受调查者通勤情况

2.4　受调查者对当前空间的评价

从受调查者对当前科技城空间功能的评价可以看出未来科技城在初期建设和发展中出现的功能缺失问题，这为未来科技城规划和发展提供了借鉴和参考。

（1）通勤不便和设施不足是共性问题

北京未来科技城的97份有效问卷中，有75人认为当前交通通勤不方便，占受调查者的77%；分别有66人和68人认为居住配套不够和服务设施不足，占受调查者的68%和70%。这三个问题是当前未来科技城空间功能的最主要问题。此外，30%的人认为环境品质不好，43%的认为存在子女上学不便的问题（图6-7）。

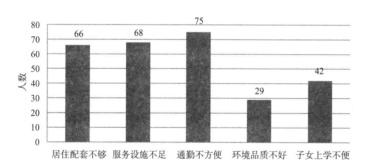

图6-7　认为北京未来科技城当前各类空间功能缺乏的受调查者数量

武汉未来科技城的118份有效问卷中，有94人认为当前交通通勤不方便，占受调查者的80%；分别有67人和44人认为服务设施不足和居住配套不够，占受调查者的57%和37%。这三个问题是当前未来科技城空间功能的最主要问题。此外，29%的受调查者认为存在子女上学不便的问题，8%认为环境品质不好（图6-8）。

（2）受调查者对部分功能设施存在偏好

在对北京未来科技城受调查者进行的科技城当前缺乏且有必要增加的设施调查中，选择人数超过50人，即比例超过50%的设施包括保障性住房（57%）、大型综合医院（75%）、高中（54%）、初中（60%）、

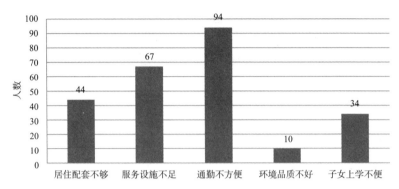

图6-8 认为武汉未来科技城当前各类空间功能缺乏的受调查者数量

小学（73%）、图书馆（57%）、球类运动场（67%）、游泳馆（60%）、影剧院（63%）、中档餐厅（60%）、平价餐厅（58%）。此外，大型购物中心、中档住宅、运动器械、休闲咖啡厅、主题公园等的比例也接近50%（图6-9）。

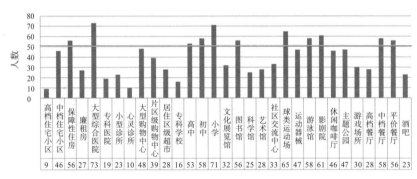

图6-9 北京未来科技城受调查者认为有必要增加的设施

在对武汉未来科技城受调查者进行的科技城当前缺乏且有必要增加的设施调查中，选择人数超过47人，即比例超过40%的设施包括中档住宅（40%）、大型综合医院（48%）、片区级购物中心（45%）、图书馆（47%）、游泳馆（41%）、影剧院（55.93%）、中档餐厅（45%）、平价餐厅（50%）。此外，接近40%的设施还有大型购物中心、小学、球类运动场等。与北京未来科技城相比，武汉的受调查者对中小学等教育设施的关注程度较低，对中档住宅小区的需求较高，其他类别相差不大（图6-10）。

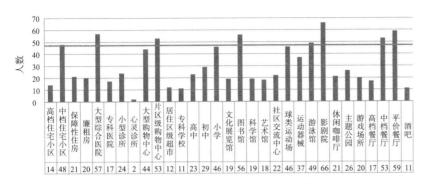

图6-10　武汉未来科技城受调查者认为有必要增加的设施

将两个未来科技城受调查者对设施关注情况的数据汇总，可以得出，最受受调查者关注的设施包括大型综合医院、小学、图书馆、球类运动馆、游泳馆、影剧院、中档餐厅和平价餐厅等（表6-3）。可以看出，科技城工作者除了关注居住环境中的医疗、教育等设施外，也十分关注与知识学习、体育健身、文化娱乐和餐饮消费等相关的设施，体现了他们对个人生活品质的追求。

两个未来科技城受调查者认为当前缺乏且有必要增加的设施　　　　表6-3

关注度	功能类别
50%及以上	大型综合医院、小学、图书馆、球类运动馆、游泳馆、影剧院、中档餐厅、平价餐厅
40%～49.9%	中档住宅、大型购物中心、片区级购物中心、初中
30%～39.9%	保障性住房、高中、运动器械、休闲咖啡厅、主题公园
20%～29.9%	廉租房、文化展览馆、科学馆、艺术馆、社区交流中心、高档餐厅
20%以下	高档住宅、专科医院、心灵诊所、居住区级购物中心、专科学校、酒吧

2.5　受调查者理想工作生活空间

研究调查了科技城工作者的理想工作、生活空间，以及对科技城各类功能空间的理想邻近程度。

（1）理想工作居住空间并无明显偏好

受调查者对理想工作空间的选择集中在商务写字楼、多层科技园和在家办公（SOHO）3类。武汉受调查者对3种工作类型的选择约各占1/3，北京选择商务写字楼的比例较低，同时，也有少量受调查者选择将非正式场所作为理想的工作空间。理想的居住空间形式方面，受调查者并无明显偏好，选择低层、多层、中高层、高层、别墅的比例较为均匀地分布，武汉受调查者选择高层的人数相对较多（图6-11）。

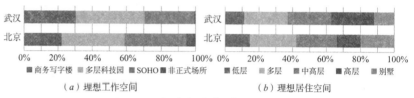

（a）理想工作空间   （b）理想居住空间

图6-11　受调查者理想的工作与居住空间形式

（2）理想服务空间集中分布，理想通勤时间为10~30min

问及理想的公共服务空间形式，超过40%的受调查者选择了靠近居住地点的集中式服务空间，此外约22%选择了靠近工作地点的集中式，约20%选择了靠近居住地点的分散式。可以看出，受调查者更偏好服务空间靠近居住地点，并以集中的形式布局。理想通勤时间方面，超过90%的受调查者希望通勤时间在30min以内，包含在内的60%左右选择了10~30min，10%左右选择了在家办公（图6-12）。

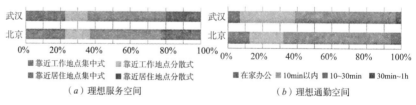

（a）理想服务空间   （b）理想通勤空间

图6-12　受调查者理想的服务空间形式和通勤时间

（3）各类功能空间的理想邻近程度呈现偏好

受调查者对科技城各项功能设施与工作地点的理想邻近程度进行了选择，即受调查者认为问卷中的各项功能距离工作地点多远更为合适。各项功能的统计结果中，根据选择非常邻近选项的受调查者比例进行排序，可以看出，知识共享场所、公园开放空间、体育活动设施、咖啡休闲场所在两个科技城的调查结果中都排在前列，大都超过30%；排在最后两位的是大学研究机构和生产制造部门，即受调查者认为这两类功能空间与其他功能相比，与工作空间的邻近程度可以降低。少量受调查者认为生产制造部门不应该靠近工作空间（图6-13）。

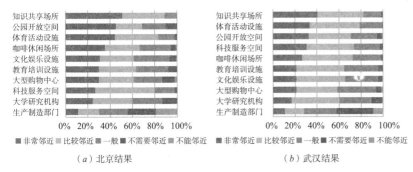

（a）北京结果　　　　　　　　　　　　（b）武汉结果

图6-13　受调查者认为的各项功能与工作地点的理想邻近程度

在对各项功能与居住地点的理想邻近程度调查中，根据各项功能中选择"非常邻近"的比例进行排序，可以看到公园开放空间、体育活动设施、文化娱乐设施、大型购物中心、咖啡休闲场所、教育培训设施等比例较高，大都超过40%；而排在最后的是科技服务空间、研发办公空间和生产制造部门，即受调查希望这些空间与居住空间的邻近程度较其他功能更低。约有35%的受调查者认为生产制造部门不能与居住空间邻近（图6-14）。

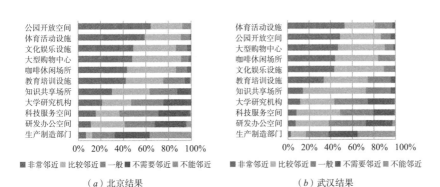

（a）北京结果　　　　　　　　　　　　（b）武汉结果

图6-14　受调查者认为的各项功能与居住地点的理想邻近程度

汇总两个科技城受调查者对各类功能间邻近程度的评价，并为不同邻近程度赋予不同邻近度得分，如非常邻近是3，不需要邻近是0，不能邻近是–1，计算受调查者评价的功能间邻近度（表6-4）。

功能空间邻近度得分换算表　　　　　　表6-4

邻近程度	非常邻近	比较邻近	一般	不需要邻近	不能邻近
邻近度得分	3	2	1	0	–1

计算公式为：$N=\sum_{i=1}^{n}a_if_i$

其中，a_i=某邻近程度对应的邻近度得分；

f_i=选择该邻近度选项的受调查者比例；

N=该功能与工作或居住空间的邻近度得分

对比邻近度得分表，得分2.0以上表示该功能应与工作/居住空间邻近程度较高；1.0～2.0表示邻近度中等；1.0以下表示邻近度较低，不需要邻近或不能邻近。

分析结果（表6-5）显示，在与工作空间的邻近程度方面，得分2.0以上邻近程度较高的功能按分数高低排列依次是知识共享场所、体育活动设施、科技服务空间、咖啡休闲场所和公园开放空间；得分1.0～2.0邻近度中等的功能为文化娱乐设施、教育培训设施、大型购物中心、大学研究机构；得分1.0以下邻近度较低的是生产制造部门。在与居住空间邻近程度方面，得分2.0以上邻近程度较高的功能按分数高低排列依次是大型购物中心、体育活动设施、公园开放空间、文化娱乐设施、咖啡休闲场所、教育培训设施；得分1.0～2.0邻近度中等的功能为知识共享场所、科技服务空间、大学研究机构、研发办公空间；得分1.0以下邻近度较低的是生产制造部门。

科技城各项功能与工作/居住空间的邻近程度得分　　表6-5

功能空间	与工作空间邻近程度	与居住空间邻近程度
大学研究机构	1.7	1.3
研发办公空间	–	1.2
生产制造部门	0.8	0.2
科技服务空间	2.0	1.3
知识共享场所	2.3	1.8
大型购物中心	1.7	2.4
文化娱乐设施	1.8	2.3
咖啡休闲场所	2.0	2.3
教育培训设施	1.8	2.1
体育活动设施	2.2	2.4
公园开放空间	2.0	2.4

2.6　调查结果分析与局限性

针对两个未来科技城人才特征和空间需求的调查可以部分反映科技城社会结构的构成特征和构成主体的空间需求，但同时，该调研也存在一定局限性。

（1）调查结果分析

根据调查结果进一步分析，可以得出一些关于科技城社会结构特征与发展特征的基本判断。

第一，受调查者基本构成特征大体反映了科技城社会结构特征。科技城工作人员年龄结构年轻化、受教育水平高级化，但收入水平并未呈现明显分异；受调查者从事职业多分布在战略性新兴产业，研发和管理比例明显高于一般城市。体现了科技城社会结构特征受科技城产业结构特征的影响，在科技城从事高技术制造业和高技术服务业工作的人才以具有较高学历水平的中青年为主，行业分布与科技城产业发展定位相关，多为研究开发和管理职能。

第二，受调查者的居住通勤情况和对当前空间的评价反映了科技城选址和建设时序中出现的问题。就调研的两个科技城看，当前职住分异情况存在，通勤不便和设施不足也是当前科技城发展的共性。一方面是由于科技城处于发展初期，存在建设时序的问题，居住和服务配套设施未能跟上产业空间建设的步伐，导致科技城工作人员无法在科技城附近选择居住空间；另一方面由于科技城作为新区距离中心城区较远，一部分高技术人才更希望居住在中心城区享受更为多样的公共服务，即使后期科技城居住配套完善起来，也仍然会居住在中心城区。以上两个方面，前者提示科技城规划应考虑到建设时序，尽量在各个发展阶段匹配适量的居住和服务配套设施，比如武汉未来科技城的人才公寓在一定程度上解决了部分就业者的居住问题；后者意味着科技城规划应考虑选址的合理性，以及科技城与中心城区的交通联系，保证职住分离群体的日常通勤。

第三，受调查者对特定功能空间的偏好反映了科技城人才的行为和心理特征。他们除了关注一般城市居民也会考虑的医疗、子女上学、餐饮服务设施以外，还十分关注图书馆、休闲咖啡厅等知识共享设施，球类运动馆、游泳馆等体育活动设施，影剧院等文化娱乐设施。在其对各类功能的邻近度排序中，也可以看出他们对知识共享场所、体育活动设施、科技服务空间、咖啡休闲场所、公园开放空间和大型购物中心等功能空间存在偏好。这些都反映了科技城人才的行为与心理特征。即除了注重日常生活和工作以外，还注重知识的学习和分享、个人的管理与成长，以及精神文化层面的追求。

（2）调研局限性

两个科技城的问卷调查受现实条件所限，存在一定的局限性，包括以下几方面：首先，所调查的两个未来科技城都处于建立初期，其就业人员的构成情况，无法反应成熟科技城的社会结构；第二，调研只针对部分科技城核心企业工作人员开展，笔者也曾尝试开展服务阶层调查，但由于受教育程度较低，大多数服务人员无法完成问卷的填写，因此未开展面向科技城服务阶层和其他人员的调查；第三，受央企保密机制和管理要求限制，无法严格按照随机抽样开展调查，而且部分企业并不愿意配合调查，因此调研样本量不大，会存在样本偏误，只能部分反映总体特征。这些调研局限会影响调研结果的准确性，但基本可以用来进行定性分析。

3．关于科技城社会结构特征的讨论

科技城的社会结构受其所在时代和地域背景下经济发展、技术水平和社会文化等因素的影响，其社会结构一方面表现为与其他类型城市所共有的一般性特征；另一方面表现为其自身特点决定的特殊性特征。本节通过分析中国当前城市社会结构特征的研究进展，运用对比分析的方法，进一步明确科技城社会结构特征的一般性与特殊性。

3.1　中国当前城市社会结构特征及发展趋势

（1）中国当前城市社会结构特征

根据学者们的研究，中国城市的社会结构从总体上看主要呈现以下三个特征：

第一，职业分层是重要的城市社会分层维度。目前对国内城市社会分层的研究大多以职业分类作为划分社会阶层的基础。陆学艺的研究以职业类型为基础，根据组织资源、经济资源和文化资源的占有状况，将中国社会划分为十大社会阶层[1]。十大社会阶层的来源和流动特征如表6-6。在郑杭生对当代中国城市社会结构的研究中，主要根据职业构成划分了7个社会阶层：管理阶层、专业技术人员阶层、办事员阶层、工人阶层、自雇佣者阶层、私营企业主阶层和其他阶层[2]。叶立梅研究了1993～2005年北京市行业阶层的变动，以行业工资收入作为阶层划分标准，考察阶层变动情况，认为行业分层成为重要的社会分层维度，成为影响城市结构的重要因素[3]。

1　陆学艺. 当代中国社会阶层研究报告［M］. 北京：社会科学文献出版社, 2002.

2　郑杭生. 关于我国城市社会阶层划分的几个问题［J］. 江苏社会科学, 2002, 2：3-6.

3　叶立梅. 从行业分层看城市社会结构的嬗变——对20世纪90年代以来北京分行业职工工资变化的分析［J］. 北京社会科学, 2007, 5：27-33.

中国十大社会阶层的总体划分和来源流向   表6-6

阶层总体划分	十大社会阶层	来源和流动特征
优势地位阶层	国家与社会管理者阶层	具有代际继承性，并且多进少出
	经理人员阶层	正在形成中，较为开放
	私营企业主阶层	来自社会较低层，自立创业
中间位置阶层	专业技术人员阶层	处于上下游流动链中间，并具有稳定性
	办事人员阶层	为较低社会阶层提供上升流动机会，并有可能向下流动
	个体工商户阶层	被限制于体制外，很少有上升流动机会
基础阶层	商业服务业员工阶层	有较多上升流动机会，且人数不断膨胀
	产业工人阶层	构成在发生转变，规模略有缩小
	农业劳动者阶层	代际继承性最强，上升流动机会最少
	城乡无业、失业、半失业者阶层	体制转轨和产业结构调整时期出现

资料来源：根据相关研究整理[1]。

第二，城市职能差异影响城市社会结构特征。不同城市，由于承担的城市职能和分工不同，其社会结构特征也呈现出差异。陆学艺按照十大社会阶层的划分方法，研究了深圳市作为经济特区的城市社会结构特征（表6-7），社会阶层属性特征表现为：① 社会阶层认同"重经济轻权利"，② 收入与受教育程度挂钩，③ 高低收入差异相对明显，④ 个人生活预期普遍较好[2]。对比来看，叶立梅对北京市作为国家首都的城市社会结构研究中，与深圳社会阶层特征一致的是受教育程度对决定个人社会地位的作用日益重要，行业角度的社会两极分化出现，不同的是，在北京独有的全国政治经济地位影响下，北京的高收入行业中，高度依赖再分配体制的行业以及国家垄断行业成为主要组成部分，被称为新形势下的"体制内阶层"[3]。

1 陆学艺. 当代中国社会阶层研究报告［M］. 北京：社会科学文献出版社，2002.

2 同1.

3 叶立梅. 从行业分层看城市社会结构的嬗变——对20世纪90年代以来北京分行业职工工资变化的分析［J］. 北京社会科学，2007，5：27-33.

深圳市城市社会结构特征　　　　　表6-7

群体特征	具体涉及阶层
新兴富有群体出现	私营企业主阶层、经理人员、高级专业技术人员
新兴中间群体形成	中级以上管理人员、政府中的高级官员、中级以上专业技术人员、部分私营业主和个体户
新兴中下层群体发展	办事人员、部分个体户、企业基层管理人员
新兴城市贫困群体存在	被雇佣的产业工人、商业、服务业人员

资料来源：根据相关研究整理[1]。

城市社会结构从扁平化向金字塔转型。对以北京职业分类为基础的社会结构进行研究发现，城市社会结构从20世纪90年代的扁平型结构向2000后的金字塔型转型，从分行业来看，社会的两极分化正在出现[2]。赵卫华以中国第五次人口普查数据为基础，以陆学艺总结的职业构成为划分依据，分析了北京市社会结构的状况和特点，认为其正在从传统的"金字塔型"向现代的"橄榄型"结构方向发展，农民工成为较低职业阶层的主体，城市户籍人口中一半处于中间阶层，外来人口的异质性强，阶层分化出现[3]。郑杭生通过在10个城市发放调研问卷研究了各城市各阶层的情况和总体比例关系，主要结论是城市中占主体的社会阶层仍然是占46%的工人阶层，由前三个阶层构成的白领阶层比重占45%，显示了我国城市社会结构正处在从传统的金字塔型向纺锤形过度的状态中[4]。

从以上三点可以看出，目前中国城市中的职业分层仍是划分社会阶层的主要依据，科技城社会结构也可以从科技城居民职业构成的角度进行判断；不同职能类型的城市社会结构特征呈现出差异化的特征，科技城作为以高技术产业和创新创业为主要职能的城市，其社会结构也会反映这一特征；在过去的一段时间内，中国城市的社会结构已经呈现出从扁平化向金字塔的转型特征，阶层分化更加清晰，白领阶层日益壮大。

（2）中国未来城市社会结构发展趋势

关于中国未来城市社会结构的发展和社会结构的演化趋势，存在两种不同的观点：一种是社会两极分化；另一种是中间阶层壮大。

持第一种观点、认为城市社会结构将出现两极分化趋势的学者认

1 陆学艺. 当代中国社会阶层研究报告 [M]. 北京：社会科学文献出版社, 2002.

2 叶立梅. 从行业分层看城市社会结构的嬗变——对20世纪90年代以来北京分行业职工工资变化的分析 [J]. 北京社会科学, 2007, 5：27-33.

3 赵卫华. 北京市社会阶层结构状况与特点分析 [J]. 北京社会科学, 2006, 1：13-17.

4 郑杭生. 关于我国城市社会阶层划分的几个问题 [J]. 江苏社会科学, 2002, 2：3-6.

为，该趋势的出现是与全球化、信息化的国际形势背景，经济制度转型、产业结构升级、人口流动性增强的国内现实情况密切相关的。表现为社会阶层两端的群体在收入、地位和社会声望等方面两极分化的现象日益明显。如顾朝林研究了北京的社会极化问题，认为北京的社会极化现象表现在：一方面成功的农村改革和城市改革带来大量的城市流动人口，成为无专长、低收入的"贫穷"一端的主要构成部分；另一方面开放政策、技术引进和国际资本流入吸引了有专长、高收入的"富裕"群体。社会极化的动力机制体现在：① 城市功能结构从传统制造业向服务业和高技术行业的转变产生对低工资无技术职业和高工资高技术职业的巨大需求，② 全球化格局下的外国直接投资和技术引进极大影响了北京的社会空间分异，③ 流动人口的迅速增长增加了社会中下层群体的数量[1]。叶丽梅认为经济制度转型和产业结构升级是影响中国城市社会结构变迁的两大基本因素，在市场机制、再分配机制和国家垄断机制交互作用影响下，由于缺乏对中等收入阶层成长发育有利的制度条件和产业结构条件，行业分化趋势明显，加剧城市社会阶层的两极分化趋势[2]。朱力认为，在市场机制的影响下，社会阶层的发展会出现马太效应，表现为优势不断积累、劣势不断凝固，将导致社会阶层两极分化，虽然在阶层分化的过程中政府也有调节阶层差距的相应政策，但市场逻辑依然是形成社会分层的主导逻辑，两极分化的趋势会难以扭转[3]。

持另一种观点、认为城市社会结构里中间阶层日益壮大的学者认为，该趋势的出现与城市产业结构升级、居民总体的受教育水平提升和社会保障机制完善的趋势有关。表现为城市社会结构从金字塔型向橄榄型转化。陆学艺认为在产业结构向现代化转型的过程中，产生了大量中间阶层的职业类型、消费范式和群体的社会认同[4]。赵卫华认为北京市城市社会结构的发展趋势为：农业劳动者阶层将继续缩小，社会中间阶层将继续扩大，包括商业服务人员、个体私营业主以及以脑力劳动为主的办事人员、专业技术人员阶层等，逐渐演变为一个以中间阶层为主的现代化社会阶层结构[5]。郑杭生认为转型期的中国城市社会结构和机制呈现出"传统—现代""再分配—市场"这样一种二元化景观。以体力劳动为生的工人阶层和以脑力劳动为生的中间阶层构成阶层分布的主

1　顾朝林，C·克斯特洛德. 北京社会极化与空间分异研究 [J]. 地理学报, 1997, 5: 3-11.

2　叶立梅. 从行业分层看城市社会结构的嬗变——对20世纪90年代以来北京分行业职工工资变化的分析 [J]. 北京社会科学, 2007, 5: 27-33.

3　朱力. 我国社会阶层结构演化的趋势 [J]. 社会科学研究, 2005, 5: 147-153.

4　陆学艺. 当代中国社会阶层研究报告 [M]. 北京: 社会科学文献出版社, 2002.

5　赵卫华. 北京市社会阶层结构状况与特点分析 [J]. 北京社会科学, 2006, 1: 13-17.

体，体现了社会阶层结构从金字塔型向纺锤型过度的状态[1]。

从以上两种观点可以看出，中国未来城市社会结构发展的趋势将取决于国际国内背景下的经济制度转型、产业结构调整、人口流动趋势、居民受教育水平和社会保障机制等多个因素，市场机制和政府决策都会对社会结构的变动方向产生影响。总体上看，市场逻辑主导下的社会结构虽然有两极分化的趋势，但在居民受教育水平总体提升、新兴行业涌现、服务业比重增加、私营部门地位提升的趋势下，社会中间阶层也有进一步壮大的可能。因此，城市社会结构的演化方向一方面受到社会总体发展特征的影响，另一方面将与具体城市的类型、职能和具体发展条件密切相关。

3.2　中国科技城社会结构特征与发展趋势探讨

根据当前中国科技城的职能属性和形成机制，结合调研的结果，可以大体判断科技城的社会结构的一般性特征和特殊性特征。其中，一般性特征是从科技城作为一个系统功能的城市角度，分析科技城社会阶层与一般城市社会阶层的相同之处，寻找科技城社会结构反映时代背景与地域特征的方面；特殊性特征是指从科技城作为专业化新城的角度，分析科技城社会阶层构成和阶层规模与一般城市的不同之处，寻找科技城社会结构反映科技城专业化特色的方面。在此基础上，根据对影响科技城社会结构的因素的分析，判断科技城社会结构的发展趋势。

（1）科技城社会结构的一般性特征

科技城作为具备专业化特征和系统性城市功能的新城，其社会结构构成可以参考其他城市社会阶层的构成情况。比对陆学艺划分的中国十大社会阶层，结合科技城作为新城的特征，可以分析出，除了国家和社会管理者阶层与农业劳动者阶层以外，科技城所包含的社会阶层与一般城市类似。不同的是，科技城各阶层的构成情况和比例由科技城自身的特点决定（表6-8）。

比对一般城市的社会结构特征，可以概括科技城社会结构的一般性特征是：① 职业分层是决定科技城社会分层的重要维度，可以

1　郑杭生. 关于我国城市社会阶层划分的几个问题［J］.江苏社会科学，2002，2：3-6.

在总体上划分各个阶层的资源占有情况；② 科技城社会结构受经济和产业结构构成影响较大，由科技城的城市职能决定；③ 科技城居民的受教育程度与就业竞争力密切相关，在很大程度上体现了科技城社会阶层的总体特征；④ 在当前中国的发展背景下，市场主导的资源流动和政府主导的制度引导对科技城社会结构的形成共同发挥作用。

科技城社会阶层分析　　　　　　　　表6-8

阶层总体划分	十大社会阶层	科技城社会阶层	阶层描述	科技城阶层构成
优势地位阶层	国家与社会管理者阶层	—	—	—
	经理人员阶层	√	企业中非业主身份的高中层管理人员及部分作为部门负责人的基层管理人员	以面向高技术产业的职业经理人为主
	私营企业主阶层	√	拥有一定数量的私人资本或固定资产并进行投资以获取利润、同时雇用他人劳动的人	由风险投资人、天使投资人，以及拥有一定资本雇佣他人劳动的企业家构成
中间位置阶层	专业技术人员阶层	√	在各类企业中专门从事各种专业性工作和科学技术工作的人员	由大学中的科研人员、高技术制造业的研发人员和生产性服务业专业人员构成
	办事人员阶层	√	协助单位和部门负责人处理日常行政事务的专职办公人员	各类企事业单位中处理日常事务的办公人员
	个体工商户阶层	√	拥有一定量的私人资本并投入生产、流通、服务业等经营活动或金融债券市场且以此为生的人	为科技城其他企业的运行或居民的生活提供服务的小业主或自我雇佣者等
基础阶层	商业服务业员工阶层	√	在商业和服务行业中从事非专业性的、非体力的和体力的工作人员	为科技城居民的日常生活提供各类服务的商业和服务业从业者

续表

阶层总体划分	十大社会阶层	科技城社会阶层	阶层描述	科技城阶层构成
基础阶层	产业工人阶层	√	在二产中从事体力、半体力劳动的生产工人、建筑业工人及相关人员	主要包括在科技城高技术制造业中从事体力、半体力的生产工人、建筑业工人及相关人员
	农业劳动者阶层	—	—	—
	城乡无业、失业、半失业者阶层	√	无固定职业的劳动年龄人群	在科技城激烈的竞争和行业变动中由于技术或能力欠缺尚未找到稳定工作的群体

注：阶层划分和阶层描述参考了对中国十大社会阶层的概括[1]。

（2）科技城社会结构的特殊性特征

科技城社会结构的特殊性特征是由科技城区别于一般新城的功能和形成过程决定的。我国科技城是在政府主导下，通过集聚各类创新要素形成的以高技术产业为主体的综合型新城。发展初期通过行政力量集聚大量创新资源，发展后期依靠市场力量促进创新创业成果的产生。

从这样的职能属性和形成过程来看，科技城社会结构的特殊性特征首先可以反映在各阶层的比例构成上：① 由于创新活动持续开展和创业企业不断衍生，中小企业的数量会比一般新城多，因此，经理人员、私营企业主、个体工商户的比例将高于一般职能的新城；② 专业技术人员和办事人员的比例较高，为科技城的创新创业活动提供支持，其中专业技术人员的比例最突出；③ 商业服务业员工的比例较高，区别于注重产业氛围、忽视人才氛围的一般开发区；④ 产业工人的数量将由科技城高技术企业所开展的具体产业活动决定，但总体上由于科技城企业从事的活动多集中在研发和中试阶段，因此制造业工人比例较其他产业区更低；⑤ 城乡无业、失业和半失业者阶层比例可能较低，这是受科技城的专业特征所产生的筛选机制影响的。科技城社会阶层的比例与一般新城和开发区的比较如表6-9。

1 陆学艺. 当代中国社会阶层研究报告［M］. 北京：社会科学文献出版社，2002.

科技城社会阶层与一般新城、一般开发区的比较   表6-9

阶层划分	科技城	一般新城	一般开发区
经理人员阶层	++	+	+
私营企业主阶层	++	+	+
专业技术人员阶层	+++	+	++
办事人员阶层	+	+	+
个体工商户阶层	+	+	+
商业服务业员工阶层	+	+	——
产业工人阶层	–	+	+++
城乡无业、失业、半失业者阶层	–	+	+

注: 表中对各阶层比例的判断以一般新城为基准，基准用一个"+"来表示，多个"+"表示该
阶层的比例高出基准的程度，"–"表示比基准低的程度。

从本研究开展的调查来看，科技城社会结构的特殊性特征还可以反映在人员的年龄结构、受教育程度和收入水平上。针对两个科技城开展的人才调查，主要涉及经理人员、专业技术人员和办事人员阶层，也包含少量商业服务业从业者和产业工人。应该说，这些受调查者集中在科技城的中间位置阶层，能够反映科技城主要构成阶层的基本特征。从调查的结果可以看出：① 科技城中间阶层的年龄结构偏低。40岁以下占90%以上；② 受教育水平较高。两个科技城中，本科及以上学历的都占到85%以上；③ 收入水平并未出现分化。多集中在2000～10000元；④ 中间阶层从事的工作以研发、管理和服务为主。但应该注意，该调查涉及的是科技城发展初期的情况，而且受调研条件限制，没有覆盖其他几个阶层，尤其是基础阶层，因此有待进一步补充研究。

（3）科技城社会结构的发展趋势

当前我国科技城的发展仍属于发展初期，其社会结构尚不成熟。比较对中国未来城市社会结构发展趋势的探讨，关于科技城的社会结构发展也可能有两个方向：一是形成两极分化的社会结构；二是形成中间阶层壮大的橄榄型社会结构。要判断科技城社会结构的发展趋势，需要分析影响科技城社会结构的主要因素。

影响科技城社会结构发展的因素可以分为三个大类：国际国内发展背景、市场机制下的资源配置规律、政府政策引导的方向（表6-10）。

因此，科技城社会结构发展的趋势将由市场因素和政策因素共同决定。相较一般城市，由于科技城的专业化职能属性和政府引导其发展的阶段性特征，出现社会阶层两极分化的可能性更大，也就是很有可能呈现M型社会结构。

影响科技城社会结构发展的因素　　　　　　表6-10

主要影响因素	两极分化的社会结构	橄榄型的社会结构
国际国内发展背景	全球化分工带来的资源极化配置	城镇化人口流动补充科技城所需要的劳动力资源
市场机制资源配置	产业结构升级对专业化人才和服务型蓝领的高需求	产业结构整体升级，服务业地位上升；开放性的资源流动为基础阶层向上流动提供机会
	资源向新技术创新领域的集聚增强阶层分化和社会极化	
政府政策引导方向	引导特定产业发展，限制其他产业	教育资源丰富、受教育水平提升带来的劳动力整体素质提高，社会保障机制完善对基础阶层地位的提升

4．理想的科技城人才氛围营造

各类人才是科技城保持持续创新能力的关键，但在过去的高新技术产业园区发展中，产业氛围是决策者首先考虑的因素，而忽略了人才氛围的重要性，影响到产城分离、公共设施不足等一系列问题的产生。因此，人才氛围的营造对理想科技城的发展至关重要，特别是对创新驱动的科技城。本节将探讨科技城人才氛围的具体内涵，以及人才氛围营造的基本原则。

4.1　科技城的人才氛围

本研究认为，人才氛围是指科技城中不同类型的人才之间、人口与环境之间的互动关系（图6-15）。包含三个部分：一是各社会阶层内部的互动关系，多体现在各行业内部的知识交流、学习与社会互动上；二是各阶层之间的互动关系，多体现在不同行业和阶层之间的人们由于在科技城中共同工作生活所产生的各类互动关系；三是各阶层与环境的互动关系，体现在各社会阶层对科技城空间环境的利用，包括对工作空间、生活空间和服务空间的利用上。

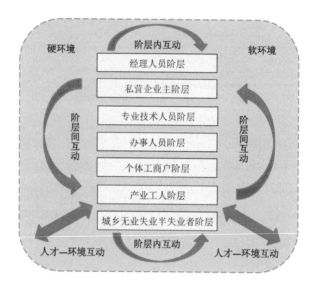

图6-15　科技城的人才氛围

（1）阶层内互动关系

科技城人才氛围之阶层内互动多发生在以工作为基础的相关交流与互动中，包括企业的员工之间、企业负责人之间、不同企业的工作者之间的交流和互动等，采取的形式包括正式和非正式两类。正式互动是指专门由机构组织的员工学习、培训、兴趣小组，企业家交流、分享等；非正式互动是指由各类阶层主体在个人关系的基础上产生的非制度化的交流与学习，如朋友会、同学会中的学习与分享等。阶层内的互动一般可以增进知识思想的交流，促进技术技巧的学习，拓展职业信息的传播，搭建更多的合作机会等。阶层内互动多依赖于物质空间的邻近或关系的邻近，在拥有共同的利益需求、学习目标或兴趣爱好的前提下，形成阶层内部个体之间的交流与互动。面对面的交流需要实体空间的支持，基于互联网的虚拟交流不受时空限制。支撑阶层内互动的物质空间的主要形式包括企业中的办公室、会议室，园区中的咖啡厅、餐厅，城市中的培训中心、展览中心、体育场所、休闲娱乐场所等。

（2）阶层间互动关系

科技城人才氛围之阶层间互动多发生在以工作或日常生活为联系的不同阶层的交流与互动中，包括企业内各层级之间知识和信息的上传下达、服务场所的服务交易互动、居住场所的偶然交流等，可以分为必然发生的和偶然发生的两类。必然发生的是基于职业联系和服务往来的跨阶层交流与学习，是科技城企业管理者与技术人员沟通想法、传达企业发展战略的途径，也是优势阶层获得城市各类生活服务的基础；偶然发生的是由场所邻近促成的跨阶层交流，比如由于生活在同一个居住区或在各类文化活动或展览中，各阶层居民之间产生的交流与互动。阶层间的互动可以为阶层之间的相互理解和社会融合提供基础，形成更加开放和多元的科技城氛围，也是科技城创新型人才获取创意来源、服务型人才学习提升相关技能的机会。阶层间的互动和交流多依赖于工作和日常生活服务的需要或社会文化活动。支撑阶层间互动的物质空间形式包括：企业的办公室、会议室，园区中的餐厅、商店，城市中的各阶层混合的居住社区、面向所有阶层的服务场所、体育休闲场所、文化娱乐场所等。

（3）人才—环境互动关系

科技城各阶层与环境的互动体现在各阶层人才与科技城硬环境和软环境的相互作用上（图6-16），可以从两个方面来分析。一方面，从人才的角度，人才对环境产生两个作用——利用环境

图6-16　科技城中各类人才与两种环境的关系

和改造环境。人才从科技城空间中汲取能量，获得生活生产所需要的物质，利用科技城的空间设施和社会文化功能，满足个人的工作和生活需要。人才在环境中开展高技术研发、创新创业工作，得到较高品质的生活和生态服务，享受文化内涵丰富的休闲娱乐，开展与其他社会阶层的互动交流和学习等；同时也在创新创业和日常生活的过程中，不断改进

着科技城的环境，包括对物质空间设施的改造，也包括对社会文化氛围的改进。另一方面，从环境的角度，环境对人才产生两个作用——支撑人才和形塑人才。科技城环境满足各类人才对科技城空间设施和文化氛围的不同诉求，支撑他们的多样化选择；同时也对各类人才产生熏陶和形塑作用，通过整体上的物质空间特色和社会文化氛围特征重新塑造各类人才。科技城中这种互动最显著的特点是具备开放性和多样性的空间和文化环境支撑了各类人才的互动性和包容性，而人才的互动性和包容性也进一步增进了科技城环境的开放性和多样性，促成了更多的创新创业成果和更有趣味的城市生活。

4.2 科技城人才氛围营造策略

科技城人才氛围营造的总体原则是，以物质空间环境和社会文化环境为抓手，为增进科技城阶层内、阶层间和人才—环境的活动创造条件，形成吸引人、留住人、激发人、陶冶人的科技城环境。以下主要从几类空间的角度提出科技城人才氛围的营造策略。

（1）工作空间：提高品质，鼓励交往互动

科技城中的工作空间为高新技术企业的创新和各类人才的创业提供了基础平台。人才氛围角度的工作空间可以从两个方面增加阶层内互动、阶层间互动、人才与环境的互动的可能：一是提高工作环境的品质，在硬性条件和软性氛围上满足各类技术人才的需求，包括类型丰富的办公场所、便捷齐全的办公设施、轻松舒适的办公氛围、生态宜人的办公环境等；二是增加办公人员之间互动交往的可能，在提供常规的办公空间的同时，也增加部分开放式、共享式办公空间，非正式办公空间，互动交往和休息空间等，以激发灵感和创意创造条件。在科技园区中也可以提供面向园区所有企业的业务交流场所和知识分享场所，促进企业之间的相互交流。

（2）居住空间：分类引导，提供多样选择

科技城中各个社会阶层的专业化特征明显，对生活方式和城市空间的需求存在差异。对科技城居住空间和服务空间的规划可以在充分了解各阶层需求的前提下进行分类引导，针对各个阶层的差异化需求和经济承受能力，提供多样化选择。规划可以针对各类人群的需求，引导居住区空间分布的格局，并有侧重地提供各类服务。

根据同类型居民集聚居住的规律，科技城居住社区主要分为高端人才社区、知识型社区、服务型社区、混合型社区四类，其服务对象、对居住空间的需求、对功能配置的需求如表6-11。

不同类型的居住社区包含的功能差异　　　　　表6-11

社区类型	服务对象	居住空间需求	功能配置需求
高端人才社区	科学家、企业家、技术专家等	私密性、环境品质高、相对独立安静、高端服务设施、交通便捷	居住建筑容积率较低，社区环境优美，社区文化设施齐全，私人服务发达，高端学校和医院
知识型社区	知识型白领，包括技术工程师、科学家、企业管理人员等	便利性、学习交流机会丰富、环境品质较高、家政服务发达、文化休闲设施充裕	多层和高层住宅为主，社区休闲空间较多，教育医疗等服务设施充裕，公共交通可达
服务型社区	服务型蓝领，保洁、保姆、快递员、保安、生产工人	经济性、生活服务设施充裕、生活成本较低、工作通勤方便	高层住宅为主，公共交通可达，具备基本服务设施，靠近市场和就业单位
混合型社区	异质化人员构成的社区	安全性、生活服务设施齐全、文化休闲设施充裕	多层和高层住宅为主，靠近大规模研究开发生产综合体（RDP），教育医疗等服务设施充裕

资料来源：根据科技城人才调查总结。

（3）服务空间：设定标准，保证服务可达

人才氛围角度的科技城服务空间，在功能上需要尽可能满足各类人群对服务的需求，在空间上具备较高的可达性。根据对科技城人才需求调查的结果，列举以下科技城人才所需要的服务设施（表6-12）。科技城的规划需要为各类人才匹配传统的日常生活服务设施，在教育、医疗、体育运动、餐饮购物、文化娱乐和生态休闲等方面满足基本的服务标准，保证对各阶层的服务可达性；另外一部分是对科技城工作者来说比较重要的创新激发设施，这些设施在促进科技城的知识传播、交流互动和文化创意产生方面发挥重要作用，需要根据各自的服务对象，匹配在工作空间或居住空间的周围。

科技城人才所需服务设施一览 表6-12

服务设施类型	教育	医疗	体育运动	餐饮购物	文化娱乐	生态休闲
日常生活服务设施	中学、小学、幼儿园	各类综合医院、专科医院、心理诊所	游泳馆、运动场、球类运动场	各类购物中心、各类餐厅	影剧院	综合公园、街头花园
创新激发服务设施	大学、研究机构、培训学校、知识分享平台	—	社区运动器械	咖啡厅、茶馆	科学馆、图书馆、艺术馆、文化展览馆	主题公园

资料来源：根据科技城人才调研总结。

（4）文化空间：举办活动，促进学习交流

此处所说的文化空间特指在科技城举办各类展览、节庆活动时使用的文化交流空间，这类文化空间是科技城软实力的代表，也是科技城促进各阶层互动、内部与外部互动交流的有效方式。通过定期和不定期举办面向科技城特定群体或全体市民的节庆活动，如企业家论坛、科技成果展示周、科学节、文化节、科普论坛、技能分享小组、兴趣小组等，普及科学文化知识，增进阶层之间的互动交流，增强科技城居民参与到以创新为基础的发展中的热情，强化居民对科技城的精神与文化认同。通过这类文化空间的营造，让协同作用不仅可以发生在各类机构和主体之间，也能以更加开放和多元的氛围，促进协同作用在每个科技城居民之间的发挥。

（5）通勤空间：职住混合，减少通勤时间

根据对科技城人才的空间需求调查，可以看出职住分离仍然是科技城建设初期需要面对的问题，也是科技城在进一步的发展中需要避免的问题。受调查的高技术创新型人才中有90%左右对通勤时间的预期为30min以内，其中60%选择了10～30min，20%左右选择了10min，还有10%反映出在家办公的意愿。因此，面向人才氛围提升的科技城规划，应该尝试通过科技城产业功能与居住功能的邻近布局，进而提升产城融合的可能性，减少人才的通勤时间，为人才从事更多有创造性的工作提供条件。

5. 小结

本章以科技城的社会结构和人才氛围为研究对象，根据相关理论研究的进展提出关于科技城社会结构特征的理论假设，尝试根据两个未来科技城的企业人才调查分析科技城社会结构特征的一般性和特殊性规律，进而提出对科技城人才氛围营造的策略。研究发现：

（1）理论研究对科技城社会结构特征的假设为，年龄结构年轻化、教育水平两极化、职业构成多样化和收入水平两极化。各类人才对不同类型的城市功能和空间位置布局可能存在偏好。

（2）对两个科技城企业人才的调查发现，受调查者基本构成特征大体反映了假设的科技城社会结构特征，其居住通勤情况和对当前空间的评价反映了科技城选址和建设时序中出现的问题，他们对特定功能空间的偏好反应了科技城人才的行为和心理特征。但调研存也在一定的局限性。

（3）以对中国当前城市社会结构特征的研究为参照，科技城社会结构主要由八个阶层构成，各阶层比例呈现出与一般新城和开发区不同的特征，在市场因素和政策因素的作用下，科技城社会结构出现两极分化的可能性较大。

（4）科技城的发展需要注重对人才氛围的营造，通过物质空间和社会文化的支撑，强化阶层内互动、阶层间互动与人才—环境的互动关系，具体的科技城人才氛围营造策略包括提高品质，鼓励交往互动；分类引导，提供多样选择；设定标准，保证服务可达；举办活动，促进学习交流；职住混合，减少通勤时间等。

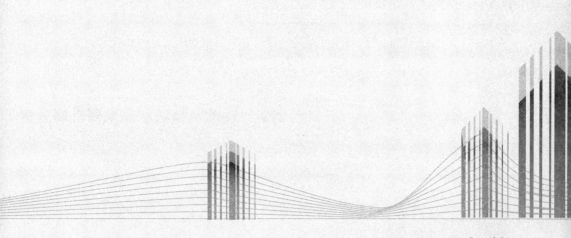

第7章

科技城空间结构研究

本章将探讨影响创新驱动的科技城空间形成和演化的决定性因素，分析创新驱动的科技城空间结构的理想模式，比较四大未来科技城规划的空间基础与空间结构特征，并对照理想模式进行比较与评价。

1. 创新驱动的科技城空间发展机制分析

从世界范围已建科技城的发展来看，影响科技城空间发展的机制主要可以概括为四个方面，即经济—空间机制、社会—空间机制、信息—空间机制

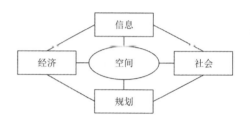

图7-1　创新驱动的科技城空间主要影响因素

和规划—空间机制（图7-1）。其中，经济、社会和信息是科技城系统内部运行影响空间发展的主要因素，规划是从科技城系统外部采取手段干预科技城空间发展的因素。

1.1　经济—空间机制

在创新驱动的科技城中，经济—空间的相互作用是最重要的空间机制，因为以创新为导向的经济活动是科技城的基本特征，在高技术产业发展与创新过程中，空间为各类要素的相互作用提供了基本载体，也通过距离机制影响了各类要素在空间中的相互作用形式，表现为基于地理邻近性和知识溢出的空间集聚以及基于成果转化和企业衍生的空间扩散。

（1）基于地理邻近性和知识溢出的空间集聚

一般来说，产业在空间中集聚的主要动力来自于企业对生产区位的要求、对与有生产关联的企业的邻近，以及外部经济的作用。而在创新驱动的科技城中，高技术产业发展与创新的空间集聚动力一方面

可以运用传统的区位理论来分析，另一方面可以从地理邻近性和知识溢出来解释。

高技术产业对区位选择的机制可以看作企业向科技城集聚的原因。人才、技术、信息、资金和知识是高技术企业选择区位的重要因素，区别于传统产业对原材料、劳动力和能源等要素的区位需求。此外，靠近市场、良好的制度政策、区域环境和基础设施条件也是高技术企业选择区位的关键因素。比如，硅谷高技术产业进行空间选择时主要考虑的因素包括：创新源邻近、风险投资、国际航空联系便捷、研究者和创业者集中、高质量的工作场所和优良的生活环境[1]。大多数由政府主导或引导建设的科技城在选址时，都充分考虑了这些要素，因此从区位上具备吸引高技术企业的条件。

地理邻近性和知识溢出机制可以看作企业在科技城内部进一步集聚，并通过互动促进创新产生的原因。科技城作为创新区域，存在信息不完整、快速变化且知识不容易被编码化的特征，地理邻近性会促进面对面交流，并在四个方面促进创意活动的产生：① 一种高效交流的技术，② 可以帮助解决动机问题，③ 可以促进社会化和学习，④ 提供了心理上的激励[2]。同时，地理邻近性增加了高技术企业之间、高技术企业与创新源之间产生正式或非正式合作的可能性，为技术诀窍（know-how）等隐性知识的传播与分享提供了空间上的基础。虽然有学者认为地理邻近性只是企业间邻近性的一种，不是形成学习和创新的充分必要条件，应该与其他类型的邻近性一同考虑，但是学者们大都认可地理邻近性提供了鼓励交流和促进互动的空间条件[3]。比如在地理邻近性的机制中，由于更容易产生信任关系，建立与潜在合作者的联系并交换知识[4]，产生偶然的、非计划的碰面，偶尔听到关于新技术的对话，并持续沉浸其中的"创新氛围"[5]。在地理邻近性的基础上，知识溢出成为激发创新的另一机制。同一产业的不同企业之间、不同产业的不同企业之间、企业与大学之间，在企业合作、员工交流过程中会产生知识溢出，知识溢出不仅促进了集体学习，而且有可能激发新的灵感，或促成新的合作关系。地理邻近性和知识溢出机制是科技城产业集聚的内生机制，内部协同作用的不断强化，会促进企业衍

1　王兴平. 中国城市新产业空间：发展机制与空间组织［M］. 北京：科学出版社，2005.

2　Storper M, Venables A J. Buzz: face-to-face contact and the urban economy ［J］. Journal of Economic Geography, 2004, 4（4）: 351-370.

3　Boschma R. Proximity and innovation: a critical assessment［J］. Regional studies, 2005, 39（1）: 61-74.

4　Morgan K. The exaggerated death of geography: learning, proximity and territorial innovation systems［J］. Journal of Economic Geography, 2004, 4（1）: 3-21.

5　Hall P. Cities in Civilization ［M］. New York: Pantheon Books, 1998.

生和企业间分工的深化，从而吸引更多创新资源，产生循环累积效应（图7-2）。

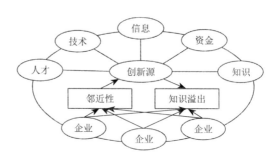

图7-2　科技城空间集聚的产业机制

（2）基于成果转化和企业衍生的空间扩散

科技城同时承担着高技术产业发展的职能，这种发展往往通过创新成果转化和企业的衍生来实现，创新成果转化为产品需要进行较大规模的生产，新企业的衍生需要新的办公和服务空间来支撑，从而出现科技城空间扩散的趋势（图7-3）。新竹科技城通过工业技术研究院孵化新企业，推动科研成果转化，形成研究—孵化—衍生的产业发展模式，逐渐将衍生出来的企业扩散到原有园区周边甚至更远的地区，同时也跟其他区域保持网络化的生产联系[1]。这种模式的发展也将原有科技园区单中心发展的格局转化为多园区扩散的格局，目前新竹科技园与新竹地区政府合作融合发展科技城，将分园扩散到较大范围的新竹地区，进行科研成果的转化生产[2]。大德科学城于2005年拓展出第三、第四产业区，

1　Ku Y L, Liau S, Hsing W. The high-tech milieu and innovation-oriented development [J]. Technovation, 2005, 25 (2): 145-153.

2　林建元. 都市计划的新典范 [M]. 台北: 詹氏书局, 2004.

图7-3　科技城空间扩散的产业机制

从原来的27.8km²增加到70.4km²，共同形成大德研究开发特区（Daedeok Innopolis），就是为了大德科学城成果转化后的生产需要，和新企业衍生发展的需要。

科技城产业在空间上集聚和扩散的机制互相促进，通过地理邻近性和知识溢出过程形成的良好的创新环境不断吸引和集聚外部的创新要素，新进入的创新要素与原有资源相互作用，产生新的分工，衍生出新的企业，产生更多的成果转化需求，从而促进了科技城的空间扩散。因此，科技城的集聚与扩散互为条件，创新要素在空间集聚的过程也是新企业和新成果空间扩散的过程。创新要素在科技城空间中的集聚、互动、转化、扩散，完成了创新的全过程。

1.2 社会—空间机制

在创新驱动的科技城中，社会—空间机制是决定社会阶层分布与社会阶层间互动的关键因素，各个社会阶层对居住空间的选择和社会阶层之间基于场所的互动是该机制作用的结果。主要可以概括为同质化集聚带来的空间分异和异质化互动带来的空间融合两个机制。

（1）同质化集聚带来的空间分异

科技城的社会结构呈现明显的两极分化的特征。不同社会阶层在进行居住空间选择时，支付住房价格的经济能力差异导致选择住房时考虑的因素也各有不同：高端人才和知识型白领的居住空间选择主要考虑环境品质、生活服务的便利程度、与其他知识工作者的邻近性、对居住社区的认同感等；服务阶层选择居住空间主要考虑住房价格、通勤距离、生活服务的便利程度等。社会地位、经济收入、社会互动需要和心理预期的差异，决定了两个阶层对居住空间偏好的差异，产生了同质化集聚的现象。比如，中国台湾新竹的科技工作者在选择住房时会更多考虑个体临近性，通过朋友和同事分享的居住位置信息来决定自己的住房选择，他们更加看重居住社区对现有社会网络的影响、社区文化、身份认同等，因为他们希望能在生活中通过与同类人才的互动获取更多的隐性知识和创新信息[1]。而印度班加罗尔形成了一些高档的门禁社区为跨国企业家提供高品质的生活条件，花园、网球场、游泳池、俱乐部等功能配备齐全，与周边区域形成了鲜明的对比，但也引起了其他服务阶层居民的不满[2]。因为服务阶层的居住选择有限，他们只能选择在价格便宜、住房环境品质一般、通勤成本较低的区域。

（2）异质化互动带来的空间融合

社会阶层分化决定了科技城的居住空间分异，而高技术社会文化具有的多样性和包容性却促进了科技城异质化互动带来的空间融合。这种空间融合是科技城居民受创新文化的影响、以更为开放的心态来接受和包容异质化群体的产物。这一过程一方面受到知识工作者的创新互动所营造的创新氛围影响，另一方面受到科技城公共服务设施的可达性和信息基础设施的充分供给影响。在共同认可的开放性和包容性价值观作用下，科技城的科技研发人员、企业家、知识工作者、服务型蓝领等有可能在日常生活的共同背景或各类活动中，形成相互交流的机会，从而打破社会阶层之间的距离。这种异质化互动不仅促进了社会融合，而且为知识型人才提供了更多获取不同思路角度和观点的机会。

在英国的布里斯托科学城和纽卡斯尔科学城，公共服务设施的建设和多样化的活动增加了各个社会阶层公民参与学习和创新的热情，包括开放博物馆、科学馆，在社区中提供交流机会，每年定期举办咖啡科学节、STEM周（科学、技术、工程、技术）等，让每一个市民都能意识到科学和创新始终在科学城中发生，并促使他们参与进来[3]。美国奥斯汀科技城曾经是一个社会隔离严重的城市，1970年以来通过自上而下地推动，逐渐转型为一个由创新驱动的科技城，为了应对科技城发展中出现的新的社会分层，奥斯汀政府不仅加强了对低技术劳动者的培训与再教育，而且通过与公共图书馆合作、建立信息共享中心、开放全城免费WiFi等，弥合电子鸿沟[4]。从这些举措来看，包容性的氛围形成与开放性的公共空间布局有很大关系。更广泛和均等的服务机会，会激发不同社会阶层的互动和在空间上的融合。

1 Chang S, Lee Y, Lin C, et al. Consideration of proximity in selection of residential location by science and technology workers: case study of Hsinchu, Taiwan [J]. european Planning Studies, 2010, 18 (8): 1317-1342.

2 Chacko E. From brain drain to brain gain: reverse migration to Bangalore and Hyderabad, India's globalizing high tech cities [J]. GeoJournal, 2007, 68 (2-3): 131-140.

3 袁晓辉, 刘合林. 英国科学城战略及其发展启示 [J]. 国际城市规划, 2013, 5: 58-64.

4 Straubhaar J, Spence J. Inequity in the technopolis: race, class, gender and the digital divide in Austin [M]. Austin: University of Texas Press, 2012.

1.3　信息—空间机制

在创新驱动的科技城中，信息基础设施的布局影响科技城不同空间区位的信息获取能力，而信息网络本身具有的流动性、与实体空间的互动性等因素，决定了其对科技城空间结构的影响，产生信息—空间机制，从而影响到科技城实体空间与虚拟空间的交互、外部要素与内部要素的联结，表现为网络信息流动影响下的空间均质化与实体和网络信息交互作用下的空间多样化。

（1）网络信息流动影响下的空间均质化

信息是科技城中影响创新产生的重要要素，不同空间对信息的获取能力决定了空间的重要程度。信息网络设施的快速发展极大提高了信息在城市中的可获取性。不受约束的网络信息的流动对抗实体空间的多样性，带来空间均质化，人们可以在任意地点方便地获取互联网信息。这种信息—空间的互动一方面打破了传统的办公、居住、生产、流通空间之间的隔离，居住和办公空间的融合、生产领域和流通领域边界的模糊，导致混合用地的出现；另一方面拓展出不受实体空间束缚的虚拟空间平台，如虚拟科技园、孵化器和网络众筹平台等，具备研发、孵化、虚拟生产等功能，将科技活动的研发、孵化、风险投资对接等过程在互联网上以一种更为公开、透明的方式呈现出来，在更广泛的层面上整合零散资源。网络信息的流动为所有可以接触网络的人拥有了共享信息的机会，在一定程度上将原有城市空间的等级化特征扁平化了。任意地点的随时接入，为科技城各个阶层提供了均等的发展机会，减少了空间的异质性，也为更多人提供了创新创业的机会。西斯塔、大德等建立虚拟科学城的目标就是利用知识管理工具，服务于虚拟知识和创新过程，包括虚拟工程、生产发展、虚拟孵化和在线技术转移等，成为一种新方法和新工具的平台。

（2）实体和网络信息交互影响下的空间多样化

地方空间和流动空间共同构成了信息时代的城市空间结构[1]。信息流动影响的空间均质化背景下，仍然存在着一些空间节点，其中地方空间和流动空间得以重合，产生实体信息与虚拟信息的交互，交互密切的场所的吸引力会明显高于其他场所，产生多样化的空间类型。这一机制

---

[1]（美）卡斯特尔斯·曼纽尔. 信息化城市［M］. 崔保国等译. 南京：江苏人民出版社，2001.

主要是受实体空间中由面对面交流产生的隐含知识传播和虚拟空间中由网络互动产生的显性知识传播之间的互动和联结影响。科技城中这类起到联结作用的空间包括知识共享平台、科技服务平台、图书馆、非正式互动场所等，在其中不仅可以满足面对面的互动需要，也可以随时通过电脑、手机等电子设备接入互联网获取网络信息。随着网络设施覆盖范围越来越广，这种交互空间的位置更加取决于能够提供面对面交流机会的实体空间的位置，以及那些能够提供快速网络接入的虚拟空间位置（图7-4）。在马来西亚赛博再也科技城、韩国多媒体技术城和新加坡纬壹科技城，都在利用以下5种技术提升科技城空间品质：① 宽带和无线通信技术，② 基于地理位置的服务和应用（与WiFi热点整合），③ 在不同尺度的电子显示，④ "智慧"城市管理系统，⑤ 超级研究设施[1]。

图7-4　实体和虚拟空间交互影响下的信息—空间机制

1.4　规划—空间机制

在由政府主导或引导建设的科技城中，影响空间发展的机制除了以上三种之外，人为进行的科技城规划通过预先安排科技城功能在空间中的分布，影响各种功能和资源在空间上的匹配模式。这对科技城空间发展产生的重要影响，体现在对科技城整体空间格局的引导和空间外部性控制上。

（1）整体空间格局引导

在自上而下由政府主导或引导建设的科技城中，通过规划手段对科技城总体空间格局进行引导主要包括以下内容：① 评估区域生态环境条件，确定需要保护和限制建设的生态空间，确立科技城空间发展的生态安全格局，形成经济、社会与环境共生的空间格局；② 确定科技城的总体空间结构，决定主要功能的布局位置和空间组合模式，为科技城的空间发展提供引导；③ 为各类人才的居住生活确定居住空间和公共服务空间的布局位置，确定产业与居住空间的邻近程度与组合模式。这

1 Seitinger S. Spaces of innovation: 21st century technopoles [D]. Cambridge: MIT Department of Urban Studies and Planning, 2004.

种通过预先的空间规划确定科技城总体空间格局的模式可以通过设定各项资源在空间中的组合模式，为科技城发展提供基本空间框架的支撑，减少了科技城空间发展的不确定性，这在一定程度上影响到科技城整体功能运转的效率。但值得说明的是，科技城中的创新活动最终由市场机制决定，空间规划只能对创新活动提供支撑，影响创新资源组合配置的效率，但并不能最终决定创新的效率。而且，如果规划者并不了解科技城的空间发展机制，违反市场规律进行空间布局时，反而会给科技城的发展带来负面作用。

总体来看，科技城的规划—空间机制对总体空间格局的控制主要在于保护重要生态空间、提供空间发展框架、高效组织各类功能的空间布局、确定居住空间和公共服务空间位置。世界范围内由政府主导建设的科技城都充分运用了规划对空间发展的引导作用，如日本筑波、关西科学城，韩国大德科学城，中国台湾新竹科学城，新加坡纬壹科技城等。政府对科技城总体空间格局的形成起到先导性的决定作用，而且目前这些科技城的空间发展基本与最初规划的格局基本一致。

（2）空间外部性控制

规划对科技城空间发展起到的另一个作用是对空间外部性的控制，通过评估各类功能在空间使用上对周围邻近空间的影响，促进空间正外部性的形成，控制空间负外部性的影响。所谓空间外部性是指某块用地上的经济活动对相邻用地上的经济主体产生的额外收益或损失，即哈耶克所说的"相邻效应"，任何土地使用都会影响周围土地的使用价值[1]。比如科技城中的创新源、公共服务设施对周边产生的正外部性影响，存在安全、污染问题的研发机构或生产企业会对周边产生负外部性影响等。大多数科技城都会根据高技术产业生产流程布局产业空间，根据产业功能相近程度邻近布局相关功能，促进科技城的产业功能系统更加高效地运转；在可能存在污染和安全问题的机构周边布局防护绿地，减少危害产生的可能性。对空间外部性的控制不仅存在于由政府主导建设的科技城中，也存在于由市场主导的科技城中，比如美国的硅谷、奥斯汀等科技城，通过区划法规的管理和控制，调节市场主体在科技城空间使用中的关系。

1　孙施文. 现代城市规划理论［M］. 北京：中国建筑工业出版社，2007.

1.5 几种机制整合

科技城的空间发展在经济、社会、信息和规划四种机制的影响下，呈现出科技城空间集聚—扩散、融合—分异、多样化—均质化三对相互作用力，三种作用力在规划的整体格局引导和空间外部性控制的背景下持续发挥作用，推动科技城空间的不断发展与演变。在基于地理邻近性和知识溢出的空间集聚与基于成果转化和企业衍生的空间扩散的作用下，科技城呈现围绕创新源和核心要素的圈层布局模式；同质化集聚带来的空间分异和异质化互动带来的空间融合会形成同质化组团和异质化的公共交往核心；网络信息流动影响下的空间均质化和实体网络信息交互影响下的空间多样化将形成多个重要的空间信息节点和其他空间均等化的网络信息获取机会。将以上几种机制对科技城空间发展的影响叠加，并将规划布局涉及的功能融入科技城的空间中，可以看到科技城的整体空间将呈现圈层布局基础上的组团布局模式，其中会形成信息承载强度多样化的空间类型（图7-5）。

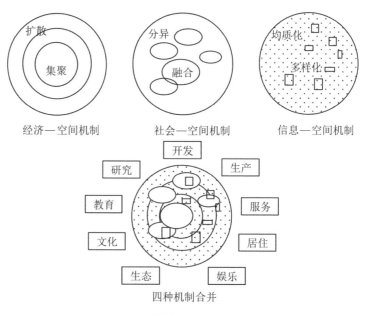

图7-5 科技城空间发展机制分析

2. 创新驱动的科技城空间结构模式

本节首先借鉴空间接触机会的理论，在此基础上进一步从创新驱动的科技城关键主体的空间接触需求出发，研究科技城各项功能在空间上的理想组合模式，探讨创新要素与空间布局之间的相互作用关系，尝试提出创新驱动的科技城的理想空间结构模式。

2.1 空间接触需求及匹配

创新驱动的科技城发展需要空间的承载和支撑，空间为创新导向的高技术产业活动和宜居导向的各阶层人才生活提供了匹配其空间接触需求的平台。科技城各类主体的空间接触需求不同于一般城市，这决定了其空间结构模式的不同。

（1）空间接触机会理论

"空间接触机会"概念从人类对自由的普遍追求出发，认为"选择的机会与能力是自由的体现"，而人的聚居能够增加人们的空间接触机会，从而增加选择的机会，增加人对自由的掌控感。因此，"空间接触机会是人类聚居的动机，而人类的聚居是城市形成的根本原因"[1]。梁鹤年在这一理论基础上，进一步推演，认为"城市是人类聚居的空间现象，聚居是为了增加空间接触机会"，并在此基础上提出了"城市人"的定义，即"一个理性选择聚居去追求空间接触机会的人"。空间接触机会有正负之分，"正面的包括上学、工作、购物、交朋友等；负面的包括犯罪、车祸、污染等"[2]。空间接触机会并不是越大越好，需要保证生理和心理的安全感。比如，人们集聚得越密集，接触机会越大；但人们集聚得越紧密，生活空间越紧张，环境质量越低，越影响生理和心理的安全感。因此，人居的匹配需要同时满足人类的空间接触和对安全感的需求。

空间接触机会理论建立了人类空间接触需求与人居环境变量之间的相关关系，给城市的产生和演进提供了很好的解释力。在城市的不同发展阶段，受经济水平、社会背景、技术发展条件的影响，不同类型的城

1　Doxiadis C A. Ekistics: an introcution to the science of human settlements [M]. London: Hutchinson, 1968.

2　梁鹤年. 城市人 [J]. 城市规划, 2012, 36（7）: 87-96.

市中，城市人有着不同的空间接触需求，这决定了城市总体空间结构的差异；在同一城市中，处于不同年龄、职业和社会阶层的城市人也有着不同类型的空间接触需求，因此所需要匹配的人居类型也各有不同，这决定了城市内部空间组织的差异。

（2）科技城的空间接触需求及匹配

科技城是城市发展从工业化时代向后工业时代迈进过程中出现的一种专业化的新城，是以创新为目标的高技术产业为主导的城市。由于科技城以创新的持续产生和知识技术的不断分享为特征，呈现出创新社会具有的特征与形态，区别于工业社会和信息社会，在经济组织、生产要素、资源利用等方面都存在一定差异（表7-1）。在一般城市中，人们的空间接触需求主要包括人与他人的接触、人与自然环境的接触、人与人工环境的接触等方面，而在科技城中，受产业创新过程和人才创新动机的影响，科技城典型的"城市人"的空间接触机会需求出现了四方面的改变：① 人与他人之间的面对面接触需求增多。以获得包含技术诀窍等重要信息在内的隐性知识，同时增加信任，减少交易成本；② 人对自然环境的接触需求增多。高技术人才需要在高效的工作之余获得更好的生态环境品质；③ 人对人工环境的空间接触需求更加灵活。由于信息技术的支持，人们在特定功能的空间中可以从事多样化的活动，如在居住空间内从事办公活动，在休闲空间内从事创业活动等；④ 出现第四种空间接触需求。即人对知识和信息等创新资源的接触需求，需要持续学习和获取信息的需求。这四方面的变化需要特定的科技城空间布局模式来进行匹配，通过空间功能、空间形态和空间品质的供给，来匹配科技城典型"城市人"的空间接触机会。

工业社会、信息社会、创新社会特征　　　　表7-1

城市特征	工业社会	信息社会	创新社会
经济基础	以能源为主	以信息为主	以创新为主
组织形式	正式的、标准化的	非正式的、灵活的	非正式的、弹性的
主要生产要素	资本、土地、劳动力	资本、信息、技术	资本、人力资本、信息、知识、技术

续表

城市特征	工业社会	信息社会	创新社会
资源利用	以有限资源利用为主	以累积性资源利用为主	以选择性资源利用为主
工作程序	严格排列	灵活排列	创意排列
工作地点	办公室	家庭	办公室和家庭
交通组织	公共交通	私人交通	多样化交通
企业组织	规模经济	范围经济	规模经济、范围经济与全球化经济
环境特征	污染型为主	清洁型为主	生态型为主

资料来源：根据相关研究改编[1]。

　　本研究对创新驱动的科技城理想空间结构的提出基于以下假设：空间邻近性会增加空间接触机会，即空间位置越邻近，空间接触机会相对越大；空间位置越远离，空间接触机会相对越小。空间功能的布局所依据的因素为科技城中各项功能对创新过程的影响程度、人们空间接触需求的高低、各项功能间关系、不同阶层对城市土地价格的支付能力等（表7-2）。根据以上假设和因素，科技城中对创新过程影响较大，同时人们的空间接触需求较高的功能包括：知识创新源、知识共享和科技服务，此三项功能布局在科技城核心能够增加科技城多样化主体与这些功能之间的邻近程度，从而增加各类科技城主体的空间接触机会。其他各类城市功能的空间布局增加考虑功能间关系、对城市土地价格的支付能力等因素，得到科技城各项功能之间的邻近程度需求评估得分（图7-6）。

科技城各项功能评估　　　　　　　　表7-2

科技城功能	对创新过程影响程度	空间接触需求高低
知识创新源	高	高
知识共享	高	高
科技服务	高	高
研究开发	高	中
生产制造	中	低
商贸服务	中	高

1　顾朝林，张勤，孙樱. 经济全球化与中国城市发展：跨世纪中国城市发展战略研究[M]. 北京：商务印书馆，1999.

续表

科技城功能	对创新过程影响程度	空间接触需求高低
文化娱乐	中	高
高收入阶层居住	高	—
中等收入阶层居住	中	—
低收入阶层居住	低	—
混合居住	中	—
生态绿地	高	高

注：不同类型的科技城居民对不同社会阶层的居住功能的空间接触需求各有差异，如前所述，一般呈现同质化集聚现象。

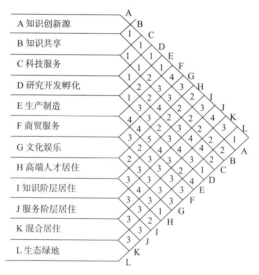

图7-6 科技城各项功能之间的空间邻近程度需求评估

注：1. 邻近非常重要；2. 邻近重要；3. 邻近一般；4. 不需要邻近；5. 不能邻近

基于空间接触需求及其匹配的理想科技城空间结构可以概括为：以创新源核心区、知识共享平台、科技服务平台为核心，围绕核心建立RDP综合体、高端人才、知识阶层、服务阶层、混合居住区和SOHO社区等空间组织单元，并分别在其中设置社区企业共享平台和社区共享平台，纳入企业服务、基本生活服务、商贸、知识共享、创新技术交流等功能，成为基本科技创新单元。城市通过快速交通联系各个组织单元，并作为单元分割的依据，内部设立次级道路系统和步行道系统，减少外部车辆穿行。围绕创新核心，建立内、中、外三道生态绿环，均等服务城市居民，成为城市环状慢行公园，创造科技城居民与自然接触的机会。此类创新城适合于人口规模在20～30万人的小城市，在发展过程中可以建立人口在5万人左右的职能型卫星城，以创新源、生产服务或社区共享为核心，形成不同功能的卫星城单元，在发展中可进一步演变为类似于核心城市的科技城单元。城市通过交通、通信设施等智慧设施与外界联系（图7-7）。

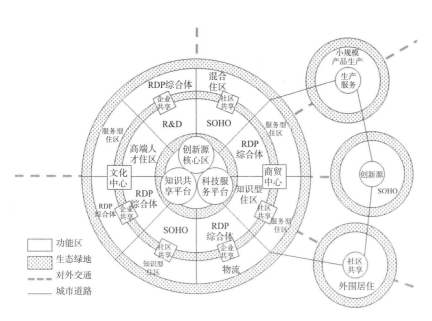

图7-7　创新驱动的科技城的理想空间结构

2.2　中央研发休闲区CR^{2}D

科技城的中央研发休闲区（Central Research and Recreational District）是区别于中央商务区（Central Business District）的中央活动区（Central

Activity Zone）概念在科技城的特色化。中央活动区概念最早出现在2003年的《芝加哥2020规划》和2004年的《伦敦规划》中，并由张庭伟等进行了总结：中央活动区区别于功能局限在金融财经等相关的中央商务区概念，是城市的多功能服务中心，包括商业、办公、休闲、餐饮、居住、娱乐、文化、教育等功能，强调多种活动的组合和服务对象的多样化[1]。科技城的研发休闲区位于科技城的核心位置，主要由创新源核心区、知识共享平台和科技服务平台构成，承担科技城的创新产生、知识共享、科技服务和部分休闲娱乐、SOHO居住功能，是科技城中人才、技术、资金、服务交流等活动最为集中，面对面互动最密集的区域，也是科技城能够为各个阶层的居民提供各类文化休闲、知识共享服务的区域。

（1）创新源核心区

知识创新源是创新驱动的科技城最重要的演化机理之一。创新源核心区位于科技城的中央研发休闲区，不仅可以增加科技城各类主体与创新源的空间接触机会，共享创新源中的各类知识资源，而且可以树立科技城创新驱动的发展形象，增加科技城企业和居民对创新源的认可，激发合作的可能性。创新源核心区包括STI模式的创新源，如大学、研究机构、大学科技园中的孵化器、加速器等；也包括DUI模式的创新源，如企业研发部门、与企业用户的互动平台等，主要承载教育、研究、开发、孵化、互动等功能（图7-8）。世界已建科技城中，韩国大德以韩国高等科技研究院（KAIST）等研究机构为核心、中国台湾新竹以工业技术研究院为核心、英国剑桥科技城以剑桥大学为核心，都是围绕STI模式的创新源，即大学或研究机构形成的科技城。随着大学角色由传统知识仓库、知识工厂向知识中心、创新策源地和区域增长极的转变，大学校园的开放性程度将得以提升，为科技城居民共享创新源中的设施提供便利。目前也有学者探讨了大学校园的开放式布局模式[2]，提供了大学为城市居民提供知识服务、文化氛围熏陶的可能性。大学科技园中的孵化器为科技成果转化、培育高新技术新企业提供办公空间、服务咨询、政策优惠等方面的便利条件；加速器主要面向高成长性企业，提供发展空间、技术咨询、融资等深层次专业化服务。此外，与企业用户的

1 张庭伟，王兰. 从CBD到CAZ：城市多元经济发展的空间需求与规划［M］. 北京：中国建筑工业出版社，2011.

2 刘远，梁江. 开放式大学校园的用地布局模式探讨［J］. 华中建筑，2009，27（2）：166-169.

互动平台等DUI模式中的创新源也
通过空间位置的便利性与中央研
发休闲区的吸引力，在创新源核
心区中获得更多的互动机会，帮
助企业改进产品与服务。

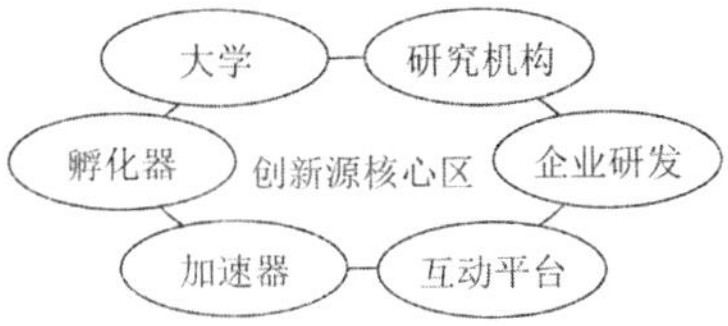

图7-8 科技城创新源核心区功能构成

（2）知识共享平台

知识共享平台是促进科技城各类主体之间交流互动、培育创新网
络，促进市民融入科技城创新活动，培育创新和学习氛围的重要平台。
① 面向科技城的各类创新主体，如大学、企业等，搭建大学—企业合
作中心、产业技术创新战略联盟、科技企业国际化服务中心。大学—企
业合作中心主要提供科技成果转化中介服务、高校教师创业咨询与融资
服务、企业员工专业化知识技能培训服务、科技合同制定相关的法律咨
询服务等，直接服务于大学和企业间的知识合作和大学的企业衍生。产
业—技术创新战略联盟主要是由从属于高新技术产业、战略性新兴产业
等相关领域的企业组建或发挥主导力量，围绕国家科技发展战略方向或
战略性产业发展，整合区域产业链优势资源，联合高校和科研机构的
相关研发力量，构成的创新主体合作促进平台，一般最少由10家单位
构成[1]。产业技术联盟可以分为三种类型：基于研发合作的产业联盟、
基于技术标准和产业链合作的产业联盟、基于市场合作的产业联盟。
产业技术联盟在科技城的知识共享平台设立常驻机构，定期不定期组织
联盟成员单位分享科技研究进展和企业技术成果，协作突破产业发展的
技术制约。科技企业国际化服务中心是为了加强全球—本地联结建立的
企业跨国研发合作、贸易合作、企业拓展海外市场、对外展示与交流合
作洽谈的综合服务平台，功能包括企业跨国研发中心、企业科技成果
展示、国外企业接待服务、贸易洽谈咨询服务、国际标准认证法律服务
等。② 面向市民的文化交流与知识共享，集中休闲文化中心、文化馆、科
技馆、市民培训教育基地、科学艺术展示中心等，培育市民的知识分享与
学习意识，促进市民融入科技城创新创业的文化中。每年定期在知识共享
平台举办企业科技成果展示活动、举办企业科技合作洽谈会、市民科技文
化周、文化艺术体验周等，提升科技城的创新氛围（图7-9）。

1 根据科技部出台的《技
术产业创新战略联盟申报
标准》得出。http://www.
most.gov.cn/tztg/201301/
t20130121_99261.htm

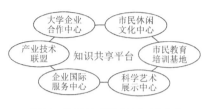

图7-9　科技城知识共享平台功能构成

（3）科技服务平台

科技服务平台是科技城为创新活动提供各类专业化服务的平台，包括公共技术服务平台、技术创新服务平台、科技产品市场、科技金融中心、专利与标准服务、人才服务中心等，它们提供金融、法律、股权、知识产权交易等支持和促进创新的服务。① 公共技术服务平台是开放式的技术支持服务机构，对科技城的创新企业开放，提供仪器设备、科学数据、科技文献等资源共享，提供试验验证、测试考评、开发设计、科技成果转化等检验检测和研发服务。② 技术创新服务平台主要包括技术交易中心、版权交易中心、专利和商标事务所、新技术展示和交易中心，形成开放的技术转移转化机制，服务于人才、技术、资本市场的快速流动。③ 科技产品市场的建设是为了进一步宣传和展示科技创新成果和科技产品，通过各类要素市场的开放，优化要素的合理流动和配置；同时对于那些符合国家战略发展要求，代表先进技术方向，但暂不具备市场竞争力的科技产品，通过首购产品市场与政府采购系统联结，扶持有潜力的本国技术产品发展，对于需要投入大量资金进行研发的重大创新产品或技术，可以通过订购市场与政府采购系统联结，面向科技城研发和生产机构进行订购。④ 科技金融中心，主要支持高技术企业的创业融资和上市融资，探索科技金融改革和金融体制创新，建立多层次资本市场体系，设立相关交易机构和运营管理机构，设立为中小企业的金融需求提供服务的银行分支机构，推行信用贷款、知识产权质押贷款等金融创新，开放私人机构和民间资本参与中小企业融资的渠道；建立地方科技股权交易中心，尝试开展职务科技成果股权和分红权激励试点，对做出突出贡献的科技工作者实施期权、技术入股、股权奖励、分红权奖励等激励措施。⑤ 专利与标准服务机构，建立自主知识产权管理中心，推进科技成果的产权化，加强自主知识产权保护，促进专利成果的转化，支持企业形成专利池和产业技术联盟构建专利群；实施标准化战略，协助企业主导制订国内外技术标准，加强与国际标准化机构

的战略合作，鼓励建设具有地
方发展特色的产业技术标准，
形成以产业链为纽带的标准联
盟。⑥ 人才服务中心，为各类
人才入驻科技城提供全面细致的
服务，设立人才流动市场、就业

图7-10 科技城科技服务平台功能构成

信息整合平台、人才落户服务机构、人才创业孵化器、海外人才归国服务
中心等，鼓励人才在企业间的流动，对接人才发展与企业创新的需求，服
务高层次人才的创新创业（图7-10）。

科技城中央研发休闲区的功能包括以上三类支持科技城创新活动和
知识分享的各类服务和共享平台，包含多样化的用地属性和混合功能用
地，包括教育研发用地、商业服务设施用地、商务设施用地、娱乐康体
设施用地、行政办公用地、文化设施用地、体育设施用地、社会福利设
施用地、公园绿地、广场用地等，以及商业—居住用地、商业—科研用
地、居住—科研用地等，是24小时开放的多功能混合的、开放式、高密
度和步行导向的城市中心。

2.3 企业生产创新单元

科技城企业生产创新单元是围绕科技城中央研发休闲区形成的多个
专业化产业空间单元。每一个产业生产创新单元都由研究—开发—生产
综合体（Research Development Production）或研究—开发—中试综合体
（Research Development Pilot test）、企业孵化园区、企业共享中心、生
态休闲单元构成，部分生产创新单元还会有仓储物流转运中心等功能服
务于实体经济。

（1）研究—开发—生产综合体（RDP）

研究—开发—生产综合体是科技城承载技术成果转化，通过研究机
构与企业之间的密切互动推动创新的核心单元，因此，其紧邻知识创新
源、知识共享平台和科技服务平台构成的中央研发休闲区外围布局，呈
专业化组团式布局模式，同类产业的研究—开发—生产机构和企业集聚

在同一片区，形成专业化的产业集群，发挥规模经济和集聚经济效应。其内部空间布局主要依据企业在产业链、供需链和价值链上的相互关系，根据生产联系、合作可能性进行空间布局。科技城比一般高新区更侧重于研究和开发，只有少量中试和小规模生产活动。但同时，从日本筑波、韩国大德等科技城的发展经验来看，科技城需要匹配一定规模的成果转化生产用地，以防止科研活动与生产活动脱离。考虑到高技术企业的研究、开发和生产之间存在密切的互动关系，而且在科技城规划初期无法确定进驻企业的具体性质，即无法确定科技城企业对工业用地和研发用地的需求配比关系，因此统一将其作为RDP用地，以增加用地规划和用地管理的弹性，促进研发与生产之间的活动关系。以武汉光谷的生物技术研发产业基地为例，生物技术研发生产综合体包括武汉生物技术研究院、辉瑞研发中心、华大基因等30多家研发创新型企业，从事生物技术相关的研发、中试和生产活动。

（2）企业孵化园区

企业孵化园区是利用区域内的研发优势，承接研究机构和企业衍生出的高技术企业，为这些企业提供初期成长需要的办公空间、技术服务和资金支持。由现有企业员工创办的新企业不同于从大学或科研机构衍生出的企业，这些员工往往在实际的工作中看到了尚未充分挖掘的技术价值，而这些技术对于提升当前工作效率、解决企业发展问题是直接富有成效的。因此，从企业中衍生出来的企业往往与RDP中的产业密切关联，成为大企业的外包服务提供商或改进某一技术生产模块，利于RDP的集群分工向纵深演化。因此，企业孵化园区的建立有利于鼓励企业员工创业，通过区内创新创业氛围的培育促进知识工作者发现和利用技术市场机会（表7-3）。

大学研究机构衍生企业与企业衍生企业的对比　　　　表7-3

特征	大学和研究机构衍生的企业	企业衍生的企业
创业者	大学学生、教师或研发人员	企业工作人员
创业技术	科技研究成果	工作中发现的现有技术改进手段
创新类型	主要是根本性创新	主要是渐进式创新

续表

特征	大学和研究机构衍生的企业	企业衍生的企业
与市场联系	主要开辟新市场	主要挤占现有市场
与集群联系	与已有企业之间联系较弱	与已有企业可能存在外包、合作、模块化服务提供等关系

（3）企业共享中心

企业共享中心一方面为RDP内企业提供测试、数据分析、产品检验检测等专业化公共服务，另一方面也是企业间正式或非正式交流的公共休闲活动中心，为从属于同类高技术产业的企业家、研发人员、技术型蓝领提供互动交往的空间。企业共享中心定期不定期举办同类企业创新成果展示、员工知识分享沙龙、员工职业培训、企业家联谊会等活动，促进企业间的交流和合作，通过嵌入性的加强，培育企业之间的信任，增加合作可能。

（4）其他辅助功能

RDP的其他辅助功能还包括生态休闲空间，这些空间可以为研究开发生产过程提供良好环境，并提供非正式交往的休闲设施，如咖啡厅、酒吧、茶室等。对于一些实体型企业，还需要为企业生产中间过程或最终的产品提供物流仓储、转运空间，并与机场、火车站等大型交通枢纽建立便捷的交通联系通道。

2.4 居民生活服务单元

科技城居民的生活服务单元是科技城中需要予以重点关注的组团，因为人力资本的吸引和保留在创新过程中发挥着越来越大的作用，为各类人才创造宜居宜业的工作生活条件是创新驱动的科技城发展的关键。如前所述，根据科技城居民的同质化集聚趋势，居民生活服务单元包括SOHO住区、高端人才住区、知识阶层住区、服务蓝领住区、混合住区等多样化的居住区，针对各类人才的需求，匹配差异化的服务设施，供居民选择。此外居民生活服务单元还包括社区共享中心以及其他辅助功能。

（1）多样化的居住区

高端人才是科技城创新活动的引领者和带动者，是科技城人力资本最为稀缺的要素，包括在科学研究、技术开发、企业管理和创新创业方面的高端领军人才，如科学家、技术工程师、企业家、技术创业者等。针对高端人才对居住环境的需求调研可以看出，高端人才对居住区的选择比较看重：高品质的生态环境、良好的区位条件、能提供个性化和私密性服务的生活服务设施、充裕的文化娱乐设施、便捷的交通条件、高质量的子女教育和医疗服务、住区私密性，以及对居住社区的认同感等。同时，由于高端人才有着较高的经济能力，可以为购房支付较高费用，因此能够选择靠近科技城中心且居住环境符合各项要求的居住区。因此，高端人才住区可布局在中央研发休闲区外围，与文化次中心相邻的位置。

知识阶层是科技城创新活动的主要实施者和中坚力量，是科技城人力资本中占比较大的社会阶层，总体呈现年轻化、学习型、开放性的特征。知识阶层选择居住环境比较看重：较高品质的生态环境、较为靠近工作地点、多样化的文化休闲设施和生活服务设施、有利于不断学习提高的环境、良好的子女教育和老年人服务机构、与其他知识工作者的邻近性等。知识阶层覆盖范围较广，包括企业的高层管理人士，也包括刚开始从事知识服务的工作者，根据不同的经济实力和选择意愿，他们可能选择居住在知识型社区、SOHO社区或是混合社区等。因此这三类社区在科技城中的空间位置差异不大，都分布在中央研发休闲区外围，靠近知识创新源，也靠近研究—开发—生产综合体，有良好的生态环境。相对来说，小户型的SOHO社区集聚了更多具备创意工作能力的自由职业创意人士，以及一些由少数员工构成的创业公司，他们更倾向于选择靠近城市中心、拥有便捷的生活服务和文化娱乐服务的区域，因此SOHO社区位置处于科技城内层。

服务阶层是科技城维护日常运行和基本生产服务的主要服务型工作者，他们是科技城创新发展不可或缺的重要组成部分，服务于高端人才和知识阶层的日常生活与高技术产业的日常运转。服务阶层选择居住环境比较看重：可支付的住房价格、通勤距离、生活服务的便利程度、子

女的教育等。因此，服务阶层住区需要邻近研究—开发—生产综合体，
毗邻生活市场和大众商场，拥有基本的运动休闲文化设施和教育医疗设
施以及职业介绍机构等，主要位于科技城外围圈层。

（2）社区共享中心

为增强各类人才在科技城中的互动、交流和相互学习，在每两个居
住组团之间设置社区共享中心，为居民提供图书借阅、资料共享、知识
培训等服务，并鼓励居民形成多样化的居民兴趣小组、技能学习团体、
户外运动团队、职业发展互助团队、子女教育研习营等，增加各类人才
之间的交往与互动，增强科技城本地的社会资本和文化资本。同时，由
社区机构负责，定期举办科技城科技文化成果展示、艺术文化展览等，
培育创新环境。

（3）其他辅助功能

科技城各类社区中的其他辅助功能包括社区公共服务、幼儿园、养
老院、社区商贸、棋牌室、洗衣店、茶室、咖啡厅、便利店等，它们分
布于社区单元中，为居民提供日常服务。同时，公共绿地也是各类居住
社区的重要组成部分，可为居民提供休闲游憩的开敞空间。

2.5　外围功能组团

科技城是一个开放的系统，其发展不仅有赖于与外界各类创新要素
的互动，也需要外部空间的支撑，包括母城空间和不断拓展的空间服务
于科技城的空间发展过程等。其空间拓展模式除了集聚和扩散机制下现
有空间基础上的趋势外推以外，还有在规划引导下特定功能的组团式发
展。这些组团可以作为科技城外围的独立生长单元，也可以是位于母
城、服务于科技城发展的功能单元。这些单元可以由组团逐渐成长为科
技城的卫星城，并在未来的发展中成为科技城的次中心。这些空间单元
可分为创新源组团、生产制造组团和居住组团等。

创新源组团以创新源为核心、SOHO住区为外围支撑，是在特定
大学或研究机构位于距科技城中心较远位置时出现的一种空间单元模
式。适用于创新源的研究开发工作对环境存在一定负面影响或创新源

预先选定了发展空间的情况。创新源不断进行科技研发和孵化，SOHO
住区的空间提供了科技研发工作人员的居住空间和小型企业的成长
空间。

生产制造组团以公共生产服务为核心，从事小规模生产制造的企业
围绕在周边构成生产制造单元。主要承接科技城产业中试后的小规模生
产制造活动，一旦生产技术成熟，就可以转移到其他生产制造成本较低
的地区进行大规模生产制造。

居住组团以社区共享等服务机构为核心，外围布局多种类型的住
宅。服务于那些喜欢远离城市喧嚣生活的各个阶层人才或在外围组团工
作的人才。

2.6 与其他类型城区空间结构的比较

科技城与其他类型城区空间结构的比较可以分为共时比较和历时比
较两个部分，共时比较的是科技城与处于同一时代的一般新城、开发区
的空间结构的异同，说明创新驱动的科技城在所在时代背景中的特殊性
地位决定了其空间结构的特征；历时比较的是科技城与不同时代的典型
城市模式空间结构的异同，说明科技城作为经济、社会和技术发展的产
物，体现出未来城市空间结构发展的部分趋势。

（1）共时比较

理想的创新驱动科技城与当前其他类型城区的典型模式的差异可以
从城市内部与外部联系两个方面来分析，内部构成包括中心功能、组团
构成和组团间功能联系，外部联系包括城市定位、与所在大都市区功能
联系和空间关系等内容。总体来说，科技城与一般新城、开发区或高新
区的空间结构差异如图表所示（表7-4、图7-7、图7-11、图7-12）。总
体来看，科技城空间结构呈现专业化功能主导、混合功能增多、产业城
市融合、与中心城区开放互动的特征。

科技城与一般新城、开发区或高新区的空间结构特征对比　　表7-4

内外	空间结构	科技城	一般新城	开发区或高新区
内部	中心功能	中央研发休闲区，创新源、科研办公、科技服务、文化、休闲等功能	中央商贸服务区，商贸服务、办公、休闲等功能	公共服务用地，生产服务、办公、休闲等功能
	组团构成	创新源组团、科技服务组团、知识共享组团、研究—开发—生产组团、居住—办公组团、居住组团	商务组团、文化休闲组团、居住组团、工业组团、服务组团、教育组团	服务组团、研发组团、生产组团、居住组团
	功能联系	居住、研发、工业功能邻近或重叠，基于空间邻近性，通过交通线路和信息设施联系	居住产业功能分散，通过交通线路和信息设施联系	居住产业功能隔离，通过交通线路和信息设施联系
外部	城市定位	国家或区域的研发创新中心	大都市区疏解人口压力承载产业发展的卫星城	大都市区的生产制造综合单元或高技术产业发展区
	功能联系	与中心城区存在资本、技术和市场的互动，基本在城市内部解决生活工作、文化娱乐等需求	与中心城区存在资本、劳动力的互动，满足日常生活消费服务，文化休闲活动主要依赖大都市区	与中心城区存在资本、劳动力的互动，生活和消费服务主要依赖大都市区
	空间关系	距中心城区有一定距离，但依赖快速交通，短时间可达	距中心城区有一定距离，与中心城区通过快速交通联系	距离较近，多作为城市的功能片区

（2）历时比较

在历史的发展演变过程中，城市的空间结构都反应了所在时代的经济条件、社会结构和技术水平，从前工业时期、工业时期到后工业时期的科技创新型城市，城市空间结构的典型模式呈现出显著差异（图7-13）。通过这种历时比较，可以发现城市空间结构的发展趋势和科技城在未来城市发展中的重要地位。

在前工业时期，城市主要承担宗教、军事、政治、经济和文化中心的职能，正式宗教活动的影响力远大于经济活动，等级式的社会组织模式决定了统治者对城市布局的主导作用。在权力意志的引导下，城市中心大多集中宗教功能、政治功能，以寄托市民的精神文化需求，大型集市多布局在宗教建筑附近。城市中心以外没有形成明显的功能分区，土地并不局限于专门的用途，生产和居住功能呈现混合布局，小型家庭作

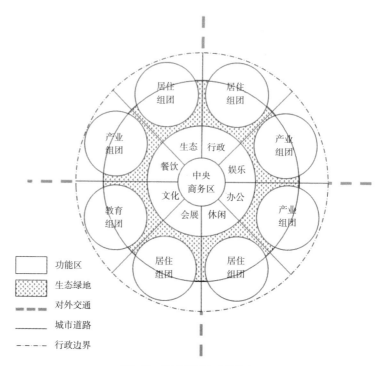

图7-11　般新城的空间结构模式图

资料来源：根据作者收集的部分新城规划资料概括提炼得出。

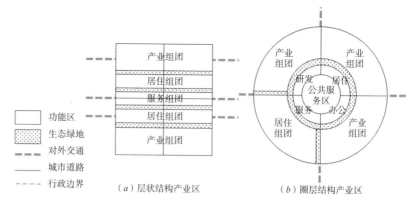

（a）层状结构产业区　　　（b）圈层结构产业区

图7-12　典型开发区或高新区的空间结构模式图

资料来源：层状结构产业区空间结构模式来自王兴平的研究成果[1]，圈层结构为作者概括。

1　王兴平. 中国城市新产业空间：发展机制与空间组织 [M]. 北京：科学出版社，2005.

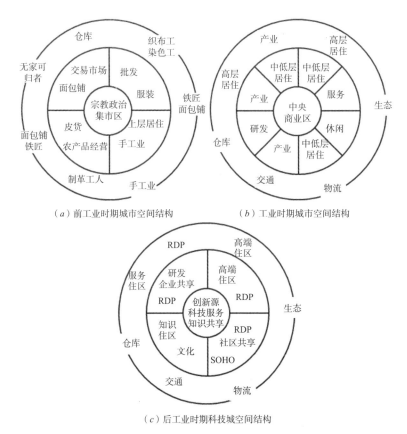

（a）前工业时期城市空间结构　　　　（b）工业时期城市空间结构

（c）后工业时期科技城空间结构

图7-13　前工业、工业时期城市与后工业时期科技城空间结构模式比较

资料来源：前工业时期城市空间结构来自舍贝里的研究[1]，工业时期和后工业时期由作者概括。

坊构成城市的基本单元，服装生产、手工业制造、皮货生产、餐饮生产、交易市场等功能与居住功能混合在一起。这一格局主要受前工业时期的交通条件和传播媒介影响，生产者、中间人、零售商和消费者集中在一起，才能更便捷地沟通和交流[2]。城市居民中的上层居民居住在靠近城市中心的位置，可以获得更好的城市公共服务；手工业者、面包师傅、铁匠、农产品经营者等散布于城市中；织布工、染色工、制革工人、无家可归者等社会下层或底层居民居住于距城市中心更远的区域。城市交通以步行、马车等慢速交通为主，城市街道狭窄。前工业时期的城市外观可以概括为由大体量的公共建筑构成的城市中心以及由低矮高密度的住宅和店铺构成的城市街区。

1 （瑞典）伊德翁·舍贝里. 前工业城市：过去与现在 [M]. 高乾，冯昕译. 北京：社会科学文献出版社，2013.

2 （瑞典）伊德翁·舍贝里. 前工业城市：过去与现在 [M]. 高乾，冯昕译. 北京：社会科学文献出版社，2013.

在工业时期的城市中，经济和文化的地位上升，宗教和政治功能相对下降，市场机制在城市空间的形成中发挥了更大的作用。在各类主体的地租竞标过程中，城市中心区由商业、贸易、生产性服务等专业化职能占据，形成中央商业区CBD。受技术进步影响，专业化大生产追求规模经济和集聚经济的效益，需要较大规模的用地承载专业化的功能，同时由于生产过程易产生噪声和污染，往往要求与居住区进行隔离布局，因此工业化城市出现了明显的功能分区，同一地块的土地利用性质较为单一。随着社会发展与文化进步，市民对文化娱乐生活的需求日益提升，城市中出现集中的娱乐休闲和公共服务片区，城市的消费功能发挥了越来越大的作用。交通运输技术的发展极大改变了城市的格局，一方面是城市的各个功能分区由快速交通系统串联起来，另一方面在可达性提高的背景下，城市不断向周边地区蔓延，出现郊区化的趋势。社会空间构成方面，中低收入的社会阶层大多集中在城市中心附近，这减少了交通通勤的支出，高收入阶层则选择在生态环境良好的城市外围地区居住。工业化时期的城市外观可以概括为高层建筑集聚的中央商业区，多层工业建筑和居住建筑隔离布局的各个功能区，以及城市道路作为骨架串联起的各个功能分区。

在后工业化社会中，经济全球化和信息技术的发展极大改变了城市的生产和生活方式。在全球范围经济产业格局重构的背景下，产业专业化分工不断深化和细化，城市和区域成为参与全球竞争的主体。全球价值链分工格局下，自主创新能力成为决定城市和区域竞争能力的关键，知识、信息、技术和人力资本等弹性要素发挥着越来越大的作用。同时，信息技术的发展不仅提供了与信息经济相关的新的就业模式，而且削弱了实体空间对特定类型活动的限制，人们可以更加灵活地选择工作、生活的地点与空间形式。科技创新城市作为后工业化社会中一种具备专业化功能的城市类型，一方面回应了在知识经济和全球竞争背景下，通过城市培育创新、利用创新引导发展的需求；另一方面体现出在新的技术背景下，城市空间形态的变化趋势。科技创新城市以知识创新源、科技服务和知识交流作为城市中心的功能，体现了知识和创新在发展中作用的提升；科技创新城市在产业氛围以外，尤其注重人才氛围的培育，体现出人力资本的重要地位；为了获得知识溢出效应，仍然存在专业化的产业功能区；信息技术发展和多样化功能的互动需求，带来城市总体的混合用地增加、功能分区边界模糊、用地兼容性增加，以满足更多样化的生产和工作需求；为了通过社会互动激发创新创意，城市知识分享与交往空间增多；城市部分功能实现虚拟化，信息网络可以提供新的经济发展机会；城市保持充分的开放性，全球与本地的联结不断强化，并逐渐整合进世界创新网络，以发挥更大的引领作用。科技创新城市的各个社会阶层在城市空间中更为均衡地分布，多样化的居住社区为各类人才提供多样的选择。后工业化时期科技创新城市的外观可以概括为研发、科技服务、休闲等功能的高层或多层建筑组成的城市中心区，多层研发办公建筑和居住建筑交织、功能分区弱化的城市总体形态，快速交通分隔各个功能组团，慢行交通服务组团内部功能（表7-5）。

城市演进中城市空间结构的演变　　　　表7-5

用地类型	前工业城市	工业化城市	科技创新城市
城市中心	宗教、政治、集市区	商业商贸区	知识源、科技服务、知识交流区
城市组团	没有明显的功能分区，以小型家庭作坊为主，功能混合	功能分区，标准化大生产，为了隔离污染、噪声，功能混合较少	存在功能分区，弹性的专业化发展，为了知识溢出而集聚，功能混合增多
城市交通	城市街道狭窄，以步行、马车等慢速交通为主	城市街道宽阔，以小汽车、公共交通等快速交通为主	城市街道宽阔，快慢交通结合

3. 四大未来科技城空间结构特征与评价

前文归纳的理想科技城空间结构模式是通过理论演绎抽象概括出来的一种典型模式。现实发展中，受地方发展条件、用地规模、发展思路的影响，科技城会呈现出差异化的空间结构特征。本节将针对我国四大未来科技城的空间发展规划，分析其空间发展的客观条件和规划空间结构的特征。

3.1　区域空间结构

从宏观上来看，位于北京、天津、杭州、武汉的四大未来科技城分别位于京津冀城市群、长三角城市群和武汉城市群，都处于我国经济水平较高、各类创新资源集聚的大都市地区，这些地区可以为科技城发展提供充足的智力资源和创新源支撑。北京、杭州、武汉三个未来科技城由于区位选址和用地规模差别较大，对区域空间结构产生了不同的影响。

（1）功能开放组团模式：北京未来科技城

北京未来科技城位于北京市昌平区内，处于北六环路、京承高速公路和温榆河交界处，北至顺于路西延，东至京承高速路和昌平区界，南至七北南路，西至北七家镇中心组团东边界，规划总用地面积10km²。未来科技城在中关村国家自主创新示范区一区多园的布局中，与海淀园和昌平园邻近。未来科技城与中心城区、昌平新城和机场有便捷的交通联系，距首都国际机场13km（图7-14）。

在北京市城市总体规划"两轴两带多中心"的空间结构中，未来科技城规模较小，仅作为城市的功能组团，并不影响整个城市的空间格局。而且未来科技城周边区域城市建设用地扩张较快，未来发展将与周边用地融为一体，呈现功能开放互动的格局（图7-15）。

周边的功能区布局方面，在中关村"十二五"规划重点建设的"两城两带"格局中，未来科技城是重点建设的城区之一，位于北部研发服务和高技术产业带上。周边产业园区包括海淀园区的永丰产业基地、创新园、环保园和航天城，昌平园区的生命科学园和国家工程技术创新基地，顺义的空港产业区和北七家镇工业区。居住功能方面，靠近北七家镇居住组团、后沙峪居住组团、北苑居住组团和清河居住组团，距离中关村科学城约为25km（图7-16）。

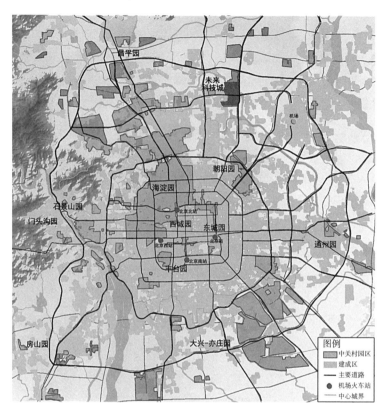

图7-14 北京未来科技城的区位图

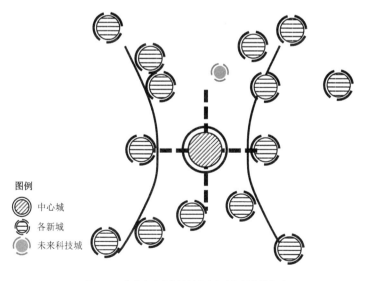

图7-15 北京未来科技城与北京市空间结构的关系

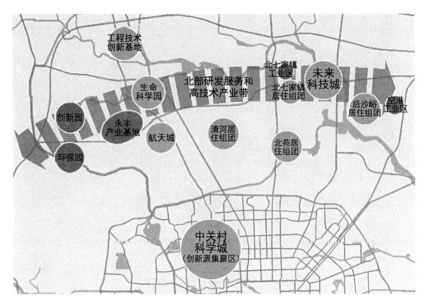

图7-16　北京未来科技城与周边功能区关系图

　　总体来说，北京未来科技城作为城市的功能组团，由于与周边城市功能关系密切，并不是以独立新城的模式发展，因此其内部空间结构组织需要考虑周边各类功能的互动和支撑。

　　（2）反磁力新中心模式：杭州未来科技城

　　杭州未来科技城位于杭州市余杭城区西部，是杭州湾产业带向西侧腹地辐射的重要节点，距杭州市中心约15km，东侧紧邻绕城高速，规划面积113km²。规划区域被西北侧的生态带环绕，西侧是西溪国家湿地公园，区域生态条件良好（图7-17）。

　　《杭州市城市总体规划（2001～2020）》确定的城市空间发展格局为"一主三副六组团"，即以中心城区为核心，临平城、下沙城和江南城为3个副城，余杭、塘栖、良渚、义蓬、瓜沥和临浦为6个组团。在余杭组团基础上发展的未来科技城将成为城市西部的反磁力中心，可以充分利用西部高校资源和生态资源优势，发展高品质的科研创新基地和高技术产业基地，以疏解城市功能，拓展大都市区发展空间（图7-18）。因此，杭州未来科技城作为独立的新城，将影响整个杭州都市区的空间结构，成为带动西部发展的增长极。

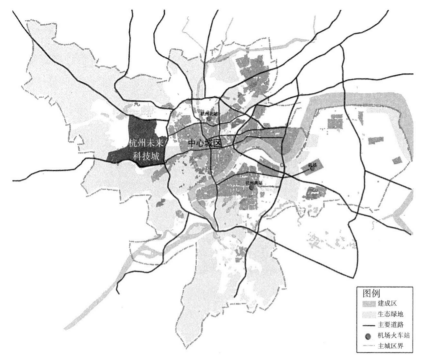

图7-17 杭州未来科技城区位图

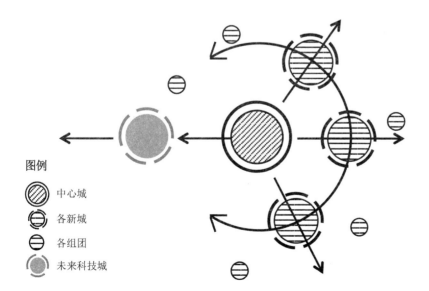

图7-18 杭州未来科技城与杭州市空间结构的关系

　　从周边的功能关系来看，杭州未来科技城位于杭州城西发展带上，邻近浙江大学，距离临安的青山湖科技城约10km。杭州未来科技城紧邻西溪湿地，包括南湖旅游度假区，与北部瓶窑居住组团和良渚居住组团分别相距2km和4km（图7-19）。

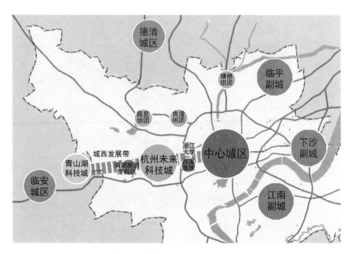

图7-19　杭州未来科技城在杭州市空间结构中的反磁力作用

　　总体来看，杭州未来科技城在区域中作为西部反磁力新城，将发展成一个具备系统性城市功能的独立新城。因此在科技城内部空间结构的组织中需要充分考虑各类功能的比例关系和科技城功能空间的特征。

　　（3）边缘组团发展模式：武汉未来科技城

　　武汉未来科技城位于武汉东湖国家自主创新示范区的东部，紧邻东湖风景旅游区、梁子湖自然保护区，与严西湖、严东湖和鄂州红莲湖居住新城相邻。西接城市外环线、东至武汉市域边界、南临豹澥后湖、北以豹澥镇域为界，规划面积66.8km²（图7-20）。

　　《武汉市城市总体规划（2010～2020）》确定的"以主城区为核、多轴多心"的开放式空间结构中，除中心城区以外，6个新城组群被6个生态绿楔所分隔，各新城组群由多个新城或功能组团构成。武汉未来科技城位于豹澥新城东侧，即东湖国家自主创新示范区核心区的东侧，将发展成城市东部边缘的独立组团，但不会对城市总体空间结构产生较大影响（图7-21）。

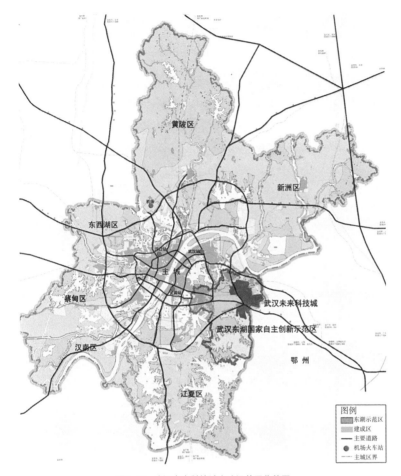

图7-20 武汉未来科技城在武汉的区位简图

从周边功能关系来看，武汉未来科技城作为东湖国家自主创新示范区的重要功能区，周边功能区的发展会直接影响未来科技城的空间功能布局。产业方面，佛祖岭产业园包括光电产业板块、光谷软件园、大学科技园、新能源环保园、船舶园、富士康科技园等园区，开展光电子、软件、新能源、装备制造业等产业的研发、生产和制造，是目前发展最为迅速的园区；未来科技城附近的生物医药园主要发展生物医药、医疗器械、生物农业等产业，目前已集聚一批生物医药类企业，从事研发和中试工作；左岭产业园的发展定位为装备制造业的生产制造，目前尚处于规划阶段。此外，未来科技城东侧规划有鄂州的葛华科技城，致力于

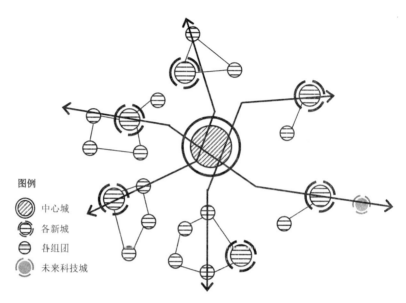

图7-21   武汉未来科技城与武汉市空间结构的关系

承接东湖国家自主创新示范区的部分产业转移，主要发展生物医药、精细化工、电子信息和光机电一体化产业。规划建设中的光谷中心区的功能为行政办公、科技金融、科技服务、娱乐休闲等，是自主创新示范区的服务核心。未来科技城周边还包括豹澥居住组团、严东湖保护区、鄂州红莲湖居住新城等。未来科技城距离目前已有的大学和研究机构等创新源集聚区约为15km（图7-22）。

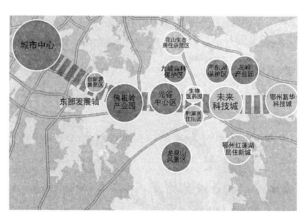

图7-22   武汉未来科技城与周边功能区关系图

总体来看，武汉未来科技城属于较为独立的城市边缘组团，但由于与示范区其他功能区邻近，因此空间布局在保证内部功能较为完整的同时，也需要考虑周边功能关系，特别是与已有产业园区和科技服务区的关系。

3.2 内部空间结构

作为自上而下由政府推动规划和建设的科技城，四大未来科技城内部的空间结构主要是在科技城规划的过程中得以确定的。各科技城在规模、区位、发展条件、入驻企业和发展模式方面的差异，以及各规划设计单位的规划理念特色，决定了差异化的科技城规划空间结构。

（1）生态服务核心模式：北京未来科技城

北京未来科技城规划理念为：创新、开放、人本、低碳、共生。规划充分利用区域良好的生态环境，形成"一心带两园、双核、三轴、一带"的空间结构："一心"指沿温榆河的绿色空间，"两园"指跨越温榆河的南北两个科技园区，"双核"指为园区配套的两个公共服务核心区，"三轴"为温榆河生态轴、鲁疃西路产业轴、杨林路文化轴，"一带"为生活休闲景观带（图7-23）。通过对生态、文化、产业和景观功能的组织，整体塑造未来科技城创新、开放、人本、低碳共生的城市空间品质[1]。

将北京未来科技城的空间结构规划进行提炼，基本呈现出围绕生态核心和服务核心发展的单中心模式（图7-24）。南北两侧的研发园区由15家央企的研发机构组成，主要安排研发、中试等功能。南区的公共核心区为区域的主要服务中心，根据入园企业的要求，统一规划建设会议中心、国际学校、会展、酒店、公寓、体育健身设施、卫生设施等，主要服务于园区企业。南片区的两个小型居住组团主要为农民搬迁安置和部分产业研发人员提供居住空间，大部分居住和服务需求要依靠周边的功能区来满足。区域生态用地占规划范围总面积的42.8%，主要为入驻企业和产业研发人员提供良好的生态环境和形象展示功能。

1 北京市昌平区规划分局. 未来科技城控制性详细规划 [EB/OL]. (2011-07-15) [2012-10-05]. http://www.bjchp.gov.cn/publish/portal0/tab40/info116395.htm.

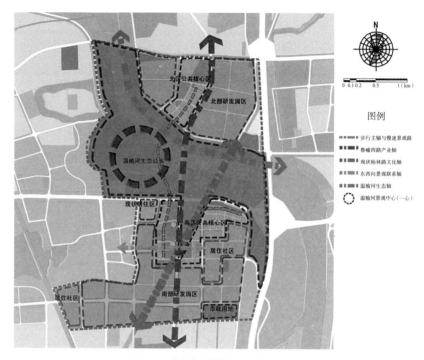

图7-23　北京未来科技城空间结构规划图

资料来源:《北京未来科技城总体规划》[1]。

对比北京未来科技城的空间结构和上一节提出的理想的科技城空间结构,可以发现北京未来科技城从总体上面向系统性的城市功能构建,致力于为科研创新和人才生活居住提供高品质的生活环境。但其空间布局仍存在以下几个问题:①公共服务核心主要提供会议、餐饮、

图7-24　北京未来科技城空间结构规划模式

1　北京市昌平区规划分局.
未来科技城控制性详细规划
〔EB/OL〕.〔2011-07-15〕
〔2012-10-05〕. http://www.
bjchp.gov.cn/publish/portal0/
tab40/info116395.htm.

酒店、卫生设施等常规城市公共服务,并未提供与科技城核心功能相关的知识共享、科技服务平台等功能,而且由于大学、研究机构等创新源位于25km以外的中关村科学城,因此科技城内的科研创新活动仅限于各个研究机构内部的研究和开发,并未具备与创新源、知识共享平台的空间邻近性;②在产业空间布局方面,科技城只提供了15家央企的研

发机构用地，而并未给民营企业或之后可能出现的企业衍生活动提供孵化和发展空间，有可能导致区域创新活力不足；③ 居住空间方面，未来科技城由于与周边城市功能区联系密切，因此并未在区域内提供充足的居住用地和公共服务用地，也并未考虑各个阶层人才的居住需求，可能会影响到区域对各类人才的吸引力。

（2）多中心多组团模式：杭州未来科技城

杭州未来科技城的空间规划理念为：可持续、智慧和人本。空间结构为"三轴、多中心和多组团"（图7-25）：两条东西向城市发展轴，一条南北向城市发展轴，多个商务、公共服务和创新中心，多个功能组团[1]。

将杭州未来科技城的空间结构规划进行提炼，可以看出多个中心沿城市的主要和次要发展轴线依次布局，主要布局了科研、商贸、休闲、服务和生活等五大功能。在东西向的城市发展主轴上，主要发展教育、研发，以及为高技术研发提供服务的商务办公、商业金融等高等级公共

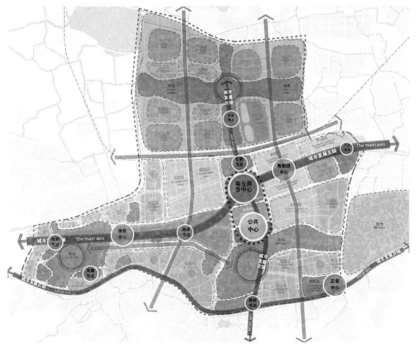

图7-25 杭州未来科技城空间结构图

资料来源：《杭州未来科技城概念性总体规划》[2]。

1 深圳市城市规划设计研究院. 中国·杭州未来科技城概念性总体规划［R］. 深圳：深圳市城市规划设计研究院，2012.

2 深圳市城市规划设计研究院. 中国·杭州未来科技城概念性总体规划［R］. 深圳：深圳市城市规划设计研究院，2012.

服务；在东西向的发展次轴上，主要布局居住、次级公共配套设施；在
南北向的发展次轴上，从区域的商业中心和文化中心向外延伸，包含服
务组团和生态组团，成为北部生产制造片区和南部居住片区的中心。各
片区围绕生态核心，形成多核心多层级的公共服务体系，并以五常湿地
和闲林湿地为核心，形成旅游生态组团（图7-26）。

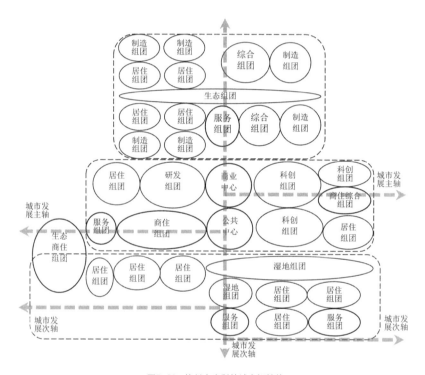

图7-26 杭州未来科技城空间结构

对比杭州未来科技城的空间结构和理想的科技城空间结构，可以发
现在功能选择和空间组织方面，杭州未来科技城基本体现了科技城的空
间结构特征：在城市中心布局商务中心和公共交往中心，促进知识分享
和科技服务；提供研发组团、科创组团、制造组团，为研究、开发、生
产提供高品质的环境；形成多样化的居住组团和服务组团，为各类人才
提供多样化的居住和服务；提出了土地利用混合的模式，能促进多样化
功能的交互。但仍存在的问题是：① 知识创新源位于科技城之外，可
能需要科技城企业主动与创新源建立更加密切的互动关系，才能持续获

得创新源的创新信息；② 规划虽然在城市中布局了商务中心，但并未提及具备技术产品交易、科技金融、技术服务等功能的科技服务平台，可以在未来的发展中进一步明确每个功能组团的具体职能；③ 在产业用地的布局方面，仍然将科技研究、开发和制造用地严格分离，这样可能不利于具体的用地管理和高技术企业对用地的使用。

（3）多园区多组团模式：武汉未来科技城

武汉未来科技城的空间规划理念为：创新、活力、生态、低碳。总体形成"一心两带，三区十二园"的空间结构。"一心"是指东湖未来科技城综合服务中心，"两带"是指东西向的现代综合服务发展带和南北向的科技产业发展带，"三区"是指以道路为界划分的北、中、南3个片区，"十二园"是指形成的12个主导功能各不相同的园区[1]（图7-27）。

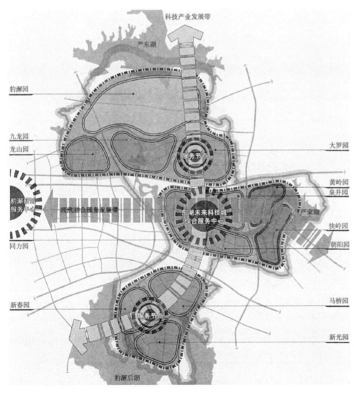

图7-27　武汉东湖未来科技城空间结构

资料来源：《武汉东湖未来科技城概念规划》[1]。

1　武汉市国土资源和规划局. 武汉东湖未来科技城概念规划 ［R］. 武汉：武汉市国土资源和规划局，2010.

对武汉未来科技城的空间结构进行提炼，可以看出由多个园区和组团构成的未来科技城空间结构（图7-28）。在未来科技城的综合服务中心，主要形成了具备商务管理、综合服务、商业娱乐等功能的东湖未来科技城商务港。该中心将与共同处于现代综合服务发展带上的光谷中心和豹澥新城综合服务中心联动发展，承担东湖自主创新示范区的副中心、东湖未来科技的商务港、区域性综合交通枢纽节点、自主创新研发与展示节点等功能。12个园区的功能以研发为主，居住、综合服务为辅，每个园区都有主导功能（表7-6）。

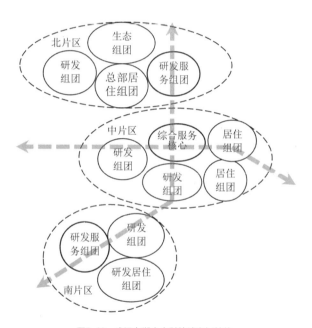

图7-28 武汉东湖未来科技城空间结构

武汉未来科技城各组团主要功能   表7-6

片区	园区名称	组团类型	主要功能
北片区	豹澥园	生态组团	生态保育、景观休闲
	龙山园	研发组团	信息传输、计算机网络服务和软件业
	九龙园	总部居住组团	国际科研总部机构、高校院所技术研究
	大罗园	研发服务组团	光电子信息技术研究

续表

片区	园区名称	组团类型	主要功能
中片区	同力园	研发组团	生物化工基础研究和现代新型医药研发
	泉井园	综合服务核心	现代综合商贸服务
	朝阳园	研发组团	先进装备制造业设备研发、技术研究
	黄岭园	居住组团	滨水居住、社区中心、配套服务
	快岭园	居住组团	健康社区、滨水休闲、度假疗养
南片区	新春园	研发组团	新能源、新材料研发
	马桥园	研发组团	航空航天及中试、孵化
	新光园	研发居住组团	节能环保产业研究

资料来源：《武汉东湖未来科技城概念规划》[1]。

对比武汉未来科技城的空间结构和理想的科技城空间结构，可以发现武汉未来科技城按照功能完备的科技新城目标，形成了功能明确的各个组团单元，并结合区域环境条件，合理布局了生产、生活和生态空间。比对理想模式，仍存在的问题包括：① 仍然以商务功能为城市核心，而不是科技服务和知识共享，而且创新源距离未来科技城有一定距离，不易获得创新源的知识溢出；② 存在与自主创新示范区其他区域的功能同质化问题，需要进一步在区域层面统筹产业布局；③ 居住功能不足，而且仅考虑了高层次人才的居住需求，并未给低收入阶层提供住宅选择；④ 缺乏混合功能用地，如居住—研发的混合、居住—办公的混合、研究—开发—生产的混合等，单一功能的布局不利于有活力的创新互动氛围形成。

4．小结

本章主要运用案例分析和理论演绎的方法，研究了创新驱动的科技城的空间发展机制、空间结构模式，并在此基础上对我国三大未来科技城的空间结构特征进行了分析和简要评价。研究发现：

（1）创新驱动的科技城空间发展机制主要包括经济—空间、社会—

1 武汉市国土资源和规划局. 武汉东湖未来科技城概念规划 ［R］. 武汉：武汉市国土资源和规划局，2010.

空间、信息—空间和规划—空间四种机制，每种机制都产生两个方面的作用。在经济—空间机制中，基于地理邻近性和知识溢出的空间集聚与基于成果转化和企业衍生的空间扩散是两个相互作用力；在社会—空间机制中，同质化集聚带来的空间分异和异质化互动带来的空间融合是两个相互作用力；在信息—空间机制中，网络信息流动影响下的空间均质化和实体—网络信息交互影响下的空间多样化是两个相互作用力；在规划—空间机制中，对科技城整体空间格局的引导和空间外部性的控制是规划的两种作用手段。

（2）创新驱动的科技城空间结构的理想模式的提出基于空间接触需求及匹配理论，在分析科技城居民对各类功能的空间接触需求基础上，提出理想空间结构模式：由创新源核心区、知识共享平台和科技服务平台构成中央研发休闲区，以研究—开发—生产综合体、企业孵化园区、企业共享中心和其他辅助功能构成企业生产创新单元，以多样化的居住区、社区共享中心和其他辅助功能构成居民生活服务单元，再匹配外围功能组团辅助科技新城的功能。研究进一步比较了当代科技城与一般新城、高新区的空间结构差别，以及处于不同时代的典型城市空间结构的差异，指出科技城空间结构特征及其代表的城市发展趋势。

（3）我国三大未来科技城受地方发展条件、用地规模、发展思路的影响，空间结构呈现出差异化特征。北京未来科技城作为功能开放的组团，规划空间结构为生态服务核心模式；杭州未来科技城作为杭州市发展的反磁力新中心，规划空间结构为多中心多组团模式；武汉未来科技城作为武汉市发展的边缘组团，规划空间结构为多园区多组团模式。各科技城空间布局规划都以功能完备的科技新城为目标，但比对科技城的理想空间结构，仍存在一些问题。

第 8 章

科技城土地
利用研究

1. 土地利用混合

从前工业城市，到工业化城市，再到科技创新城市，城市中生产、生活和生态的特征发生了根本性的变化，影响到不同功能之间的组合形式。科技创新城市在精细化弹性生产的基础上，居住与工作的界限开始模糊，同时更加强调城市与生态环境的和谐共存，生产、生活和生态之间的关系更加密切，并出现了用地混合的需要（表8-1）。

城市演进中生产、生活和生态特征的演变　　　　　　表8-1

	功能类型	前工业城市[1]	工业化城市	科技创新城市
生产	生产特征	手工作坊生产	专业化大生产	精细化弹性生产
	生产的负外部性	受生产的技术和速度影响，污染和噪声较小	废弃物污染多、机器噪声大，对周边影响大	污染和噪声较小，基本不影响其他功能
生活	生活特征	居住与宗教政治和生产的关系密切，生活工作界线模糊	居住与服务娱乐关系密切，与生产相隔离，生活工作二分	居住与知识生产和交流关系密切，生活工作界线开始模糊
	社会阶层划分	根据政治和宗教地位划分社会阶层	根据经济地位划分社会阶层	根据知识技术拥有程度划分社会阶层
生态	生态特征	尚未充分认识生态保护的意义，城市与生态关系疏离	开始重视生态保护，主要采取集中隔离保护策略	强调与生态环境的和谐共存，生产和生活与生态关系密切
	生态用地功能	少量提供展示功能	生态、保育、休闲	生态、保育、娱乐、休闲、展示
	用地混合	一小块土地通常具有多种功能：生产、储存和销售集中在一个地方，部分家庭也是工作场所，宗教建筑与学校合二为一	大量专门用途的地块：随生产的专业化程度增加而日益细化，生产与生活隔离，生活与生态向融合发展	混合功能的用地比例增加：生产制造和研发混合、生产销售和展示混合、生产与生活混合、生产生活与生态混合

1 ［瑞典］伊德翁·舍贝里.
前工业城市：过去与现在
［M］. 高乾，冯昕译. 北京：
社会科学文献出版社，2013.

当前城市中出现土地利用隔离的原因主要来自于生产的专业化分工，生活私密性的需求，以及生态独立性的保护。而科技城由于噪声、污染等负外部性降低，知识溢出、劳动力池等正外部性的增加，生产专业化向多样化转变，制造功能与研发、销售和展示等密切联系在一起。科技城中社会不同阶层对私密性的需求依然存在，对生活公共性和互动性的需求增加。信息化和知识作为生产工具出现，让在家办公成为可能，导致生活和工作的边界模糊。科技城中的人们将生态视为与生产和生活和谐共处的必要部分，因此增加了生态服务功能，增加了与生态功能的互动。以上几点原因带来土地利用混合的出现（图8-1）。

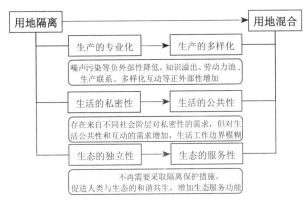

图8-1　科技城出现土地利用混合的原因

1.1　生产用地与生活用地关系

首先，科技城中的生产用地主要承载的功能包括研究、开发、中试、轻型生产、物流、销售和服务等，主要为生产者服务业、高技术制造业和消费者服务业提供承载空间。这些生产功能更加侧重于围绕价值链的创新活动，尤其注重知识的创造和利用，研究和中试占据科技城生产功能的主要内容。可以说，科技城的主要生产活动并不是大规模制造产品，而是创造和探索出能够市场化的新产品或新商业模式，因此不需要大规模生产的厂房，而是需要较为独立的研发中试场所。同时，由于科技城的产业大多属于高科技产业，其研发、中试和少量生产在噪声和污染方面已较传统制造业有了很大改善，因此对生活用地的影响并不明显，提供了将生产和生活用地就近布局、甚至混合布局的可行性（图8-2）。

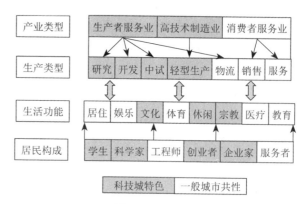

图8-2　科技城中的生产类型与生活功能

其次，从科技城的居民构成来看，主要包括学生、科学家、工程师、创业者、企业家和服务人员等，这些人大多从事脑力活动，对生活品质有着较高要求，需要科技城提供娱乐、文化、体育、宗教、医疗、教育等设施，并提供服务的便利性和可达性，往往要求工作空间与生活空间能够就近布局，或保证高可达性。因此，提出了将生产空间与生活空间就近或混合布局的必要性。

再次，生产用地和生活用地的邻近布局或混合布局除了为人才提供工作生活的便利之外，还有助于促进互动的广泛性、多样性和场所的辨识性，模糊了经济、社会和文化空间的界限，带来更多互动的可能。公共服务设施邻近高技术研发和商业地区配置，不仅提升了房地产价值和环境质量，也有助于通过场所进行品牌化和市场化推广。有学者认为，更强的可达性和弹性，对工作、娱乐、居住和学习功能的整合，是第三代技术极区别于以往的最典型特征[1]。

对比一般新城、产业区和科技城中生产用地和生活用地的特征及其关系（表8-2）可以看出，科技城的生产用地和生活用地多混合在同一个组团内进行布局，形成基本的生产生活单元，不再需要采取隔离措施增大就业和居住的距离，空间布局模式更加均质化（图8-3）。

1 Cevikayak G, Velibeyoglu K. Organizing: spontaneously developed urban technology precincts [M] //Yigitcanlar T, Metaxiotis K, Carrillo F J. Building prosperous knowledge cities: policies, plans and metrics. Cheltenham, UK·Northampton, MA, USA: Edward Elgar, 2012.

一般城市、产业区与科技城中生产用地与生活用地的特征　　表8-2

用地类型	一般城市	产业区	科技城
生产用地	集中布局在城市外围的某一方向	集中成片连绵布局	城市尺度分散，小规模集中
生活用地	大规模居住区围绕城市中心布局	集中成片、独立布局	组团式布局
生产用地与生活用地关系	生产用地周边仅有少量居住用地，基本处于分离格局	采用防护绿地隔离生产区与生活区	生活用地靠近生产用地布局，形成生产生活单元

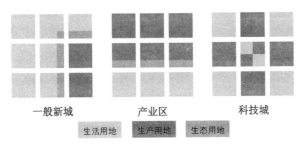

图8-3　一般新城、产业区与科技城中生活用地与生产用地的关系

1.2　生活用地与生态用地关系

首先，从科技城居民的实际需求来看，科技城生活用地与生态用地的关系较一般新城和产业区更加密切（图8-4）。科技城的居民大都属于高技术知识分子，他们的流动性更高，一般拥有自主选择居住环境的能力，对居住环境品质的要求较高，更倾向于选择生态友好的城市环境生活。城市宜居性理

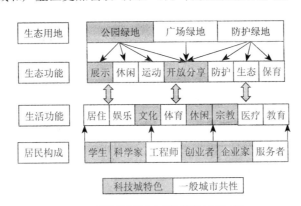

图8-4　科技城中的生态用地类型与生活功能

论认为，充实的商品市场和服务、优美的建筑环境与城市外观、低犯罪率、良好的公共文化服务设施会影响人才的吸引和保留[1]。因此为了吸引和留住高技术人才，科技城需要营造健康宜居的生活环境。而生态用地的比例，以及生态用地与生活用地的关联程度，是可以反映城市生态环境品质的重要指标。

其次，科技城创新创意并不完全是在工作过程中产生的，很多新想法和新技术都是在人们平时的休闲生活中通过交流激发碰撞而来的，因此在生活场所周围提供的开放式生态空间能够促进科技城工作者和居民的交流，生活用地与生态用地的密切联系成为科技城空间组织的重要特征。科技城中的公园绿地、防护绿地和广场用地除了提供基本的生态保育和防护等功能外，需要更多地发挥展示和休闲功能，为人们提供开放分享的空间，提供运动休闲的场地。在世界著名的创新创意策源地硅谷，高品质的生态环境为高技术人才的生活提供了重要的休闲空间，为开放、交流、合作、共享的硅谷精神营造发挥了促进作用[2]。在筑波科学城中，生态空间被列为筑波居民认为是最具吸引力的城市物质元素[3]。

一般来说，科技城生态用地与生活用地之间的空间关系可以概括为以下三种类型（图8-5、图8-6）：① 核心边缘模式。将生态用地作为片区的中心，围绕绿心布局居住用地，同时在每一个居住单元的核心布局生态用地，作为组团交往的开放空间。北京未来科技城的布局采取了这种以生态用地为核心的空间组织模式，杭州未来科技城的局部采取了围绕生态绿心组织生活单元的模式；② 单元配套模式。按照居住用地的比例配套布局生态用地，保证每一块生活用地的环境品质。韩国大德科

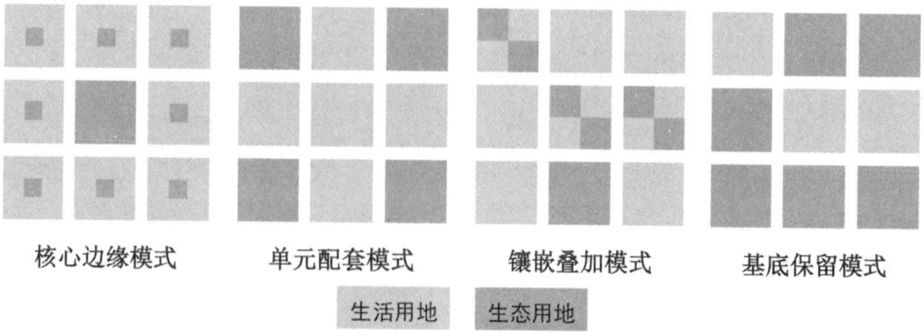

1 Glaeser E L, Kolko J, Saiz A. Consumer city [J]. Journal of Economic Geography, 2001, (1): 27-50.

2 俞孔坚. 高科技园区景观设计: 从硅谷到中关村 [M]. 北京: 中国建筑工业出版社, 2001.

3 Rasidi M H. Green development through built form and knowledge community environment in science city: a lesson based on the case study of Cyberjaya, Malaysia and Tsukuba Science City, Japan [C]. Japan, Tokyo, 4th South East Asia Technical Universities Consortium (SEATUC 4) Symposium. Tokyo: Shibaura Institute of Technology, 2010.

核心边缘模式　　　单元配套模式　　　镶嵌叠加模式　　　基底保留模式

生活用地　　生态用地

图8-5　科技城生活用地与生态用地关系的四种模式

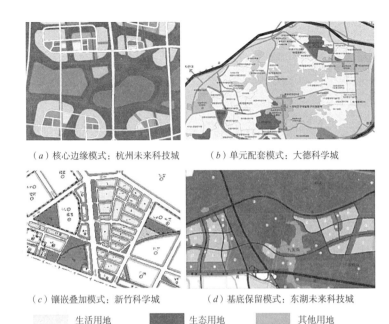

（a）核心边缘模式：杭州未来科技城　　　（b）单元配套模式：大德科学城

（c）镶嵌叠加模式：新竹科学城　　　（d）基底保留模式：东湖未来科技城

　　生活用地　　　　　生态用地　　　　　其他用地

图8-6　科技城生活用地与生态用地关系的四种模式示例

资料来源：（a）杭州未来科技城概念性总体规划[1]；（b）韩国大德科学城总体规划[2]；（c）新竹科学城规划[3]；（d）武汉未来科技城总体规划[4]。

学城的布局采取了这种模式，在每一个居住组团的周边布局较大规模的公园用地；③ 镶嵌叠加模式。在居住用地周边生态用地规模有限的情况下，采取小规模街头绿地或游园绿地点缀镶嵌的模式布局，满足居民对生态空间的需求。新竹科学园区的生活用地与生态用地关系即为此模式；④ 基底保留模式。在生态条件良好，绿地或水面较大的格局下，尊重生态环境，保留生态基底，在不破坏生态格局的条件下少量布局生活用地。武汉东湖未来科技城即为此模式。

1.3　生产用地与生态用地关系

　　首先，科技城的高技术企业大多属于知识密集型和智力密集型企业，多与高技术的研究、开发和小规模制造相关，噪声污染等生产的负外部性较一般产业降低很多，因此大多属于生态友好的产业类型。这决

1　深圳市城市规划设计研究院. 中国·杭州未来科技城概念性总体规划［R］. 深圳：深圳市城市规划设计研究院，2012.

2　Oh D, Kang B. Creative model of science park development: case study on Daedeok Innopolis［C］: The IC2 Institute WORKSHOP, AT&T Executive Education Center, 2009.

3　新竹市土地管理局. 新竹科技城土地使用［EB/OL］.［2013-10-10］. http://gisapsrv01.cpami.gov.tw/cpis/cprpts/hsinchu_city/depart/landuse/landus-3.htm.

4　武汉市国土资源和规划局. 武汉东湖未来科技城概念规划［R］. 武汉：武汉市国土资源和规划局，2010.

定了科技城生态用地中防护绿地的比例会大大降低，而具备生态性、观赏性和休闲性的公共绿地比例会增加。生产负外部性的减低为生态用地服务于生产环境提供了可行性。除了服务于办公人员的视觉感官，生产用地周边的生态用地还经常发挥企业形象的展示窗口的作用。

其次，科技城的高技术企业承担着创新的职能，人才作为创新的关键要素，对工作环境有着特定的需求，而从创新产生的过程来看，交流和互动也对承载空间的品质提出了要求，这两个方面都显示出了生态用地与生产用地邻近布局或混合布局的必要性。因此，在生产用地内部或周边布局生态用地，提供了开敞的空间与良好的景观，也为技术人员和企业家的交流和互动提供了开放空间。

再次，科技城生产用地周边的部分生态用地为高技术企业的衍生和生产规模的扩大预留了空间，增加了用地发展的弹性，这符合科技城发展的阶段性需要。美国圣迭戈生物集群的发展即采用了这种模式，在研发机构周边的土地布局生态用地，为进一步的商业发展预留了空间[1]。当然，生态用地在发展中转变为生产用地需要规划的控制和监督，以保证科技城生态空间的总量和完整性（图8-7）。

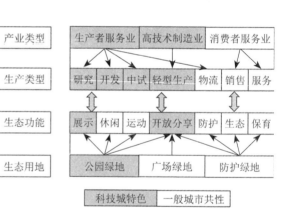

图8-7　科技城中的生产用地类型与生态用地功能

从世界已建科技城生产用地和生态用地之间的关系来看，二者互为图底、相互渗透。特别是在研发等类型的生产用地中，生态用地比例更高，呈现融合发展特征。比如筑波科学城城市中心包含了30%～40%的生态绿地，并与步行和街道空间相连接；马来西亚赛柏再也科技城中，企业区的街区提供了多种类型的生态用地，如小块土地、庭院、绿岛、绿廊等，构成生产用地中的开放空间，供工作人员交流和休闲使用；新

---

1 Kim S, An G. A Comparison of Daedeok Innopolis Cluster with the San Diego Biotechnology Cluster [J]. World Technopolis Review, 2012, 1 (2)：118-128.

加坡纬壹科学城中，一条曲线形的绿带作为空间的主要轴线贯穿整个片区，将两侧的办公建筑联系起来，形成丰富的内部空间。

科技城生产用地与生态用地之间的空间关系可以概括为三种模式（图8-8、图8-9）：① 绿心模式。生产用地将生态用地作为核心，环绕式布局，保证每一个地块的景观均好性，这也是当前很多科技园区的用地组织模式；② 绿带模式。采取直线或曲线的形态，形成连续的生态走廊，串联不同功能的生产用地，在企业区创造多样化的内部空间，以新加坡纬壹科学城为代表；③ 绿地斑块模式。在生产用地中点缀布局小规模的街头绿地，适用于生产用地规模紧张的科技城，以马来西亚赛博再也科技城和中国台湾新竹科技城为代表。

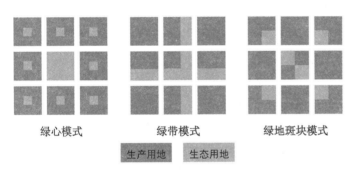

绿心模式　　　　　　绿带模式　　　　　　绿地斑块模式

生产用地　　生态用地

图8-8　科技城生产用地与生态用地关系的三种模式

生活用地　　　　生态用地　　　　其他用地

（a）绿心模式：杭州未来科技城（b）绿带模式：新加坡纬壹科学城（c）绿地斑块模式：赛柏再也科学城

图8-9　科技城生产用地与生态用地关系的三种模式示例

资料来源：（a）杭州未来科技城概念性总体规划[1]；（b）新加坡纬壹科学城总体规划[2]；
　　　　　（c）马来西亚赛柏再也科技城总体规划[3]。

1　深圳市城市规划设计研究院. 中国·杭州未来科技城概念性总体规划 [R]. 深圳：深圳市城市规划设计研究院，2012.

2　Seitinger S. Spaces of innovation: 21st century technopoles [D]. Cambridge: MIT Department of Urban Studies and Planning, 2004.

3　赛柏再也科技城管理机构. 赛博再也科技城土地利用规划 [EB/OL]. [2012-10-10]. http://www.neocyber.com.my/about_cyberjaya/masterplan.aspx.

1.4　混合用地：第四类空间

从以上分析可以看出，科技城中的生产、生活和生态用地之间的联系较一般新城更为密切，除了邻近布局以外，还出现了多种形式的混合用地，成为传统的生产空间、生活空间和生态空间以外的第四类空间类型。

国外科技城的混合用地是用地规划和发展中着重强调的内容，但实现程度和方式各有差异（表8-3）。

国外科技城中的混合用地　　　　表8-3

科技城	混合用地的形式
新加坡纬壹科技城	在垂直和水平上都实现混合使用，每一个地块都有主导功能，但都要补充其他要素，将商业—产业与研究和教育放置在一起
马来西亚赛柏再也科技城	只实现在水平上的土地利用混合，即居住、商业和办公共存在一个区域，但很少在一个地块。除了世纪广场的商业空间和街道市场区以外，场所都是单一用途的
韩国首尔多媒体技术城	较少的垂直混合，但所有的分区都包括了居住和工作功能，低端区以住宅为主导，而高端区包括咖啡厅、一些多层住宅楼、宾馆和娱乐空间
美国纽约曼哈顿高技术区	创建24小时/7天社区的目标，倡导混合使用的策略

资料来源：根据相关研究总结。

国内科技城的规划也部分考虑了混合功能的需求，为了给科技城空间组织提供更多的弹性和灵活性，在规划中布局混合用地，强调工作、居住、娱乐和学习等用地功能在垂直和水平上的混合利用，以及研究—开发—生产用地的弹性安排，形成在每天的不同时间段都具有吸引力的生产—生活混合的空间形态（表8-4）。其中北京未来科技城和杭州未来科技城都明确提出混合用地的类型，武汉未来科技城主要在水平方向适当细分地块，促进差异化功能的邻近布局。混合用地类型包括以居住为主的混合用地、以公共服务设施为主的混合用地、以商业为主的混合用地，以及以研发为主的混合用地。混合用地布局的位置由主要功能性质决定。

国内科技城中的混合用地　　　　　　　　　　表8-4

科技城	混合用地的特点
北京未来科技城	多功能用地比例为4.4%，包括住宅混合公建用地、公建混合住宅用地和其他类多功能用地。布局在公共核心区，容积率控制在2.0～5.0之间
武汉东湖未来科技城	主要在水平方向实现用地混合，即在城市次干道划分的500m×500m的部分地块内存在商业—居住、研发—居住等混合用地，但并未提出混合用地的类别
杭州未来科技城	混合用地比例达20.18%，包括以居住为主的居住—商业混合用地，主要布局在靠近商业用地和居住用地的联结位置；以商业为主的商业—居住、商业—娱乐、商业—科研、商业—仓储混合用地，主要布局在科技城公共服务中心；以科研为主的科研—商业、科研—居住混合用地，以及商业—工业混合用地，主要布局在城市中心区外围和较为独立的产业组团中

资料来源：《北京未来科技城总体规划》[1]；《武汉未来科技城总体规划》[2]；杭州未来科技城概念性总体规划[3]。

　　总体来看，科技城中出现更多混合用地的原因包括客观条件的可行性和主观需求的必要性。前者是指科技城生产过程中负外部性的降低意味着生产用地不会对周边用地产生不良影响或影响较小，以及生产过程的弹性专精特征，为灵活布局生产用地提供了可能；后者是指科技城居民对工作生活环境品质和生活便利性的需求提升，以及创新过程增加了对由多样性和互动性氛围营造的载体与空间的需求。混合用地对于科技城发展的重要意义在于：① 可以产生激励创新所需要的多样性和差异化主体之间的碰撞；② 适当减少科技城的通勤，增加居民工作生活的便利性；③ 增加城市土地的利用效率，创造24小时的互动环境，避免出现一般工业区夜晚毫无人气的情况。简·雅各布斯最早建立起混合用地与城市创造力之间的关系，她认为，有活力和创造力的城市环境需要多样性、合适的物质环境和特定类型的人来产生新想法、激发创新，并充分利用人类的创造力[4]，而激发她提出该观点的格林尼治区正是混合用地集中的地区。

　　然而，在《城市用地分类与规划建设用地标准》GB 50137-2011中，仍然缺乏对混合用地的界定与说明。一些学者针对混合用地和用地兼容性控制问题展开讨论，认为在市场经济背景下，城市用地开发主体和使用日趋多元化，规划控制需要增加弹性，并提出了一些促进土地利用混合的策略和建议，比如采取用地分类与多组用途结合的方式[5,6]。值

1　北京市昌平区规划分局. 未来科技城控制性详细规划 [EB/OL]. (2011-07-15) [2012-10-05]. http://www.bjchp.gov.cn/publish/portal0/tab40/info116395.htm.

2　武汉市国土资源和规划局. 武汉东湖未来科技城概念规划 [R]. 武汉：武汉市国土资源和规划局，2010.

3　深圳市城市规划设计研究院. 中国·杭州未来科技城概念性总体规划 [R]. 深圳：深圳市城市规划设计研究院，2012.

4　Florida R. The rise of the creative class: and how it's transforming work, leisure, community and everyday life [M]. New York: Basic Books, 2002.

5　谭纵波，王卉. 城市用地分类思辨——兼论2012年《城市用地分类与规划建设用地标准》[C]. 多元与包容——2012中国城市规划年会论文集，昆明，2012.

6　赵佩佩. 新版《城市用地分类与规划建设用地标准》研读——兼论其在实际规划中的应用及发展展望 [J]. 规划师，2012，2：10-16.

得说明的是，混合用地的概念与用地兼容性有一定联系，都是指不同功能用地的组织模式，但混合用地更强调实际产生的结果，即多种功能在同一地块出现，而用地兼容性更侧重于对规划用地的管理，即在规划时明确同一地块对不同建筑种类及相应活动的宽容幅度，可以根据建筑和活动的内容或规模来界定[1]。但具有兼容性的用地在规划实施后并不一定产生混合用地的结果。可以说兼容性是土地利用控制的手段，混合用地是土地利用功能的表现结果。

从科技城土地利用特征的理论演绎和现实发展来看，混合用地有必要作为一个区别于生产、生活和生态用地的新类别提出，以提供规划编制和管理上的便利，增加科技城发展用地的弹性。作为第四类空间的混合用地包含多种形式，从实际表现形式来看，可以分为功能的垂直混合和水平混合两种，垂直混合是指在建筑空间中位于不同层次的建筑空间涉及不同功能，比如底层是商业、休闲功能，上层为居住功能；水平混合是指在一个地块内，不同功能进一步将地块细分，形成由多种功能构成的用地，比如部分为居住、部分为研发、部分为绿地，水平混合涉及地块规模的大小，即在多大范围存在用地混合，本研究将两条城市次干道之间围合的地块作为用地混合的考察标准，即大约在500m×500m的范围内（图8-10）。从科技城用地组织的主要内容来看，混合用地可以分为① 以生活功能为主的混合用地，主要指以居住用地为主，混合商业功能、研发设计功能或公共服务功能的用地类型。② 以生产功能为主的混合用地，主要指以科研用地为主，混合商业、居住、工业等功能的用地；或以商业或工业用地为主，混合居住、公共服务功能的用地类

1 谭纵波，王卉. 城市用地分类思辨——兼论2012年《城市用地分类与规划建设用地标准》[C]. 多元与包容——2012中国城市规划年会论文集，昆明，2012.

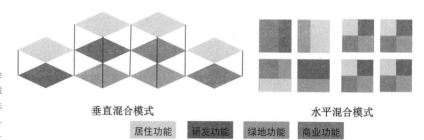

垂直混合模式　　　　　　　　水平混合模式

居住功能　　研发功能　　绿地功能　　商业功能

图8-10　用地混合的垂直与水平模式

型。一般生态用地并不作为混合用地的主要类型，只是作为其他两类功能的辅助类型。

参照《城市用地分类与规划建设用地标准》GB 50137-2011[1]，对科技城土地利用类型进行梳理（表8-5），将其划分为① 生产用地。指与生产制造过程和经营性服务密切相关的用地类型，包括工业用地、仓储物流用地、商业服务业设施用地和教育研发用地。此处专门将教育研发用地独立列出，是由于在科技城中此项用地的规模和比例都区别于一般城市，可以通过这项用地反映科技城教育研发功能的比例；② 生活用地。指与科技城居民居住和公益性服务密切相关的用地类型，包括居住用地和公共管理与公共服务用地。虽然部分商业服务业设施用地也具有服务本地居民生活的功能，但根据其盈利功能和经济价值创造的属性，选择将其列入生产用地类别；③ 生态用地。指科技城的开放空间，包括公园绿地、防护绿地和广场用地；④ 混合用地。指具有两种或两种以上混合功能的用地，且每种功能的比例超过10%[2]，混合用地又可以分为生产为主的混合用地和生活为主的混合用地，根据混合用地中占主要构成比例的用地性质确定；⑤ 生产生活辅助用地。道路与交通设施用地、公用设施用地等与生产生活都密切相关的用地归入生产生活辅助用地。

科技城土地利用分类　　　　　　　　　表8-5

用地归类	用地大类	用地中类
生产用地	教育研发用地	A3教育科研用地、B29其他商务设施用地
	商业服务业设施用地	B1商业服务设施用地、B2商务设施用地、B3娱乐康体设施用地、B4公用设施营业网点用地，及B9其他
	工业用地	M1一类工业用地、M2二类工业用地、M3三类工业用地
	仓储物流用地	W1一类物流仓储用地、W2二类物流仓储用地、W3三类物流仓储用地
生活用地	居住用地	R1一类居住用地、R2二类居住用地、R3三类居住用地
	公共管理与公共服务用地	A1行政办公用地、A2文化设施用地、A4体育用地、A5医疗卫生用地、A6社会福利设施用地，及其他
生态用地	绿地与广场用地	G1公园绿地、G2防护绿地、G3广场用地

1　中华人民共和国住房和城乡建设部. 城市用地分类与规划建设用地标准GB50137-2011［S］，2011.

2　王佳宁. 合理应用混合用地,适应城市发展需求［J］. 上海城市规划，2011，6：96-101.

续表

用地归类	用地大类	用地中类
混合用地	生产为主的混合用地	B/R商业—居住用地、B/M商业—工业用地、B/A3商业—科研用地、A3/M科研—工业用地等
	生活为主的混合用地	R/B居住—商业用地、R/A3居住—科研用地等
生产生活辅助用地	道路与交通设施用地	S1城市道路用地、S2城市轨道交通用地、S3交通枢纽用地、S4交通场站用地、S9其他
	公用设施用地	U1供应设施用地、U2环境设施用地、U3安全设施用地、U9其他公用设施用地

1.5　用地功能混合和邻近情况评估

目前已有研究中关于混合用地的计算方法有两种：

（1）借鉴信息论中熵的原理，用熵值大小来表示混合程度高低[1]。计算公式如下。

$$S = -\sum_{i=1}^{n} p_i \log_{10} p_i \left(\sum_{i=1}^{n} p_i = 1 \right)$$

其中，S=土地利用混合程度的熵值；

　　　n=土地利用类型的划分数目；

　　　p_i=第i类土地面积所占比例

（2）利用人口和就业岗位密度的熵对数模型反映土地利用混合程度[2,3]，计算公式如下。

$$M = |p \times \log_{10} p| + \sum_{k=1}^{n} |j_k \times \log_{10} j_k|$$

其中，M=土地利用混合率；

　　　p=人口密度；

　　　j_k=第k类就业岗位密度；

　　　n=国民经济行业划分的就业岗位种类数。

但以上两种方法都只反映了用地范围内各类用地的数量混合情况，无法反映各类用地在空间上的混合与邻近关系，因此，运用该方法无法

1 许学强，周一星，宁越敏. 城市地理学［M］. 北京：高等教育出版社，1997.

2 钱林波. 城市土地利用混合程度与居民出行空间分布——以南京主城为例［J］. 现代城市研究，2000，3：7-10.

3 林红，李军. 出行空间分布与土地利用混合程度关系研究——以广州中心片区为例［J］. 城市规划，2008，9：53-56.

区分那些用地比例相同但空间位置分布不同的用地，也无法反映较大区域土地利用混合的格局。

因此，本研究设计了一套衡量用地邻近程度与用地混合程度的测算方法，通过测量不同功能用地的邻近或混合程度，确定用地单元的功能隔离指数。用地功能隔离指数越高，表示该用地单元对异质功能的混合或邻近程度越低；用地功能隔离指数越低，表示该用地单元对异质功能的混合或邻近程度越高。该指数的设计可以利用不同用地类型在平面上的空间分布情况，评估每一个用地单元的功能隔离情况，从而得到不同功能用地的邻近或混合程度。

计算方法如下：

该指数主要基于用地之间的空间邻近关系，计算每一个用地单元（500m×500m）的功能隔离指数得分（图8-11）。如果用地单元自身为混合用地，则记0分，表示

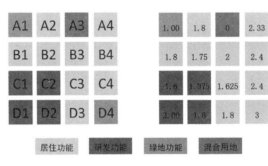

图8-11　用地功能隔离指数计算示例

用地功能不存在隔离；如果用地单元自身为单一功能用地，则依次考察用地单元周围8个方向的用地性质，异质化功能越近，得分越低，异质化功能越远，得分越高。然后加和8个方向的得分并平均，得到该用地单元的功能隔离指数。

以用地单元B2为例，① 首先判断其自身是否为混合用地，通过读图确认B2为单一功能的居住用地，因此需要进一步判断周边的用地类型；② 判断B2与周边8个方向的用地关系。左上方向A1与B2为异质用地，因此$S_{B2A1}=1$；左方向B1与B2为同质用地，因此继续向左判读，但由于B1已到用地边界，不存在该方向上功能的进一步隔离，因此将用地边界与B2当作异质用地，$S_{B2B1}=2$；同理，可判读$S_{B2C1}=1$、$S_{B2C2}=1$、$S_{B2C3}=3$、$S_{B2B3}=3$、$S_{B2A3}=1$、$S_{B2A2}=2$；③ 加和平均8个方向上的得分，最终得到$S_{B2}=$（$S_{B2A1}+S_{B2B1}+S_{B2C1}+S_{B2C2}+S_{B2C3}+S_{B2B3}+S_{B2A3}+S_{B2A2}$）/8=14/8=1.75，即B2地

块的功能隔离指数为1.75。若用地单元位于用地边界附近，那么不计算用地边界方向的指数，比如A1用地单元，只计算向右、向右下和向下的得分，计算公式为$S_{A1}=$（$S_{A1B1}+S_{A1B2}+S_{A1A2}$）/3=1；B1用地单元，计算向下、向右下、向右、向右上、向上等5个方向的得分，计算公式为$S_{B1}=$（$S_{B1C1}+S_{B1C2}+S_{B1B2}+S_{B1A2}+S_{B1A1}$）/5=1.8。

运用该方法衡量科技城的用地与一般新城的用地混合情况，对比研究可以发现，科技城的用地隔离指数较一般新城的用地隔离指数更低，表现在：① 出现一些用地隔离指数为0的用地类型，即混合用地以及500m×500m范围内多种功能的水平混合；② 科技城居住用地的用地隔离指数较低，因为更加注重居住用以的服务功能配置和与研发、商业等用地的邻近性；③ 科技城研发生产用地的用地隔离指数较低，因为在研发生产用地周围布局了大量生态用地和公共服务设施用地。

2. 各类用地特征

从国内外科技城土地利用构成表可以看出，科技城作为一种新城类型由于具备专业化特征，其土地利用构成有着自身的特征。各类用地的比例与一般新城有一定差别，主要表现在研发用地的增加、公共绿地的增加，以及混合用地的出现等方面（表8-6、表8-7）。以下将针对科技城的每一类用地分析其功能、规模、空间布局等方面的特征。

几个典型科技城土地利用构成比例   表8-6

用地类型		日本筑波[1]		韩国光州[2]		中国台湾新竹[3]		马来西亚赛柏再也[4]	
		面积（hm²）	比例（%）	面积（hm²）	比例（%）	面积（hm²）	比例（%）	面积（hm²）	比例（%）
生产用地	工业	—	—	333	17.7	527	11.96	390	13.5
	商业	—	—	50	2.7	145	3.27	121	4.2
	教育科研	1457	54	364	19.3	1360	30.78	295	10.2

1 日本筑波科技城数据整理自：沈世琨，苏永富. 赴日参加北九州研究都市第七届产学和合作展览观摩科技园区开发工程技术报告［R］. 台南：台湾南部科学工业园区管理局，2008.

2 韩国光州技术城数据整理自：顾朝林，赵令勋. 中国高技术产业与园区［M］. 北京：中信出版社，1998.

3 新竹科技城数据整理自：新竹市土地管理局. 新竹科技城土地使用［EB/OL］.［2013-10-10］. http://gisapsrv01.cpami.gov.tw/cpis/cprpts/hsinchu_city/depart/landuse/landus-3.htm.

4 马来西亚赛博再也科技城数据整理自：Rasidi M H. Green development through built form and knowledge community environment in science city: a lesson based on the case study of Cyberjaya, Malaysia and Tsukuba Science City, Japan ［C］. Japan, Tokyo, 4th South East Asia Technical Universities Consortium （SEATUC 4）Symposium. Tokyo: Shibaura Institute of Technology, 2010.

续表

用地类型		日本筑波		韩国光州		中国台湾新竹		马来西亚赛柏再也	
		面积（hm²）	比例（%）	面积（hm²）	比例（%）	面积（hm²）	比例（%）	面积（hm²）	比例（%）
生活用地	公共设施	89	3.3	–	–	1360	30.78	–	–
	居住	673	25	197	10.5	987	22.33	818	28.3
生态用地	公共绿地	99	3.7	507	27	–	–	168	5.8
混合用地	混合用地	25	0.9	–	–	–	–	110	3.8
生产生活辅助用地	交通	337	12.5	148	7.8	–	–	988	34.2
	市政设施	3	0.1	–	–	–	–		
	水域	13	0.5	282	15	–	–	–	–
	农业	–	–	–	–	542	12.25	–	–
	其他总计	378	14	430	22.8	1399	31.65	1098	38
总计		2696	100	1881	100	4418	100	2890	100

注：1. 日本筑波的混合用地为商住混合，包括市中心、次级中心7处，以及住宅等。公共设施包括行政设施、教育设施和福利设施；2. 新竹科技城的公共绿地并未单独列出，而是包含在其他用地中；3. 韩国光州和马来西亚赛柏再也科技城的公共设施比例没有单独列出，也都包含在其他用地中。

中国大陆四大未来科技城土地利用构成比例 表8-7

用地代码		用地名称	北京未来科技城[1]		武汉东湖未来科技城[2]		杭州未来科技城[3]	
			面积（hm²）	比例（%）	面积（hm²）	比例（%）	面积（hm²）	比例（%）
R		居住用地	62.62	6.72	381.69	12.51	1912	22.36
其中	R1	一类居住用地	6.1	0.65	–	–	–	–
	R2	二类居住用地	39.28	4.22	381.69	12.51	1466	17.14
	R5	配套教育用地	10.04	1.08	–	–	99	1.16
	R2/C2	居住/商业混合用地	7.2	0.77	–	–	347	4.06
C		公共设施用地	60.15	6.46	392.53	12.87	1533	17.93
其中	C1	行政办公用地	–	–	18.35	0.60	17	0.20
	C2	商业金融业用地	18.08	1.94	264.42	8.67	535	6.26
	C2/R2	商业/居住混合用地	32.62	3.50	–	–	135	1.58

1 北京未来科技城数据整理自：北京市昌平区规划分局. 未来科技城控制性详细规划［EB/OL］.（2011-07-15）［2012-10-05］.

2 武汉东湖未来科技城数据整理自：武汉市国土资源和规划局. 武汉东湖未来科技城概念规划［R］. 武汉：武汉市国土资源和规划局，2010.

3 杭州未来科技城数据整理自：深圳市城市规划设计研究院. 中国·杭州未来科技城概念性总体规划［R］. 深圳：深圳市城市规划设计研究院，2012.

续表

用地代码		用地名称	北京未来科技城		武汉东湖未来科技城		杭州未来科技城	
			面积 （hm²）	比例 （%）	面积 （hm²）	比例（%）	面积 （hm²）	比例 （%）
其中	C2/ C3	商业/娱乐混合用地	–	–	–	–	83	0.97
	C2/C6	商业/科研混合用地	–	–	–	–	132	1.54
	C2/W1	商业/仓储混合用地	–	–	–	–	8	0.09
	C/M	商业/工业混合用地	–	–	–	–	478	5.59
	C3	文化娱乐用地	–	–	102.68	3.37	98	1.15
	C4	体育用地	–	–	–	–	24	0.28
	C5	医疗卫生用地	3.8	0.41	7.08	0.23	23	0.27
		其他混合	5.65	0.61	–	–	–	–
C6		教育科研用地	256.1	27.50	1046.87	34.32	785	9.18
其中	C6	教育科研用地	256.1	27.50	1046.87	34.32	242	2.83
	C6/C2	科研/商业混合用地	–	–	–	–	485	5.67
	C6/R	科研/居住混合用地	–	–	–	–	58	0.68
S		道路广场用地	189.29	20.32	491.73	16.12	1791	20.94
T		对外交通用地	–	–	57.76	1.89	–	–
U		市政公用设施用地	17.9	1.92	32.76	1.07	193	2.26
G		绿地	345.29	37.07	647.38	21.22	2337	27.33
其中	G1	公共绿地	287.4	30.86	647.38	21.22	706	8.26
	G2	生产防护绿地	57.89	6.22	–	–	1631	19.07
合计		区域建设用地	931.35	100.00	3050.72	100.00	8551	100.00
E		水域和其他用地	93	–	3629.44	–	2749	–
合计		区域总用地	1024.35	–	6680.16	–	11300	–

2.1 高技术制造业用地

（1）用地功能

从世界已建科技城的发展来看，一个系统完备且运行高效的科技城不仅具有占主要地位的教育和科技研发功能，而且需要通过企业的衍生和高技术产品的生产制造实现创新的最终目的，将科学技术与市场需求结合起来，实现科技城经济发展的自我平衡和盈余。日本筑波科学城、苏联新西伯利亚科学城和大德科学城在发展的初期，完全没有生产制造功能，而且和制造业没有地域上的直接联系，"建立科学城的意图是要通过它们在僻静的科学环境下产生的协同作用达到高超的科研水平[1]"。因此科研机构所需要的研发资助完全来自中央政府的财政拨款，造成了在发展初期缺乏活力，大量科研成果无法得到应用，科研人员由于缺乏激励出现创新动力不足的问题。20世纪90年代以后，这些科学城开始反思发展路径的问题，开始注重科研机构与生产制造的联系，围绕横向的企业家网络来促进创新。典型的案例是2000年以后，韩国政府正式公布了在以科研为中心的大德科学城基础上，增加两个以生产制造用地为主的产业区，即大德技术谷和大德产业区，将其转化为大德研究开发特区（Daedok Innopolis）。从近年来大德研究开发特区的发展来看，制造业与科学研究更紧密地联系在一起，促进了研究成果的产业化应用和新企业的衍生。因此，创新驱动的科技城发展必须始终建立与市场的联系，提供促进科学研究成果产业化的机制和承载空间，因此高技术制造业用地是独立的科技城用地中的必要组成部分（表8-8）。

大德研究开发特区功能分区和主要功能　　　表8-8

分区	功能区	面积（km^2）	主要功能
分区1	大德科学城	27.8	研究机构和教育机构集中，配有商业、孵化、居住和部分生产功能
分区2	大德技术谷	4.3	具有商业、居住和产业功能，承载部分研究成果的产业化应用，高技术制造业用地占一半
分区3	大德产业区	3.1	研究成果技术转移的主要区域，规模化生产功能，高技术制造业用地为主
分区4	大德北部绿带区	30.2	区域生态走廊
分区5	国防发展机构	5.0	国防相关的研究和生产机构
总计		70.4	

资料来源：相关研究[2]。

1 Castells M, Hall P. Technopoles of the world: the making of twenty-first-century industrial complexes [M]. New York: Routledge, 1994.

2 Oh D, Kang B. Creative model of science park development: case study on Daedeok Innopolis[C]: The IC2 Institute WORKSHOP, AT&T Executive Education Center, 2009.

（2）高技术制造业与传统制造业用地的区别

高技术制造业与传统制造业相比，需要更多的研发投入，与研究机构的联系更加紧密，而且环境噪声和污染较传统产业更小，但对交通条件的要求更高，要求与机场、火车站等大型交通枢纽有便捷的联系，同时需要为高技术工作人员提供良好的工作环境，因此对环境品质的要求更高，大都结合公共绿地进行布局。高技术制造业用地的外观往往以产业园区的形式呈现，由精细化设计过的办公建筑和生产建筑构成，区别于以往大面积的厂房（表8-9）。

传统制造业用地与高技术制造业用地的区别　　　　　　表8-9

内容	传统制造业用地	高技术制造业用地
用地规模	大面积成片发展	小规模组团式发展
区位要求	靠近劳动力密集地区，交通条件良好	靠近智力密集地区和研究机构，与大型交通枢纽有便捷联系
用地外观	工业区、厂房	产业园区、部分办公建筑、部分生产建筑
与其他用地关系	由于有噪声和污染，需要利用防护绿地与居住用地隔离	需要邻近研究机构设计用地布局，或与研究、商业、居住用地混合布局

（3）用地布局特征

科技城的高技术制造业用地区别于一般开发区的高技术制造业用地。首先，最显著的差别体现在用地规模上。根据相关研究，一般高新区和开发区的高技术制造业用地的比例可以达到30%～50%，这与其产业区大规模生产高技术产品的属性密切相关[1, 2]。而科技城的高技术制造业用地的比例较低，生产制造只是为了对研究机构的研究成果进行中试和小规模试生产，一旦技术成熟会转移到周边地区或其他地区的产业区进行大规模生产，因此高技术制造业的规模并不大，一般都在20%以下。韩国大德研究开发特区、韩国光州技术城、中国台湾新竹科技城和马来西亚赛柏再也科技城的工业用地比例分别为7.5%、17.7%、11.9%和13.5%。我国杭州未来科技城的制造业用地以商业/工业混合用地的形式出现，占总用地比例的5.59%，而北京未来科技城和武汉未来科技城

1 Rasidi M H. Green development through built form and knowledge community environment in science city: a lesson based on the case study of Cyberjaya, Malaysia and Tsukuba Science City, Japan [C]. Japan, Tokyo, 4th South East Asia Technical Universities Consortium (SEATUC 4) Symposium. Tokyo: Shibaura Institute of Technology, 2010.

2 胡幸，王兴平，陈卓. 开发区用地构成的影响因素及演化机制分析——以长三角为例 [J]. 现代城市研究，2007，4: 62-70.

由于与周边大量的制造业用地有紧密联系，因此在其用地构成中并未布局高技术制造业用地。其次，开发区高技术制造业用地一般占据开发区用地的核心位置，呈连片发展模式，与居住用地和商业用地相隔离，而科技城高技术制造业用地一般位于科技城外围，围绕研究和开发机构进行布局。有的采取圈层模式，将制造业布置于研究开发用地的外围，以韩国大德研究开发特区为代表；有的采取组团模式，将研究开发和制造用地混合，形成产业园区，增加用地布局的弹性和灵活性，以杭州未来科技城为代表（图8-12）。第三，开发区与科技城高技术制造业用地的区别还体现在和其他用地的空间关系上。大多数开发区都会将居住用地和工业用地分开布局，一方面是由于生产可能产生噪声和污染，另一方面是由于生产的规模效益要求产业集聚布局，这样会带来空间的阻隔；而科技城对高技术产业的噪声和污染提出更多限制条件，而且小规模中试和试生产的属性要求其与研究机构保持密切联系，也不会限制周边用地的性质，因此多呈现与居住、科研用地就近布局的特征（表8-10）。

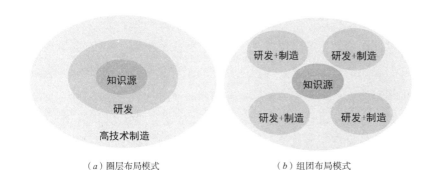

（a）圈层布局模式　　　　　　　　（b）组团布局模式

图8-12　科技城高技术制造业用地布局的两种模式

开发区和科技城高技术制造业用地的特点和区别　　　　表8-10

内容	开发区的高技术制造业用地	科技城高技术制造业用地
用地目标	高技术产品大规模生产制造	高技术产品小规模中试生产

续表

内容	开发区的高技术制造业用地	科技城高技术制造业用地
规模	占开发区总用地的比例为30~50%	占科技城总用地的比例在20%以下
区位	位于开发区用地范围的核心区域	位于科技城用地范围的边缘区域，靠近研发用地
用地模式	采取连片发展模式	小规模连片发展或与研发用地形成产业园区组团
与其他用地关系	与居住用地有一定联系，但相互独立，大多与科研用地无直接联系	与居住用地关系密切，邻近科研用地布局

2.2　生产者服务业用地

（1）用地功能

科技城生产者服务业的典型特征为研发设计服务业占据重要成分，包括一部分对本地高技术制造业企业的生产、制造和销售的服务，和对外地高技术制造业企业的技术支持和信息服务，它们是科技城将知识创新源产生的科技成果转换为产品和服务的重要环节；此外，还包括对科技成果转化、高技术企业孵化与创新主体之间合作和互动发挥作用的生产者服务业。其中与科技成果转化相关的生产者服务业功能包括研发设计、知识产权服务、中介服务等；与高技术企业孵化相关的生产者服务业包括企业孵化、中介服务、金融保险、知识产权服务等；与科技城内部和外部企业的生产、制造和销售相关的服务包括研发设计、教育培训、法律咨询、信息服务、金融保险、管理会计、物流仓储、中介服务和知识产权服务、广告会展等；与创新主体之间的互动和合作相关的服务包括中介服务、知识产权服务等。以上功能主要涉及的用地类型包括教育研发用地、孵化器用地、商务办公用地、仓储物流用地、研发生产用地、商务娱乐用地和文化展览用地等（图8-13）。

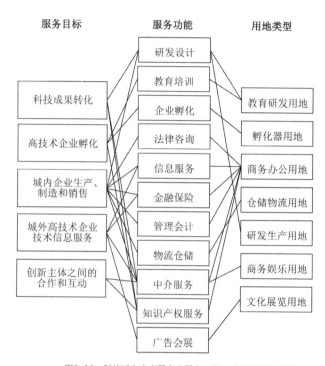

图8-13 科技城生产者服务业服务目标、功能和用地类型

（2）用地规模

从国内外已建和在建科技城的生产者服务业用地比例来看，大体可以分为两类，一类是占主要成分的研发类生产者服务业用地，用地比例大都在10%~35%之间；另一类是除研发类以外的生产者服务业用地，用地比例大约为2%~10%，生产者服务业用地比例的总和大约在20%~40%（表8-11）。根据学者对中国生产者服务业在各个等级城市中分布的研究[1]，生产者服务业受集聚经济、人力资本、经济发展程度等因素的影响，一般集聚于人口在200万以上的大都市区，而在中小城市中比例较低，由此可见除了具有专业化定位的新城，一般城市或新城中的生产者服务业用地比例非常低。科技城作为集中建设的服务于高技术产业提升竞争力的新城类型，受自身充足的人力资本供应、集聚经济和政策优势的影响，生产者服务业用地比例较高是其用地构成的典型特征。

1 Gong H, Yang F F. Growth and location of producer services in China: learning from the US experience [M]//Yeh A G O, Yang F F. Producer services in China: economic and urban development. London and New York: Routledge, 2013.

科技城生产者服务业用地比例 表8-11

国内国外	科技城	研发类生产者服务业用地比例（%）	其他生产者服务业用地比例（%）	生产者服务业用地比例总和（%）
国外	日本筑波科学城	54（含教育用地）	—	54
	韩国光州技术城	19.3	2.7	22.00
	马来西亚赛博再也科技城	10.2	4.2	14.40
国内	北京未来科技城	27.5	1.94	29.44
	武汉未来科技城	34.32	8.67	42.99
	杭州未来科技城	9.18	13.48	22.66
	台湾新竹科技城	30.7（含其他公共服务设施用地）	3.27	32.97

注：由于在用地分类中并没有直接针对生产者服务业的分类，因此将教育科研用地近似为研发类生产者服务业用地，其他生产者服务业用地用与商业功能相关的用地比例代替。其中国外科技城的其他生产者服务业用地近似为商业用地比例；国内科技城的其他生产者服务业大致包括商业金融业用地、商业/科研混合用地、商业/仓储混合用地和商业/工业混合用地。

（3）用地布局特征

科技城生产者服务业用地是科技城各类用地中与创新功能联系最为密切的用地类型，因此其用地布局一方面应从创新流程对生产者服务业的需求出发进行安排，另一方面考虑常规生产者服务业的布局需求特征。首先，从创新的过程来看，主要包括两种，一种是STI模式，即在创新源产生的科技成果基础上实现的创新，通过研发设计和企业孵化机构促进科技成果的商品化和市场化，这种创新模式要求生产者服务业靠近创新源布局，即大学和研究机构周边布局包含研发设计单位和孵化器的科技园区的模式，可以概括为模式1，即靠近知识源的科技园区集中模式，以新加坡纬壹科技城为代表；一种是DUI模式，即创新来源于企业与消费者和市场的互动，通过与市场密切的联系和用户的反馈来改进产品或制造流程，形成创新，这种创新模式要求生产者服务业靠近市场和消费者布局，即安排在能够与消费者产生密切互动的地区，可以概括为模式2，即集中于中央研发休闲区（CR^{2}D）的集中模式。其次，从常规生产者服务业服务的对象来看，一般是高技术制造业企业，随着专业化分工的深入和产业集群的形成，不同行业的生产者服务业开始靠近相应制造业布局，形成研究—开发—生产综合体（即RDP综合体），并围绕知识源布局，可以概括为模式3，即布局在各研究开发生产综合体的分散模式。杭州未来科技城代表了模式2与3的组合。再次，从发展的时序来看，有的科技城在当地高技术制造业的基础上，开始衍生出生产者服务业的功能，并分散在各个园区之间，就近提供服务的布局模式，可以概括为模式4，即镶嵌在各个园区之间的分散模式。武汉东湖自主创新区科技城代表了模式3与4的组合（图8-14、图8-15）。

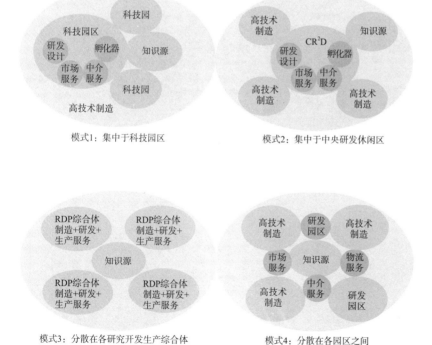

模式1：集中于科技园区

模式2：集中于中央研发休闲区

模式3：分散在各研究开发生产综合体

模式4：分散在各园区之间

图8-14　科技城生产者服务业布局模式

（a）纬壹科技城：模式1   （b）杭州未来科技城：模式2+模式3

（c）武汉东湖科技城：模式3+模式4

图8-15   3个科技城的生产者服务业布局分析

注：图中标出的并不完全是生产者服务业用地，其中也包括了部分消费者服务业用地，由于后者占比
　　相对较小，对总体布局影响不大，因此可以近似表示为生产者服务业用地。

资料来源：作者在相关研究基础上绘制[1, 2, 3]。

1 深圳市城市规划设计研究
院. 中国·杭州未来科技城概
念性总体规划［R］. 深圳：
深圳市城市规划设计研究院，
2012.

2 武汉市国土资源和规划局.
武汉东湖未来科技城概念规划
［R］. 武汉：武汉市国土资
源和规划局，2010.

3 JTC. A new workplace
for a creative and
technologically sawy
community［R］. Resource
Advisory Panel, 2002.

2.3 消费者服务业用地

（1）用地功能

科技城的消费者服务业主要面向居民提供服务，其中与科技城居民的生活娱乐和外来工作人员的办公密切相关的零售业、娱乐休闲业、批发业、餐饮业、旅馆业等比重相对较大，其用地主要与《城市用地分类与规划建设用地标准》GB50137-2011[1]中的商业服务设施用地、娱乐康体设施用地、公用设施营业网点用地等相对应；而仅与科技城居民的生活密切相关的用地主要对应公共管理与公共服务设施用地，包括行政办公用地、文化设施用地、体育用地、医疗卫生用地和社会服务设施用地等。可以看出，消费者服务业用地包含了过去城市建设用地分类中的公共服务设施用地（表8-12）。

生产者服务业与消费者服务业对应的用地区别　　　表8-12

用地功能	生产者服务业	消费者服务业
用地属性	面向科技城的生产者，与生产服务密切相关	面向科技城的消费者，与生活服务密切相关
涉及的用地类型	教育研发用地、商业服务业设施用地、仓储物流用地	商业服务业设施用地、公共管理与公共服务设施用地
用地细分	A3教育科研用地、B29其他商务设施用地、A2商务服务设施用地、W1、W2、W3仓储物流用地	B1商业服务设施用地、B3娱乐康体设施用地、B4公用设施营业网点用地、B9其他服务设施用地、A1行政办公用地、A2文化设施用地、A4体育用地、A5医疗卫生用地、A6社会福利设施用地及其他

（2）用地规模

科技城消费者服务业用地规模高于一般开发区和高新区，主要基于两个原因：一是科技城具备系统的城市功能，可以为居民提供全方位的服务，而一般开发区和高新区本质上仍是注重生产的产业区，主要提供生产者服务，而并未重视消费者服务的提供。这也是当前国内开发区缺乏人气的原因[2]。二是科技城的创新和高技术产业发展依赖于对高技术人才的吸引和保留，因此，需要匹配这类人才对生活消费的需求。消费者服务业用地的规模与科技城人口数量密切相关，从国内外已建科技城来看，其消费者服务业用地比例大约为3%～10%，由于大多数科技城在统计服务业用地比例时并未区分生产者服务业与消费者服务业，因此这一比例可能较实际偏低。《城市用地分类与规划建设用地标准》GB50137-2011[3]对公共管理和公共服务用地占城市建设用地比例的要求

1　中华人民共和国住房和城乡建设部. 城市用地分类与规划建设用地标准GB50137-2011 [S], 2011.

2　陈家祥. 创新型高新区规划研究 [M]. 南京：东南大学出版社, 2012.

3　中华人民共和国住房和城乡建设部. 城市用地分类与规划建设用地标准GB50137-2011 [S], 2011.

为5%~8%，可以看出，与一般新城相比，科技城消费者服务业用地比例并不高，但比较注重服务的档次和质量，比如对高档餐饮娱乐场所的需求更高等。

（3）用地布局特征

科技城的消费者服务业用地布局主要考虑人才的需求与服务的便利性。根据消费者服务业类型及具体功能，可以确定其布局要点（表8-13）。布局原则可概括为总体分级布置，确保需求匹配的邻近性与可达性。

科技城消费者服务业功能细分及布局要点　　　　表8-13

消费者服务业	功能细分	布局要点
商贸服务业	娱乐休闲、批发零售、餐饮旅馆	分级布置，分为城市级、片区级和居住区级，办公园区附近需安排休闲设施，提供非正式互动空间
文化产业	文化创意、文化展览、文化演艺	集中于科技城中心或邻近办公用地布局
家庭服务业	家政服务、餐饮、社区互动	邻近居住用地布局
健康服务业	医疗保健、医院、卫生所	邻近居住用地布局
养老服务业	居家养老、社区养老、机构养老	邻近居住用地布局
体育产业	体育运动、体育休闲	邻近居住用地或办公用地布局

消费者服务业用地也是混合用地中的主要成分，有三种混合模式（图8-16）：① 与居住用地垂直或水平混合。在居住建筑底层或周边布置消费者服务业用地，如家政服务、餐饮、社区诊所、社区养老等设施；② 与生产性服务业垂直或水平混合。在研发办公建筑底层或周边布局娱乐休闲、批发零售、餐饮、文化休闲等设施；③ 与公共绿地水平混合。在公共绿地周边布局娱乐休闲、餐饮、文化创意、体育运动等设施。消费者服务业与其他功能用地的混合布局，有助于促进不同主体之间的互动，为居民工作生活娱乐提供便利，并促进多样化城市功能的融合。

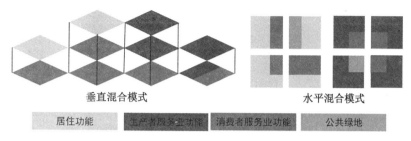

图8-16　科技城消费者服务业功能与其他功能的混合布局模式

2.4　单一功能的居住用地

（1）用地功能

科技城居住用地主要为在科技城中工作的各类人才提供与居住相关的功能，包括住宅、居住区级的公共服务设施等。居住用地可以分为单一功能的居住用地和混合功能的居住用地。前者是指与传统居住用地类似，功能相对独立的居住社区，后者指在同一地块中融合了其他功能的居住用地。对于单一功能的居住用地来说，由于科技城居住主体区别于一般新城，具有其典型的行为特征，因此在功能的组织和安排上与一般新城存在一定差异。总体来说，科技城居民的年龄结构年轻化，家庭结构小型化，知识阶层与服务阶层两极分化趋势明显[1]。由于知识的地位和作用提高，人们学习和工作的时间增长，也影响到居住社区功能的配置。主要分为第7章提出的高端人才社区、知识型社区、服务型社区和混合型社区。

（2）用地规模

从国内外科技城居住用地的比例来看，大多在20%～30%之间（表8-14），少数科技城的居住用地比例较低，尤其是北京未来科技城和武汉未来科技城。分析其居住用地规模偏低的原因，可以发现二者由于与城市建成区接壤，因此并未作为完全独立的新城来规划，因此其区域内部的居住需求将通过周边地区的居住配套来满足。《城市用地分类与规划建设用地标准》GB50137-2011[2]对居住用地占城市建设用地的比例的建议为25%～40%，因此科技城的居住用地基本与一般新城居住用地比例一致，

1　Florida R. The rise of the creative class: and how it's transforming work, leisure, community and everyday life [M]. New York: Basic Books, 2002.

2　中华人民共和国住房和城乡建设部. 城市用地分类与规划建设用地标准GB50137-2011 [S], 2011.

甚至由于产业功能的存在，科技城居住用地比例比生活功能为主的新城偏低。目前，单一功能的居住用地仍占主要成分，比例均为20%～30%。

部分国内外科技城居住用地规模　　表8-14

内容	日本筑波	韩国光州	马来西亚赛博再也	北京未来科技城	武汉未来科技城	杭州未来科技城	中国台湾新竹
单一功能居住用地比例	25	10.5	28.3	5.4	12.51	18.3	22.3
混合功能居住用地比例	0.9	－	－	4.27	－	6.32	－
居住用地总比例（%）	25.9	10.5	28.3	9.67	12.51	24.66	22.3
总用地面积（hm²）	2696	1881	2890	1024	6680	11300	4418

注：在北京未来科技城和杭州未来科技城混合功能居住用地的计算中，将涉及居住功能的混合用地都计入在内，包括在用地分类中列入公共服务设施用地的居住混合用地，而不考虑用地是否以居住为主，因此计算出的结果比用地平衡表中的偏高。

（3）用地布局特征

从科技城居住用地布局模式来看，主要包括集中式布局和分散式布局两种。集中式布局适合高端人才社区和知识型社区，一般分布在靠近大面积公共绿地的位置，距离城市核心有一定距离；分散式布局适合服务型社区和混合型社区，一般分布在靠近生产用地或城市服务中心的位置，通勤成本较低。

从科技城各类用地的关系来看，科技城单一功能的居住用地与公共绿地的关系最为密切，往往选择在景观良好的公共绿地周边布局居住用地，二者相互渗透；单一功能的居住用地与研发生产类用地在空间上邻近，但大多数由绿地或混合功能的居住用地进行了隔离，保证研发生产用地的集聚效益；单一功能的居住用地与服务用地的关系表现为部分消费者服务业用地位于居住组团的核心，部分生产者服务业远离居住组团在科技城中心区布局。由此可见，在科技城单一功能的居住用地布局中，公共绿地的位置是首先考虑的要素，以保证较高品质的居住环境；其次是与消费者服务业用地的关系，以满足对娱乐、交往、文化、休闲、社区服务等方面的需求；最后考虑的是与研发型生产用地的关系。

2.5　混合功能的居住用地

（1）用地功能

科技城混合功能的居住用地除了提供居民居住功能以外，还具有研发、办公、商业、休闲、娱乐等功能。这类用地的出现有两个原因：一是回应了信息时代信息技术支撑下工作—生活界线日益模糊的趋势，为部分喜欢弹性工作的人才提供了在家办公的机会；二是对创新所依赖的涉及主体更广泛、持续时间更长的互动提供了可能，将工作、商业、休闲、娱乐等功能与居住功能混合，增加了人才生活的趣味性和激发创意的可能性[1]。有学者提出混合用地的功能组合应该遵循三个原则：① 相互间无不利影响或影响较低原则；② 需要的环境条件相似原则；③ 功能互利原则[2]。根据此原则，科技城出现两类混合功能的居住用地，一类是居住与办公功能的混合，如居住—研发混合用地，其特征是实现了同一空间中功能的融合，即一些小型企业和自由职业者采用的居住办公空间SOHO；另一类是居住与商业、娱乐、休闲等功能的混合，如居住—商业混合用地、居住—娱乐混合用地、居住—公共服务混合用地等，主要采取垂直混合的模式，在建筑底层或较低楼层布置商业、娱乐、休闲等功能，在高层布置居住功能（图8-17）。

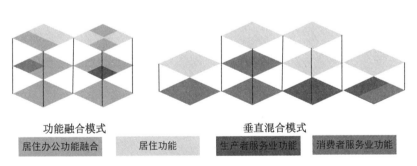

图8-17　混合功能的居住用地的功能组织模式

（2）用地规模

根据一般新城用地发展趋势，一般混合用地是新城功能日益丰富和分化中不断增多的用地类型，但在最初规划时为了方便用地管理并

1 Seitinger S. Spaces of innovation: 21st century technopoles [D]. Cambridge: MIT Department of Urban Studies and Planning, 2004.

2 王佳宁. 合理应用混合用地，适应城市发展需求 [J]. 上海城市规划，2011，6：96-101.

未规划大量的混合用地。然而科技城一方面具备了将工作生活用地混合布局的可能性，另一方面也需要增加多种功能的互动促进创新，因此有必要在规划时安排一部分混合用地，引导多样化功能的集聚。现有科技城中，新加坡纬壹科技城的混合用地比例最高，包括未确定功能的"白地"[1]在内，其比例超过15%。但在其他地区，考虑到传统的居住习惯、用地管理的可行性和目前科技城居民对混合用地的需求程度，混合功能的居住用地仍然只占一小部分。比如日本筑波科学城商住混合用地面积为25hm^2，比例为0.9%；北京未来科技城规划住宅混合共建用地的面积为39.82hm^2，比例为4.27%；杭州未来科技城规划混合用地540hm^2，比例为6.32%。这在规划中有意引导土地利用功能混合的布局安排，提升了科技城的用地弹性，顺应了科技城功能混合发展的趋势。

（3）用地布局特征

混合功能的居住用地的区位与用地特征由居住功能和其混合的功能共同决定。居住—研发混合用地一般分布在靠近知识源或研发机构的区域，居住—服务业混合用地一般分布在科技城中心靠近服务中心的区域或组团中心。混合功能的居住用地地块规模并不大，一般采取分散分布模式。从杭州未来科技城和新加坡纬壹科技城混合功能的居住用地分布来看，分布较为分散，大多分布在城市中心地区或组团中心，与单一功能的居住用地和服务用地的关系十分密切，部分靠近研发生产用地（图8-18）。

2.6　交通设施用地

（1）用地功能

科技城的交通设施用地主要承载科技城企业和居民对快速交通、慢行交通和公共交通等出行需求（表8-15）。高技术区中的人流、资本流、知识流和技术流往往具有快速流动的特征，因此交通设施和通信设施的安排对科技城创新活动的开展非常重要，这有助于促进信息交换速度和沟通效率的提升。对于承载人流物流流动的交通设施来说，一

1　"白地"是新加坡城市土地分类的一种，目的是为开发商提供灵活的建设空间。此类用地为混合用途，一般规定总容积率，但不限制各类功能的比例，由开发商根据市场需求确定。

（a）杭州未来科技城：混合功能居住用地（左图深色）与服务业用地（右图深色）关系

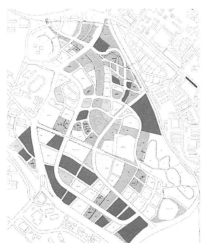

（b）新加坡唯壹科学城：混合功能居住用地（左图深色）与服务业用地和白地（右图深色）关系

图8-18 科技城规划混合功能居住用地与其他功能用地关系

资料来源：根据《杭州未来科技城概念性总体规划》[1]和《新加坡唯壹科技城总体规划》[2]绘制。

方面需要满足企业研发和生产对交通设施的需求，主要集中在对快速交通系统与大型交通枢纽对接的需求上，需要保证科技城对内和对外联系的畅通和便利；另一方面满足居民生活对交通设施的需求，包括与科技城所在母城的快速联系通道、科技城各个分区之间的便捷联系，并满足多样化的交通出行选择，为高技术人才的生活休闲提供步行、自行车交通等设施，同时提供园区与知识型社区和服务型社区间的公共交通设施。

1 深圳市城市规划设计研究院. 中国·杭州未来科技城概念性总体规划［R］. 深圳：深圳市城市规划设计研究院，2012.

2 JTC. A new workplace for a creative and technologically savy community［R］. Resource Advisory Panel, 2002.

科技城企业生产和居民生活对交通的需求　　　　表8-15

交通类型	企业生产功能对交通的需求	居民生活功能对交通的需求
快速交通	与机场、火车站的快速联系	与主城的快速联系，与科技城各项服务设施的便捷联系
慢行交通	科技园区或产业园区内部、企业间步行联系	生活休闲所需要的步行交通、自行车交通设施等
公共交通	满足员工上下班的通勤需求	园区与知识型社区和服务型社区之间的公共交通设施

（2）用地规模与布局特征

目前国内外科技城的交通设施用地规模大约在10%～20%之间（表8-16），与一般新城交通设施用地规模区别不大。但从最近国内科技城规划的来看，交通设施用地超过20%，在用地上表现为较密的路网和更小的地块划分。

部分国内外科技城交通设施用地比例　　　　表8-16

内容	日本筑波科学城	韩国光州技术城	马来西亚赛博再也	北京未来科技城	武汉未来科技城	杭州未来科技城
交通设施用地比例	12.50	7.80	34.20	20.32	18.01	20.94

总体来看，科技城交通设施用地区别于一般新城的特征是（图8-19）：① 注重与对外联系道路、大型交通设施和主城的联系，通过快速道路联系机场、火车站、港口等，并联系所在大都市区的中心城区。② 较小的地块规模，路网密度较高，如杭州未来科技城的地块功能划分较细，支路网密度较高以提高土地功能的混合程度；武汉未来科技城将组团规模控制在2～3km^2，以提供高密度的独立步行、自行车网络。③ 组团内部的道路布局更为灵活，提供丰富的空间形态，如新加坡纬壹科技城和武汉东湖未来科技城在规划时为了创造更为丰富多样的空间，融入曲线路网的元素。④ 注重慢行交通的生活服务功能，提供休闲、健身、景观等功能，如北京未来科技城规划提出绿色出行（公交、

电瓶车、自行车、步行）比例达到70%以上，园区内各功能中心之间出行时间低于15分钟，并将慢行系统分为一般慢行、景观慢行和健身慢行体系；杭州未来科技城提出五分钟步行社区的规划，在五分钟步行时间内实现交通换乘、日常生活和娱乐休闲。⑤注重对重要交通节点的控制，树立良好的城市形象。

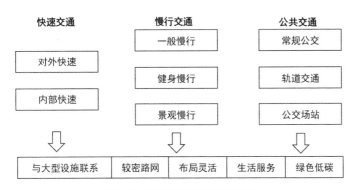

图8-19 科技城交通布局内容和要求

2.7 绿地与广场用地

（1）用地功能

科技城的绿地与广场用地提供景观、游憩、展示、生态、体育运动、安全防护、集会等功能，主要为高技术企业和高技术人才提供健康宜居的工作生活环境。比如新竹和武汉东湖科技城内的研发建筑之间布局了大面积的公共绿地，为员工休息、交流提供了开放空间；新加坡纬壹科学城生物园入口的公共绿地上布局了带有园区名称的景观雕塑，塑造了园区形象；新竹科技城布局有体育休闲绿地，提供高尔夫场地，在道路两侧布局防护绿地，减少交通噪声（图8-20）。

（2）用地规模与布局特征

从各个科技城的用地比例可以看出，筑波和赛博再也科技城公共绿地比例较低，主要是由于并未将城市周边的大规模生态绿地计算在内，其他科技城的绿地比例在20%～40%之间（表8-17）。《城市用地分类与规划建设用地标准》GB50137-2011[1]对绿地与广场用地的建议范围是10%～15%，可以看出科技城绿地比例较一般新城更高。主要是由于高技术生产研发和高技术人才居住对环境品质要求更高，因此需要充足的公共绿地提供创新所需要的互动、展示与休闲空间。

（a）台湾新竹科技城园区的公共绿地：景观休闲　　　（b）武汉东湖科技城的公共绿地：景观休闲

（c）新加坡纬壹科技城的公共绿地：展示景观　　　（d）台湾新竹科技城的公共绿地：体育休闲

（e）台湾新竹科技城园区的防护绿地：噪声防护　　　（f）筑波科学城中心区公共绿地：景观休闲

图8-20　部分科技城的绿地类型和功能

图片来源：（c）、（f）来自网络，其余为作者自摄。

1　中华人民共和国住房和城乡建设部. 城市用地分类与规划建设用地标准GB50137-2011［S］，2011.

部分国内外科技城公共绿地比例　　　　　表8-17

内容	日本筑波	韩国光州	马来西亚赛博再也	北京未来科技城	武汉未来科技城	杭州未来科技城
公共绿地比例	3.7	27	5.8	37.07	21.22	27.33

与一般新城相比，科技城绿地布局具有以下特征：① 保留面积较大的绿地斑块，成为科技城空间组织的基本骨架。比如北京未来科技城和武汉未来科技城充分保留了基地上的生态绿地，路网的布局和地块的组织都以生态保护为第一原则。② 绿地与其他功能的相互渗透，包括绿地与科研、绿地与居住、绿地与服务等功能的相互邻近与混合。新加坡纬壹科技城将绿地空间作为串联各个功能组团的纽带，绿地两侧布局了多种多样的功能。③ 在功能组团内部布局小斑块的公共绿地或街头绿地，保证绿地空间服务的均好性。杭州科技城基本保证了每个地块都有少量的绿地空间，特别是北部研发生产与居住组团，在绿地作为生态基底的前提下，依然在组团内部布局少量绿地空间，保证组团内部的景观品质（图8-21）。

2.8　用地构成比较

综合对比国内科技城与一般新城和开发区用地构成的区别（表8-18），可以看出科技城用地有如下特征：① 科研用地比例较高，一般在20%以上，是显著区别于一般新城和开发区的；② 居住用地比例相对较低，主要是由目前北京未来科技城和武汉东湖未来科技城的部分居住需求由周边区域承担造成的，筑波等几个国外科技城居住用地比例平均值为21.7%，略低于一般新城，与开发区基本一致；③ 道路广场用地比例略高，在10%～20%之间，与科技城较小的地块分布和较密的路网有关；④ 绿地比例较高，一般在25%以上，符合高技术企业和高技术人才对环境品质的需求；⑤ 有一部分混合用地，大都在8%以下。

（a）杭州未来科技城绿地布局

（b）北京未来科技城的绿地布局

（c）武汉东湖未来科技城绿地布局

（d）新加坡纬壹科技城绿地布局

图8-21　部分科技城的绿地布局

资料来源：《杭州未来科技城概念性总体规划》[1]和《武汉未来科技城总体规划》[2]。

1　深圳市城市规划设计研究院. 中国·杭州未来科技城概念性总体规划［R］. 深圳：深圳市城市规划设计研究院，2012.

2　武汉市国土资源和规划局. 武汉东湖未来科技城概念规划［R］. 武汉：武汉市国土资源和规划局，2010.

国内科技城与部分新城、开发区用地构成平衡表对比　　表8-18

用地类型	科技城平均比例（%）	新城平均比例（%）	开发区平均比例（%）
居住用地	13.87	29.8	21.45
公共服务设施用地	36.08	20.2	8.02
（其中科研用地）	23.66	—	—

续表

用地类型	科技城平均比例（%）	新城平均比例（%）	开发区平均比例（%）
工业用地	–	13.9	41.21
仓储用地	–	2.2	2.37
对外交通用地	–	3.4	1.03
道路广场用地	19.13	17.1	16.60
市政公用设施用地	1.75	1.1	2.89
绿地	28.54	21.5	7.16

注：国内科技城的用地比例是指北京未来科技城、武汉东湖未来科技城、杭州未来科技城规划
　　用地平衡表的平均值，为了对比的方便，将各类用地中的混合用地按照主要功能进行了归
　　类。国内新城是根据收集到的国内8个新城的总体规划或概念规划计算的平均值，包括合
　　肥滨湖新区、山东莱阳南海新区、江苏连云港市东部滨海新区、浙江台州市三门县滨海新
　　城、广东佛山高明区西江新城、郑州二七滨河新区、杭州湾上虞滨海新城、广东顺德新城
　　规划等。开发区平均比例来自学者对长三角开发区的研究[1]。

3．小结

　　本章主要基于科技城发展需求和特征，结合目前已建和在建的科技
城案例，对科技城的土地利用情况进行了研究，主要探讨了科技城土地
利用混合的趋势和各类用地的特征。研究发现：

　　（1）从理论演绎角度，由于生产条件、生活需求和生态功能的转
变，科技城生产用地、生活用地和生态用地的关系更为密切，并出现
了混合用地，成为第四种空间类型。科技城的用地混合程度较一般新
城更高。

　　（2）从案例总结角度，在特定的功能需求下，科技城各类用地的功
能、规模和布局呈现出与一般新城和开发区相区别之处，主要表现在高
技术制造业用地与生产者服务业用地规模更大且统筹布局；消费者服务
业用地承载高档服务功能的比重增加，为创新提供交往空间并为高技术
人才提供高品质服务；居住用地分为单一功能和混合功能，前者占主要

1　胡幸，王兴平，陈卓. 开
发区用地构成的影响因素及演
化机制分析——以长三角为例
［J］. 现代城市研究，2007，
4：62-70.

成分，并呈现不同阶层分类集聚的特征，后者主要混合办公、服务等功能类型，主要位于科技城中心区，其规模将随科技城功能多样化和复合化趋势逐渐增加；交通设施用地规模较一般新城略大，与较密的路网和小规模的地块划分相关；绿地与广场用地比例较高，多保留原有生态基底，形成较大的绿地生态斑块，并结合小斑块绿地与其他功能相互渗透布局。

（3）对科技城土地利用规划的启示为：科技城生产、生活、生态用地负外部性的降低及关系的强化为科技城土地利用布局提供了更大的弹性，土地利用布局可进一步围绕创新的过程、企业和人才的需求确定相互间的关系，并增加一部分混合用地。同时，在弹性增加的情况下，规划仍需要保障科技城公共服务的品质和生态空间的完整性与均好性，并为各阶层的居民提供宜居宜业的生活工作空间。

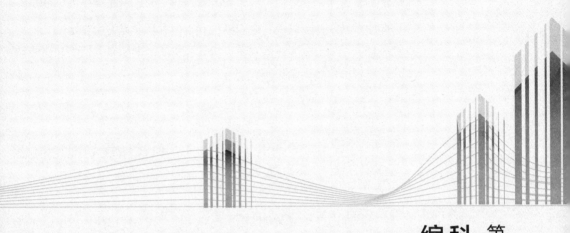

第 9 章

科技城总体规划
编制的内容框架

　　本章将系统探讨科技城规划编制的理论核心议题，分析科技城规划在促进创新方面的有效性与局限性。整合以上几章对科技城发展演化机理、产业布局、社会组织、空间结构和土地利用研究的主要结论，提出科技城总体规划编制的思路和重点内容，说明本书的研究结论如何应用于科技城总体规划编制实践。

1. 科技城规划理论核心

　　本节将面向科技城规划的理论核心问题，在本体论和认识论层面进行两方面的探讨，一是科技城规划的基本概念问题，重新回顾和辨析科技城规划相关的三个基本概念——科技城、创新和规划的内涵。二是提出科技城规划的合法性、合意性和合理性三个命题，解决为什么要开展科技城规划、科技城规划应该有怎样的目标和如何采取可行的规划策略实现目标的问题，旨在明确科技城规划的理论意义和现实作用。通过理论与现实的对照，以前面各章的研究结论为支撑，进而探讨科技城规划影响科技城发展的作用机制，包括科技城发展与空间组织的关联机制和科技城发展与制度干预的关联机制（图9-1）。

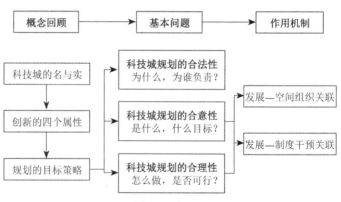

图9-1 科技城规划的理论核心问题

1.1　科技城规划的概念回顾

本研究涉及三个基本假设：① 科技城有三个本质属性：创新是其发展目标，高技术产业系统是其专业化特征，系统的城市功能是其作为城市的一般特征；② 创新是科技城发展的目标之一，也是科技城在成熟阶段的发展动力；③ 人们可以通过有意识的规划促进科技城的形成和发展。以下将在这些假设基础上，回顾和辨析三个概念的具体内涵、属性特征和相互关系。

（1）科技城的名与实

科技城不是城市自然演进中出现的一种特征鲜明的城市，而是带有人为规划或人为界定色彩的某种类型的专业化城市，是人们为了方便理解和实现目标设定的一个概念标准。那么，关于科技城的讨论需要置于一个共同的概念框架之下进行。根据本研究的界定，科技城是为以人的发展为核心，推动创新及其在产业中的应用为目标，在市场机制的主导作用下，通过高技术产业的发展和城市系统功能的支撑实现可持续增长和发展的城市。其中，创新、高技术和城市系统是三个基本属性。因此，要判断一个城市是否是科技城，一是需要评估其发展状态和发展目标是否围绕创新，二是其产业系统是否主要由当前产业发展标准下的高技术产业构成，三是其是否具备系统性的城市功能。严格来说，这三个标准仍然需要进一步明确，如什么是创新，高技术产业的比例需要占多少以上，系统性的城市功能如何界定等。如果不能明确这些标准，那么对科技城的判定就无法严格开展，也无法界定实质上的科技城，而只能依据其他外界的参考标准来研究一些名义上的科技城，如国家的行政目标或人们约定俗称的共识等。

本研究在理论建构部分针对的是符合研究所界定的概念标准的、严格意义上的科技城，在实证研究部分并没有根据概念界定严格筛选具体案例，而采用了名义上的科技城的概念。这是由于在学术界缺乏对科技城概念定义的广泛共识，同时在国内科技城的实践发展仍处于起步阶段的情况下，更需要从大量的现实案例中探索和发现"潜在"科技城的发展特征和发展规律，从而才能进一步抽象和提炼更符合现实发展条件的一般性规律。因此，本书重点研究的四大未来科技城，在当前的发展阶段和发展条件下，只能被看作是名义上的科技城，是否未来能成为实质上的科技城，仍有待进一步验证。因此，本书对科技城的研究，实际上是面向科技城规划和发展需求的。

（2）创新的四个属性

综合熊彼特[1]，欧盟委员会[2]和OECD[3]等对创新的界定，可以看出，创新是新的生产要素或新的要素组织模式被商业化运用的过程和结果，既包括新产品、新技术和新方法的商业化应用，也包括新的制度和组织模式在产业中的应用。创新具备以下几个属性：① 市场属性。从创新的定义看，符合市场需求的新尝试才能称作创新，创新的判定需要在市场范畴内讨论，创新的成立需要由市场来检验。因此，市场所接受的新尝试是创新的本质属性。而人们大多数情况下探讨的科技创新、文化创新和社会创新等概念，大都是借用了创新的外延属性，是指与发展新观点、新技术、新方法、新的组织模式、新的市场需求等相关过程的统称，会涉及产生本质创新的众多支撑要素和条件，也会涉及实现最终创新的前期众多过程，但并没有强调其市场属性。基于此，在对科技城规划的研究中，既要从创新概念的内涵与外延出发，理解创新作为多主体复杂互动的过程，也要回归创新的本质，抓住其根本的市场属性特征。② 不确定性。由于创新过程涉及的主体多，创新成果的检验依赖于市场中变动的需求，在未得到市场验证的情况下，无法判断是否形成了创新，因此创新具有较大的不确定性。以创新为目标的科技城的发展也具有较大的不确定性，其是否能实现创新的目标需要市场的检验。③ 时间衰减属性。创新概念中对各类"新"要素和"新"关系的界定是相对于旧有事物来说的，一个时刻的"新"不意味着永久的"新"，所以一项创新产生以后有时间上的衰减周期。要保持持续的创新状态，只能不断突破旧有束缚，不断形成新的关系。因此，创新驱动的科技城必然是旧事物和旧有生产关系不断被打破，新事物持续涌现的空间载体。事实上，很多科技城只能在一段时间内因特定产业技术的发展和市场机会的选择，呈现出创新能力，但如果不能持续突破自身发展惯性，很难长期具备创新能力。④ 空间不均衡属性。创新并不是均衡地分布在空间之中，而是具有不均衡性。由于多种因素，创新

1 Schumpeter J. The theory of economic development: an inquiry into profits, capital, credit, interest, and the business cycle[M]. Cambridge: Harvard University Press, 1912.

2 European Commission. Green paper on innovation[R]. EC, Luxembourg: European Commisson, 1996.

3 OECD. National innovation system [R]. Paris, France: OECD, 1997.

集中在少数资源和环境具备特定特征的地区，形成创新在空间分布上的势能。这一点为科技城的存在提供了基本的理论依据，也为集聚相关创新资源到特定地区可以促进科技城的形成提供了理论支持。

（3）规划的目标与策略

一般意义上的城市规划可以理解为针对特定的城市发展目标，部署与城市空间发展相关的行动策略。规划作为一种试图人为干预城市发展的尝试，其面对的是城市——一个具备较强的不确定性和一定程度上的不可预测性的复杂巨系统，城市的最终发展与众多因素相关，规划只是影响城市发展的一种作用力。因此，应该谨慎看待规划对城市发展所发挥的作用，而不能把规划视为决定城市发展方向的终极力量。关注规划的有限目标和有限责任，将分析与研究限定在明确的前提下，探讨特定地区、特定发展阶段下，针对未来有限时间的行动策略，才能避免规划落入无限的外延和不可实现的陷阱。

理论角度来看，开展城市规划的前提在于三个方面：① 合法性[1]。解决"为什么规划和为谁规划"的问题。规划在社会认知层面具备社会公信力，符合社会经济文化发展需要，能够为民众普遍认可和接受。即保证城市发展相关的利益主体能认可规划，保证规划的过程和成果是建立在多方共识的基础上，特别是在尊重多主体多样化和差异化的利益诉求基础上达成共识。② 合意性。解决"什么是规划？目标是什么？"的问题。旨在产生一个大多数人所乐于见到且愿意为之付出努力的理想化的图景。即形成符合城市发展相关多方主体期望的和具备理论可行性的目标，引导城市发展。③ 合理性。解决"如何规划？可行性步骤是什么？"的问题。保证实现目标的具体步骤和策略具备较强的可行性。能够在现实操作层面通过一些策略的运用，来实现有限的城市发展目标。特定类型规划的合法性、合意性和合理性分析能够为确定规划的价值观、目标和具体行动策略提供一个可以探讨的框架。

1.2　科技城规划的基本问题

科技城规划的基本问题分析将从科技城规划的合法性、合意性和合

---

[1]　本文强调政治层面的合法性概念，参考哈贝马斯对"合法性"的界定，合法性意味着某种政治秩序被认可的价值以及事实上的被承认。用来指规划被民众所认可的价值，从而具备社会公信力。

理性三个方面进行分析。

（1）科技城规划的合法性

关于科技城规划的合法性涉及"为什么规划科技城？科技城规划应该为谁服务？"

科技城大多是城市和区域在特定时期的特定发展条件下，由政府主导的或自发形成的一种具备专业化城市功能的城市，人为的政策调控和自发的市场机制，是科技城发展的两个主要动力。科技城规划侧重于强调人为干预的科技城发展，是政府为了落实特定的城市和区域发展战略，将科技城作为一种政策意图的载体，对其开展规划，将各类资源与特定的科技城发展目标相匹配。

比如在我国的三类科技城发展中，科技城规划所体现的政策意图大都与国家或地方政府对经济发展的引导和各项战略的落实有关，这体现了现实发展中各类科技城规划所承载的政策目标（表9-1）。在科技城的三种类型中，本书重点研究的是第三种，即集中新建的科技城，其主要承载的中央政府的政策意图是，贯彻与建设创新型国家相关的战略，通过政策力量促进创新创业集聚的高技术产业特区和人才特区形成，引领和带动中国制造向中国创造方向转变。

三类科技城规划的政策意图　　　　表9-1

科技城类型	科技城代表	科技城规划的政策意图
中心城区转型发展	四川绵阳科技城	促进产业结构升级，挖掘科研资源潜力，促进科技成果转化
高新区转型发展	苏州科技城、上海张江科技城、南京高新区科技城等	转变城市功能单一格局，促进产业与城市融合发展，培育系统性创新环境
集中新建科技城	北京、武汉、杭州、天津四大未来科技城等	贯彻落实创新型国家战略和中央引进海外高层次人才的"千人计划"战略，形成创新创业高度聚集的人才特区和科技型新城

从合法性层面来看，科技城规划不应简单作为落实中央政府政策的工具，而应该尊重各级政府、企业、市民等其他相关主体的多种需求，让科技城规划成为体现多种价值观和利益诉求的载体，在建立一致性共

识的基础上保证科技城规划的合法性。

以下以北京未来科技城为例，分析多方利益主体对科技城规划的利益诉求。这些利益主体可以分为政府主体、企业主体和居民主体三类（表9-2）。各级政府对未来科技城规划的利益诉求主要有以下两方面：① 提升央企创新能力，提升北京市整体科技创新水平，带动中国整体自主创新能力提升；② 通过央企的集聚和研究机构的发展带动区域周边的产业发展。央企对未来科技城规划的利益诉求有两方面：① 为了在中央战略的支持下以较低价格获得土地、得到相应政策支持；② 希望通过研究院的集中布局提升自身的科技创新能力与企业竞争力。居民对未来科技城规划的基本诉求包括：① 服务便利、出行便捷、生态舒适、居住多样、可选余地充足的生活环境；② 创新创意氛围良好、就业机会充足的产业环境。

北京未来科技城相关主体对科技城规划的利益诉求　　表9-2

利益主体	利益诉求
中央政府	通过未来科技城的发展，提升中国整体自主创新能力，提升央企在国际竞争中的地位
国资委	提升央企能力，特别是软实力；在北京得到一些优惠，包括土地价格、相应政策、研究专项支持
北京市政府	通过央企的带动作用，促进未来科技城和周边地区产业发展，提升北京市整体科技创新水平
昌平区政府	完成政治任务；通过产业发展带动，起到引领区域经济发展的作用
中央企业	希望获得较低价格的土地，希望借此提升自身科技创新能力与企业竞争力
企业员工	高品质的城市公共服务，便捷的出行条件，创新创意氛围，良好的生态环境条件，可供选择的住房
周边居民	城市公共服务设施改善，生态环境保持
拆迁农民	居住条件改善，公共服务增加，就业机会增加

资料来源：根据对北京未来科技城管委会产业发展处的访谈整理。

从以上分析可以看出科技城规划的合法性在于，多方利益主体能够共同认可科技城承载的促进创新的产业发展，以及为居民生活提供高品质支撑环境的目标，或者说利益相关主体一致期待科技城能够在满足自身需求和发展的前提下，以创新能力和创造能力带动中国企业参与全球竞争。要维持科技城规划的合法性，必须尊重科技城规划满足多方利益主体需求的前提。然而，当前我国科技城规划更注重政府策略的落实，而忽略居民的实际生活诉求；重视产业氛围的营造，而忽视人才氛围的构建。只有将自上而下的政府决策与自下而上的居民需求相结合，才能让科技城规划具备合法性，向着更为可持续的方向发展。

（2）科技城规划的合意性

关于科技城规划的合意性，涉及科技城规划是什么？在理想状态下，应该确定怎样的发展目标？

在理想状态下，科技城规划作为新城规划的一种类型，也应该具备一般新城所应发挥的作用，符合城市规划的基本价值判断以及经济、社会和环境协调发展的综合目标。从这一角度出发，科技城规划的目标可以从对经济效益的提升、社会公平的引导和生态环境的保护三个方面进行分析：

① 实现创新引领的经济发展所带来的长期竞争力。主要是运用政策手段提供公平有序的市场竞争框架和必要的制度约束，为不确定性较强的创新提供确定性的制度框架，调节创新过程中的外部性，如在发展的时序安排和空间布局中促进知识溢出等正外部性的形成，减少环境污染等负外部性的产生；通过有针对性地引导产业发展，减少市场主体的自私和短视倾向，如通过倡导投资教育和研究等易产生长远利益的活动，促进科技城长期竞争力的提升。

② 实现科技城内部各个阶层共存共融的社会公平与社会活力。以往的科技园区规划或科技城规划都十分注重对企业的吸引和保留，而较少从各类人才需求的角度出发开展规划。即使有些科技城提出要满足人才的需求，但也往往从高层次人才的需求出发，各类服务设施的选择和空间功能的安排都围绕高层次人才和偏好，而较少考虑同样在这类创新区域发挥作用的低收入阶层的需求。而城市规划在资源配置方面的终极原则是社会的公平和公正[1]。因此，以人才需求为基本出发点的科技城规划，需要为各个阶层提供公平的发展机会和生存条件。在倡导公平和包容的规划引导下，各类人才之间的社会互动才会进一步促进科技城的

1　孙施文. 现代城市规划理论［M］. 北京：中国建筑工业出版社，2007.

创新和发展。

③实现生态环境的保护与利用。在科技城规划中，一方面应该充分保护基本的生态安全格局，明确生态环境保护的底线；另一方面可以利用高技术产业发展的低污染优势和高技术人才生活的宜居性需求，寻找生产、生活和生态功能的交互模式。

（3）科技城规划的合理性

关于科技城规划的合理性，重点探讨在现实的条件下，科技城规划能解决哪些问题？在现实层面能在多大程度上实现理想化的科技城目标？

从合理性层面来看，科技城规划策略的制定应该符合科技城发展的客观规律，在科技城追求经济效率、社会公平和环境生态的理想目标下，承认规划并不能解决科技城发展中的所有问题，比如在创新的市场属性、不确定性、时间衰减属性和空间属性背后，规划只能发挥有限作用。在此前提下，评估科技城可以利用政策设计和空间布局手段解决哪些问题，可以通过哪些着力点实现目标。通过与一般新城规划策略的比对和对科技城规划目标的评估，科技城规划可以在以下几个方面发挥作用：

① 确定科技城综合发展目标。将科技城置于国际国内大的发展背景和时空格局之下，评估其所承载的政府、企业和居民等多方的发展要求，分析其可能解决的当前发展问题和可能实现的经济社会环境目标，并建立科技城自身与所在城市、所在区域之间的关联，与全球技术、市场的关联。从系统的全局视角确立科技城的综合发展目标。

② 确定科技城产业发展重点。通过对当前世界产业格局的判断和科技城自身技术优势的评估，由多方利益主体协商，选择重点发展的产业和基本的产业发展模式，以集中力量有针对性地布局新兴产业，在一定程度上应对市场的不确定性。

③ 部署市场竞争开展的框架。运用制度设计和空间布局手段，确立科技城市场竞争开展的框架，保证不确定性较强的创新是基于确定的制度保障和风险管理展开的，如建立知识产权保护体系、规范资本市场、明确政策对创新的激励等，以规范主体在市场中开展公平竞争。同时，运用空间布局手段，根据科技城各项功能的相互联系和比例关

系，构建弹性化的空间发展框架，减少众多主体协调空间关系的交易成本，也保证后期空间发展的弹性和灵活性。

④ 优先进行公共设施的供给。对那些无法或无法有效通过市场机制由企业或个人来提供，具有非排他性或非竞争性的公共物品，需要在科技城规划中优先明确空间位置，包括学校、医院、公园、博物馆等公共服务设施，以及道路、给排水、电力电讯、通信、煤气、燃气、网络等基础设施。科技城中的公共设施除了满足一般的规范标准以外，还需要根据科技城各类人才的偏好进行有针对性的匹配，如为知识型工作者优先配置文化设施和体育活动设施等。

⑤ 促进创新正外部性的发挥。科技城各类创新要素和创新主体发挥协同作用的关键在于知识溢出，科技城规划可以通过制度设计和空间布局，促进知识溢出的产生，形成更多的创新正外部性。比如建立各类知识共享平台、企业家合作网络，提供举办科技展览和文化交流的空间场所等，将产业氛围和人才氛围落实到空间氛围层面实现。

⑥ 引导多样居住空间的形成。充分考虑科技城各类人才的居住偏好和经济实力，匹配多种类型、不同档次的居住空间供选择。对于服务不同层次人才的各种类型居住社区的比例，规划只需要提供大体的比例，市场机制会进一步匹配各类主体的不同需求。规划需要注重的是相对低收入者的居住空间供应，应该本着公平原则，一方面提供一定比例的服务型社区给低收入人群租住或购买，另一方面保证这些服务社区基本公共服务的供给质量。

⑦ 强化生态环境底线的控制。明确规划对生态环境保护的责任，在科技城规划中优先考虑对生态环境底线的坚守。在确立基本生态空间格局的前提下，保留生态廊道，按照生态—生活—生产的顺序布局用地。

从科技城规划的合理性角度考虑，科技城规划可以通过以上七个方面对科技城发展综合目标的实现起到一定的促进作用。

1.3　科技城规划的作用机制

空间组织与制度安排是规划发挥作用的抓手，科技城规划可以促进科技城发展的前提假设，也在于空间组织与制度安排拥有与科技城发展相互关联的机制。

（1）空间组织与科技城发展的关联机制

空间组织与科技城发展的关联机制，是指空间组织影响科技城发展的途径和原理。针对科技城的特征，空间规划可以从空间框架的确立、空间类型的布局、空间关系的组合、空间品质的塑造等方面影响科技城的发展（图9-2）。

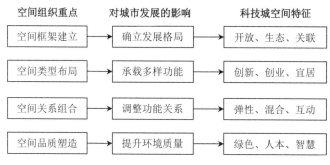

图9-2　空间组织与科技城发展的关联机制

① 关联机制一：空间框架的建立确立发展格局。科技城道路、主要功能分区、主体功能结构的建立能够确立科技城总体上的发展格局，能够统一利益相关各方对空间发展的预期，减少发展中的交易成本。根据科技城的特征，其总体发展格局需要重点关注与所在区域的产业、人口、设施等方面的联系，要求在空间框架的布局上保持开放性，对接所在区域的各类资源；需要保护区域的生态安全格局，要求在空间框架的布局上优先考虑生态原则，确定主要生态廊道或生态网络；需要对接国内外其他具备同行业领先技术和知识水平的高技术区域，强化创新联系，要求在空间框架的布局上保持关联性，优先确定重要的基础设施布局。可以看出，空间框架的建立能够影响城市的发展格局，如果能从理想科技城的基本特征出发反思空间框架的建立模式，从而确立科技城基本的空间结构、道路骨架和重要基础设施，将对科技城未来的发展起到直接的促进作用。

② 关联机制二：空间类型布局承载多样功能。科技城中各种专业化功能的发展需要空间来承载，通过有针对性的多样化空间类型的布局，可以保证各类功能的落实。根据科技城的特征，其典型的功能主要面向创新、创业和为居民提供宜居的环境，形成承载多样化功能的专业化空间，如研究、开发、中试、孵化、会展、金融、休闲、文化、娱乐、居住、服务、生态等。各类型的空间根据承载的产业组织模式和社会组织关系的不同，会呈现不同的空间组织模式。

③ 关联机制三：空间关系组合调整功能关系。科技城中各专业化功能之间的相互联系需要依靠空间关系的组合模式来调节。为适应科技城创新的不确定性，增强科技城发展的弹性，科技城的空间关系组合需要注重弹性、混合和互动。所谓弹性是指空间关系的布局并不在一开始完全确定，而是为市场机制下的功能关系优化留有调整的余地。主要采取的手段是面向不确定性的预留用地和有限选择下的用地功能兼容，如RDP（研究—开发—生产）用地并不明确要求到底是哪种用地类型，而是为使用者提供了自主选择布局研究、开发或生产的机会。混合用地指的是根据科技城功能联系的需要，在一定空间范围内布局多种用地功能，以减少居民通勤、提供便捷服务、增强相关功能的联系、培育更多互动的可能性。互动空间是指为了增强科技城多样化主体之间的交流，而在特定功能的用地附近专门布局的促进主体交往的空间，包括正式的资源共享和知识共享平台、非正式的交流空间等。

④关联机制四：空间品质塑造提升环境质量。科技城中的环境质量受空间设计品质的影响。为满足科技城高技术人才对工作生活环境品质的要求，科技城空间品质塑造需要注重绿色、人本和智慧。应用绿色建筑的标准，以低碳生态为建设理念，减少能源消耗和废弃物排放，在空间设计中融入更多的自然要素，营造人才、科技、自然协调共生的空间氛围。人本导向的空间设计需要更关注人的需求，特别是科技城中各类人才的需求，各类设施的布局围绕他们的日常活动需要，同时在空间设计上更多地考虑人的尺度和人的感受。在信息技术发展的支撑下，通过城市设施的智慧化运营与管理，提高城市空间的使用效率。特别是在城市的道路交通、公共服务设施、市政设施等功能的运行与管理中，通过

智慧化数据的采集与分析，不断优化空间资源的配置方式，为科技城居民服务。

（2）制度安排与科技城发展的关联机制

制度安排与科技城发展的关联机制，是指制度安排影响科技城发展的途径和原理。针对科技城的特征，制度安排可以从制度框架的确立、制度的效率面向、制度的公平面向和制度的阶段调整等方面影响科技城的发展（图9-3）。

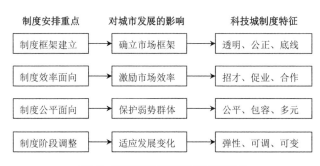

图9-3 制度安排与科技城发展的关联机制

①关联机制一：制度框架的建立确立市场框架。科技城的主要产业活动是面向创新的高技术产业的研发、生产和服务，其所具备的知识含量高、更新速度快、无形资本价值高等特征决定了产业发展将长期处于快速变化中，市场竞争激烈，也具有很强的不确定性，需要更为透明、公正和底线明确的制度来保证竞争的有序开展。比如，明确的知识产权保护机制，将保护创新者的合法权益，减少抄袭成风对创新者创新意愿的打击与损害。

②关联机制二：制度的效率面向激励市场效率。科技城的制度设计可以帮助促进市场资源的优化配置，提高资源的利用效率，促进更多的创新成果形成。促进创新资源优化配置的机制包括招才引智机制、创业孵化机制、协同培育机制、股权激励机制、对外合作机制、资本运营机制等，通过制度的引导，强化科技城创新的能力。

③关联机制三：制度的公平面向保护弱势群体。科技城的制度设计在注重效率的同时，也有社会公平的面向，即为各个阶层的居民提

供工作生活的良好环境，特别是保护弱势群体的利益，为他们提供一定的便利和支持。以公平、包容和多元的制度设计，为各阶层人才提供适宜工作生活的服务的同时，也促进各社会阶层之间的相互理解与融合发展。

④关联机制四：制度的阶段调整适应发展变化。由于高技术创新的前期投入大、不确定性强、显效时间长，在科技城发展的各个阶段需要的制度干预不尽相同，需要及时进行调整。制度的阶段调整变化一方面有利于适应各个阶段的发展条件变化，另一方面有利于根据制度实施的结果及时纠正存在问题，优化原有的制度设计。保持制度的弹性、可调和可变性，是适应科技城不断发展变化新形式的有力抓手。

综上所述，科技城规划通过空间组织和制度安排来影响科技城的发展。从对具体的相互关联机制的分析可以看出，为适应自身特定的发展目标和需求，科技城的空间组织和制度安排呈现了与一般新城不同的特征。

2. 科技城总体规划编制框架探讨

根据以上科技城规划的基本问题和规划作用机制的分析，可以看出，与以往的新城规划相比，科技城规划编制的主体、对象和目标已经发生了较大改变，因此科技城规划编制思路和内容框架也应该做出相应调整，以应对新的发展需求。

2.1 科技城总体规划编制思路

首先需要明确的是，科技城因其专业化特征和承载的特定功能，并不适合在所有城市发展，因此科技城规划的前提是：所在地区具备发展科技城的基本条件和发展潜力，具备发展高技术产业的资源和能力。因此，在科技城规划编制前，需要客观评估当地的产业基础、知识技术基础、人才资源基础和金融资金基础等，尤其是地方是否具备知识创新源和发展产业的驱动力量。对于不具备科技城发展条件的地区，不切实际的目标将带来巨大的资源浪费，并很有可能导致最终的失败。

根据科技城自身的属性，规划编制需要应对科技城发展不确定性增加、确定性减少、市场风险提高、安全性降低、前期投入增加、收效周期长，涉及主体增多、需求多样化等特征。因此与传统新城规划相比，科技城规划编制思路出现了以下几点变化（表9-3）。

传统新城规划与科技城规划编制思路的比较　　表9-3

规划编制	传统新城规划	科技城规划
规划编制参与主体	指令式规划	协商式规划
规划编制服务重点	产业为本	人产共重
规划编制基本思路	确定性规划	不确定性规划
规划编制操作方法	分区划片规划	镶嵌体规划
规划编制成果特征	面面俱到的控制	有重点的引导

（1）规划编制参与主体的转变：指令式规划向协商式规划的转型

传统新城规划往往由政府主导，政府会根据经验判断，对产业和人才的发展需求进行预测，在较为封闭的体系内设定发展目标，主要依靠行政力量调配资源，带动新城发展。其他利益相关主体只需要服从规划、执行规划和配合规划，属于自上而下的指令式规划模式。

科技城的发展需要面向市场中的创新，面向高技术产业发展的激烈竞争，与一般新城相比，需要整合更多的市场资源，发挥多方利益主体的合作力量，形成各方认可的发展愿景，才有可能促进创新的不断产生和科技城的持续发展。因此，科技城规划需要多方主体的共同参与，包括政府、企业、高校、居民等，通过多方主体的协商，了解各方的发展需求，设立共同的发展愿景，制定各方参与其中的行动方案，充分尊重市场规律，发挥多主体的协同优势来促进创新。各利益相关主体不仅服从规划和执行规划，而且也参与到规划编制的过程中，属于将自上而下政府组织和自下而上多主体参与相结合的协商式规划模式。

（2）规划编制服务重点的转变：以产业为本向以人产共重的转型

传统新城规划和开发区规划编制多以产业发展为重点，以区域所承载的产业发展需求为优先考虑的内容，优先布局产业功能区和产业服务设施，而较为忽视对居民居住和生活的功能，造成很多新城和开发区出现产城分离、见厂不见人的局面。

在科技城中，人力资本是促进创新的核心要素，科技城对人才的吸引和保留将在很大程度上决定科技城能否实现创新成果持续涌现的发展目标。因此，科技城的规划编制需要将人才的各类需求置于优先考虑的位置，切实了解地方多样化人才的实际需求，提供与需求相一致的空间资源匹配模式，注重科技城生活品质的提升。科技城作为一种人居类型，首先应该是人的城市，其次才是创新的城市，高技术产业的发展和创新最终也都是为人们获得更好的生活服务的。

（3）规划编制基本思路的转变：确定性规划向不确定性规划的转型

传统新城规划的编制更多面对的是确定性，这种确定性是由特定的产业技术背景、变化并不剧烈的区域发展格局、持续增加的人口对新城建设的需求和集中强势的政府资源整合能力决定的。在确定性背景下，新城规划编制需要具备明确的功能分区、清晰的土地利用布局、完善的配套服务设施和按部就班的规划实施措施，规划编制思路的差异性不大。

科技城规划编制需要面对更多的不确定性，这种不确定性是由产业技术的快速发展、剧烈变动的区域发展格局、人才流动性加快和市场机制下政府主导发展能力的下降相关的。而且由于面向不断的创新，其发展没有一成不变保证成功的模式，并长期处于与其他高技术区域竞争的态势下，需要不断调整策略，应对多种新局面。在不确定性背景下，科技城规划编制需要增加弹性、开放性和动态性。增加弹性是指在强调底线的前提下，放宽其他要求，留给城市发展的参与主体选择的机会，把当前发展不能确定的内容留给未来发展确定，比如在确定公共服务设施用地和生态用地的前提下，可以留出部分功能模糊的弹性发展用地不开发，将来根据发展情况再确定功能；规划编制注重各类用地功能之间的兼容原则，允许同一块用地承载多样化的功能。增加开放性是指为了应对高技术产业快速起落的风险，在确定基本的产业发展重点的前提下，鼓励其他多种类型产业的发展，保持开放的产业体系格局，为促进产业之间的互动和协同创造机会。增加动态性是指规划编制可以根据科技城后续的发展适时调整，不需要在编制初期就非常完善，可根据后期的实践经验再来反思和调整规划，可以及时纠正错误的方向，因此初期规划编制的重点是明确底线，确立基本的制度原则和空间框架。

（4）规划编制操作方法的转变：分区划片规划向镶嵌体规划的转型

传统新城规划的编制多面向新城区开发，建设全新的新城新区，不依赖于已有的发展基础，采用明确的功能分区方式，避免不同功能之间的相互干扰，特别是为避免污染，使住宅区远离产业区。这种规划方式利于产业功能的集聚和在较大规模的居住区集中配套公共服务设施，但居民的通勤距离往往较远，不适合需要更多人气和互动的创新型产业发展。

科技城规划的编制多面向已有产业和技术发展基础的城市区域，多采取的是对城市空间整合提升的策略，可以在地方原有基础或已有规划分区的基础上，采用镶嵌体规划的方式，即尊重原有发展格局，植入科技城的专业化功能，增加已有功能的弹性和功能之间的联结，促进多样化主体之间的互动。这些新的功能包括知识共享平台、科技服务平台、创业孵化平台、企业共享中心、社区共享中心、文化展示空间、会议展示空间、文化交流空间、研究—开发—生产综合体、SOHO居住空间等。这种镶嵌体的规划方法，可以避免对已有城市发展格局的破坏，通过将知识—文化相关的空间要素嵌入已有城市空间中，带动城市整体创新氛围的提升。

（5）规划编制成果特征的转变：面面俱到的控制向有重点的引导的转型

传统新城规划的编制成果多明确了新城发展各项建设活动所应遵循的各项原则、详细策略和各项指标，希望依据这些标准来按部就班地控制发展速度和发展格局，强制性内容和一般性内容没有非常明确的区分。

科技城规划的编制成果需要以有重点的引导为思路，区分底线把控要素和弹性处理要素，形成刚性控制和弹性引导相结合的规划实施依据。以引导发展方向、搭建发展框架为重点，控制生态安全、社会公平、市场竞争机制等基本底线，其他空间资源的配置方式更多地采取引导的方式，为市场优化资源配置方式留下空间。

2.2　科技城总体规划编制的重点内容

科技城总体规划编制应根据科技城在产业组织和社会结构方面的特征，从空间结构组织和土地利用布局方面匹配高技术产业的生产方式和各类人才的生活方式。通过规划优化产业氛围、人才氛围和空间氛围，进而发挥知识创新源、人力资本、嵌入性、创新环境和全球—地方联结在创新驱动科技城发展中的引导作用。

以下将探讨将科技城发展理论应用于规划编制的方式，梳理科技城总体规划编制的内容框架，重点突出科技城总体规划区别于一般新城规划的编制思路和特色内容。

（1）科技产业体系：产业组织模块化

科技产业体系是科技城区别于一般新城的重要特点之一，科技产业体系的设计与组织，以及产业空间的总体布局是科技城总体规划需要解决的核心问题之一。科技城的科技产业体系规划可以从产业体系组织和产业模块设计两个层次展开（图9-4）。

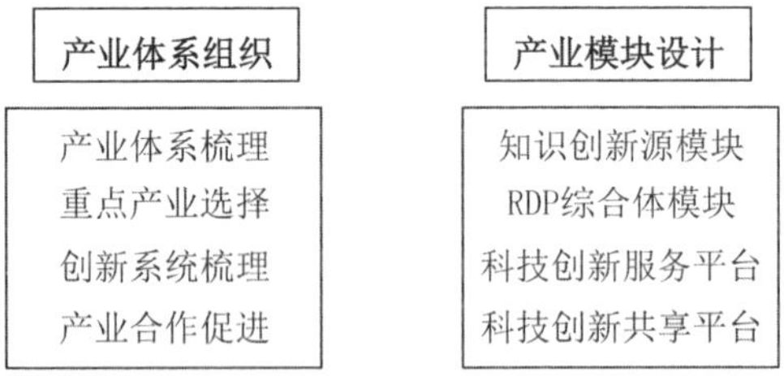

产业体系组织	产业模块设计
产业体系梳理 重点产业选择 创新系统梳理 产业合作促进	知识创新源模块 RDP综合体模块 科技创新服务平台 科技创新共享平台

图9-4　基于系统和模块思路的科技城产业体系设计

首先，产业体系组织是从地方已有的产业基础出发，梳理地方产业系统，明确已有的产业资源优势，判断未来的市场格局，在系统层面确立优先发展的产业重点。在此基础上，梳理地方创新系统，理清产业创新发展相关的多主体间的关系，提出促进主体之间互动和协同发展的策略，包括加强大学、企业与政府，企业与企业，产业与产业之间的合作。

其次，比对理想的科技城产业功能，将当前地方产业体系中仍然缺乏或有待提升的功能设计成产业模块，将各类产业促进功能和创新培育功能落实到空间层面。产业模块是指在空间上相对独立的小规模产业发展单元，每个模块承载有所侧重的产业发展功能，不同模块之间可以通过功能的联系或是空间的临近建立联系，是一种具备较强引导性和一定灵活性的产业空间组织模式。根据前文提出的理想科技城产业氛围营造策略，可以把产业模块分为生产型产业模块和服务型产业模块两类。生产型产业模块面向企业的日常研究、开发和生产活动，在这类模块的用地规划中不需要严格限定研发与生产的分区，允许企业根据自己的生产计划自行选择业态类型，允许研究—开发—生产的混合布局；服务型产业模块面向企业成长的孵化服务、企业间合作的中介服务、大学知识成果转化的产学研促进服务、企业和大学之间的知识分享服务、产品市场化和技术交易的各类生产性服务等，适宜布局在各类产业用地的中心位置，以保证各企业都能享受到科技城知识溢出和创新服务的益处。在进行科技城产业空间布局时，可以根据科技城科技产业体系组织和产业模块设计策略，将产业体系和创新系统的各项功能落实到具体的产业模块中。

（2）M型社会结构：社会空间多元化

根据本书的分析，科技城中人才的分层将有可能呈现为M型社会结构，即高端人才和服务人才两极分化，中间阶层断裂的现象，表现为年龄结构年轻化、教育水平两极化、职业构成多样化和收入水平两极化。科技城总体规划一方面需要应对科技城作为知识型社会在社会结构和社会组织方面的这一特征，在规划中要根据现实发展条件和未来发展趋势分类引导，关注各类人才的生理和心理需求，提前部署承载知识型社会发展的社会空间，提供匹配各类需求的多元化居住空间，包括高端人才社区、知识型社区、服务型社区、混合社区等，在不同类型的居住空间内匹配各有侧重的公共服务设施。另一方面需要营造吸引和保留科技城各类人才的人才氛围，不仅关注高端人才的需要，也要考虑服务者阶层的需求，提出包容化的科技城文化氛围营造策略，策划面向科技城所有群体的知识与文化活动。

（3）集聚空间效应：技术植入和镶嵌体

在用地评价的基础上，遵循高技术产业集聚发展的空间规律，根据理想的科技城空间结构，按照在原有功能区基础上镶嵌布局新功能和增强联结性的思路，将各类产业功能模块、科技服务平台和多元化的社区空间嵌入现有的空间格局中，联结产业运行中的研究、开发和生产活动，联结国内外的技术、人才、资金、市场等资源，布局服务产业发展的国际交流平台和吸引人才的人才服务平台等。空间结构布局思路为：充分尊重现状发展格局、已有规划的功能区设计和已有产业发展项目的用地意向，将其作为规划的基底；明确科技创新城的未来愿景，在已有空间中嵌入各产业发展模块和创新服务模块；根据科技城多元化人才社区的生活需求，嵌入多样化的社会功能；同时尊重地方历史文化特点，以文脉轴线或景观廊道的方式将地方特色融入空间设计中，最终形成知识—文化镶嵌体的空间结构（图9-5）。

（4）高效土地利用：集约混合土地利用

科技城需要集约高效利用土地，减弱功能分区带来的土地利用功能单一化造成的通勤问题，鼓励支撑多样化功能的土地利用混合发展模式，营造良好的空间氛围。土地利用布局的思路为：根据空间结构规划

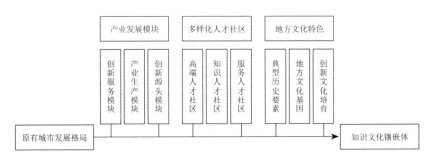

图9-5　科技城知识文化镶嵌体的空间结构组织思路

中确定的功能区布局，细化功能分区，保证各细化分区间是相互补充、相互依赖的关系，大致匹配分区内就业岗位和居住人口数量，力求职住平衡，形成以交流和共享场所、日常生活服务为中心的基本生活单元；优先确定生态用地和面向产业发展与人才生活的公共服务设施用地和市政设施用地，产业用地和居住用地的布局宜增加用地弹性，为多样主体安排用地功能留出自主选择空间。

增加科技城土地利用规划的弹性主要可以采取以下几种方式：①混合用地。同一地块内允许特定比例的功能混合，比如办公—居住混合、居住—服务混合等；②用地兼容。某种用地功能可以与其他不产生负面影响的用地功能同时出现，比如特定产业的研究、开发和生产功能可以相互兼容；③白色地段。即暂时不确定功能的用地，为日后发展留出余地；④用地调整机制。保证在规划完成后如果在实际发展中确有需要调整用地功能的，也可以根据特定要求申请调整用地类型。其他用地布局在现状和规划的基础上，根据基本创新单元，确定公共服务设施的位置和用地性质，其他根据产业发展的需求和居民生活需求，确定用地混合的原则。

（5）智慧基础设施：集成优化生态化

科技城的道路交通、电力电讯、给水排水、能源防灾等市政设施规划需要结合智慧基础设施和生态低碳发展的建设理念提前筹划，利用互联网、物联网等新技术，集成优化体系化规划和设计。如在科技城发展初期，可以与通信运营商、信息服务提供商等合作，优先一体化布局智慧设施，通过传感器、智慧控制终端等工具，大数据、云计算等技术，实时监控和采集科技城各项城市设施的运行数据，实时优化，为后期服务企业生产、管理、物流、合作，服务居民生活、出行、娱乐，提供集成化的城市智慧设施体系解决方案，支撑人才、资金、信息的高效运转与流动，从而形成更开放的体系，建立更广泛的联结。其中，网络基础设施的泛在化（Ubiquitous）对信息的高效流动尤为重要。覆盖全城的Wifi热点、快速的上网通道，将保证科技城内外要素的实时联系，促进线下线上的高效互动。

从科技城的交通组织来看，需要形成快速—个人化—慢行三个层次的交通系统，以方便各类人才低碳出行：① 快速交通系统。快速公交网络的建设主要考虑专用路权、设施完善的车站、高效的交通组织和智能管理的运营系统。其中BRT交通系统按照联系分区、职住平衡、环城便利、补充轻轨等原则规划，轨道交通按照联系功能区、联系中心城、服务半径高覆盖率等原则布线和选择站点，积极尝试应用新技术成果，如空中轨道交通系统。② 个人快速交通系统。结合国内外个人出行领域的技术进展，规划适宜新型交通方式的基础设施，如Podcar、小型无人驾驶车辆、电动汽车的道路，以及电动汽车充电桩等设施。③ 慢行交通系统。为应对知识密集型社会中人们对效率以外的体验的追求，建立慢行交通系统，促进更多的交流、思考和生活体验，满足人们慢速交通出行和休闲娱乐的需求；设计自行车交通系统和步行系统，并提供相应的设计导则。

（6）规划实施引导：弹性透明可操作

科技城总体规划还需要从制度上提供弹性、透明、可操作的措施，提供针对各类创新创业活动的促进措施，推进规划面向创新驱动的科技城形成。由于科技城在生产要素流动速度和生活方式组织模式上区别于一般新城，体现新型的生产关系和社会关系，目前仍需要探索与之相匹配的新制度模式，因此具有较强的不确定性，需要具有一定弹性的制度设计。在此背景下，一方面需要区分规划的强制性和引导性内容，在创新促进、产业发展、人才吸引和生态保护等方面形成制度化的保障机制，如产业转化促进政策、中小企业扶持政策、资本市场规范政策、人才引进策略、生态环境保护措施等，明确各类主体和各类人才可以在科技城中享受到的支持政策和需要贡献的力量；另一方面保持规划操作机制的动态性，为根据实践调整相应政策留下空间，适应现实发展需要。此外，在规划实施层面，科技城发展应提出软环境的营造策略，通过各类科技节、博览会、文化体验周、科技创意市集等活动的策划和运营，提升和带动科技城的科技创新和文化创意氛围，帮助构建科技城的创新网络和人才网络。

3. 小结

本章是对科技城总体规划编制主要问题的探讨。首先在前几章研究成果的基础上，回顾了科技城规划的理论核心，对科技城规划的关键概念、基本问题和作用机制进行了梳理。在此基础上对科技城总体规划编制的框架进行了探讨，包括科技城总体规划编制的基本思路和重点内容框架。研究发现：

（1）在科技城规划的基本概念中，科技城概念仍需要在理论丰富的过程中进一步明确，创新的四个基本属性会对科技城规划产生新的要求，规划的目标确定和策略选择需要满足合法性、合意性和合理性。

（2）满足科技城规划的合法性需要协调利益相关主体的发展意愿，满足合意性需要从科技城的经济、社会和生态角度综合制定目标，满足合理性需要科技城规划做好以下几方面工作：确定综合发展目标、确定产业发展重点、部署市场竞争开展的框架、优先进行公共基础设施的供给、促进创新正外部性的发挥、引导多样居住空间的形成和强化生态环境底线的控制。

（3）科技城规划对发展的作用机制方面，空间组织和制度安排是两个作用手段，空间组织与科技城发展的关联机制有：空间框架的建立确立开放、生态、关联的发展格局，空间类型布局承载创新、创业、宜居的多样功能，空间关系组合调整弹性、混合、互动的功能关系，空间品质塑造提升绿色、人本、智慧的环境质量。制度安排与科技城发展的关联机制有：制度框架的建立确立透明、公正、有底线的市场框架，制度的效率面向通过招才、促业、合作激励市场效率，制度的公平面向通过公平、包容、多元保护弱势群体，制度的阶段调整保证弹性、可调、可变适应发展变化。

（4）科技城总体规划的编制思路与传统新城规划相比，面临五个方面的转变：首先，在参与主体方面，由指令式规划向协商式规划转型；第二，在服务重点方面，以产业为本向以人产共重转型；第三，在基本思路方面，由确定性规划向不确定性规划转型；第四，在操作方法方面，由分区划片规划向镶嵌体规划转型；第五，成果特征方面，由面面俱到的控制向有重点的引导转型。

（5）科技城总体规划编制的重点内容包括科技产业体系的模块化组织，M型社会结构的多元化空间匹配，促进集聚空间效应发挥的技术植入和镶嵌体空间结构，提高土地利用效率的集约混合土地利用模式，集成优化生态化的智慧基础设施和弹性透明可操作的规划实施引导。

第10章

科技城总体规划
编制实例

如何将科技城发展理论和规划编制方法应用到具体的科技城总体规划编制实践中，是本章将要探讨的问题。本章涉及的两个总体规划实践项目分别是武汉东湖国家自主创新示范区概念规划和哈尔滨松北科技城总体规划。两个科技城规划都在国家面临增长方式转型、自主创新能力迫切需要提升、制造业出现瓶颈的背景下创立的，而且从区位条件和地方产业情况来看，都具备形成科技城的良好基础。

1. 武汉东湖国家自主创新示范区概念规划

武汉东湖国家自主创新示范区是国务院于2009年12月批复的继北京中关村之后的第二个国家自主创新示范区，示范区概念规划是在已有的东湖开发区基础上进行拓展，规划科技型城区的尝试。

1.1　规划编制背景

东湖国家自主创新示范区位于武汉市主城区东南，北至花山镇、左岭镇边界，东至武汉市域边界、西至武汉东湖新技术开发区边界及藏龙岛、五里界街部分乡镇边界，南至梁子湖北岸，用地面积约518km^2，包括建成区和扩展区两部分。区域智力资源充裕，光电子信息为主导的高技术产业基础雄厚，区域内已建设了一批特色产业基地和功能区域，专业化集聚空间初步形成（图10-1）。

如何立足区域现有产业优势和作为国家自主创新示范区的政策优势，建设自主创新平台？如何在城市已有的空间格局基础上，规划产、学、研、住、行于一体的科技城？如何让科技城规划能够满足产业创新发展和人才创新创业的需要？是本项目重点解决的问题。

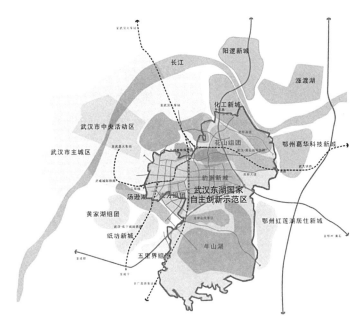

图10-1　武汉东湖自主创新示范区区位及与周边功能区关系

1.2　概念规划思路

由于该规划是概念规划，因此更侧重于探讨面向自主创新的科技城发展策略，对产业体系、产业模块设计、空间布局理念和生态低碳新技术的应用。

在梳理了区域既定要素和发展条件，分析了规划开展的国内外产业和政策背景后，对与该区域相关的各类规划进行了盘点，并提炼出区域已承载的各功能区定位。以此为基础，整合提出自主创新示范区的功能定位：国际知名、国内一流的高技术园区，国家智力科技产业引导区，科、学、研、产、住一体化的科学城。

结合本书前文中对科技城规划的相关研究结论，提出此次概念规划的五个战略方向：

（1）保持已有的总体规划格局，运用"镶嵌体"规划方法；

（2）依托中部崛起战略，构筑自主创新高地；

（3）整合现状用地，规划专门RDP园区；

（4）实施生态低碳理念，保护并提升人居环境；

（5）适时调整行政区划，为示范区有效管理创造条件。

整个概念规划的开展主要遵循如图10-2所示的内容框架，由于该规划本身仍带有新城规划的属性，因此依然遵循传统总体规划的思路，按照产业组织、人口规模、用地评价、空间布局、用地规划、交通规划、规划实施等内容进行组织。

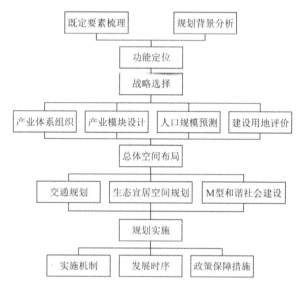

图10-2 武汉东湖自主创新示范区概念规划内容体系

1.3 规划编制要点

以下将重点介绍与科技城规划特点相吻合的规划编制要点。

（1）模块化的产业体系设计

武汉东湖国家自主创新示范区的产业体系设计首先分析了地方产业发展基础、国家产业政策发展方向、地方科研技术优势，进一步梳理了地方产业体系，根据创新要素的类型和创新产生的机制，将其分为四大类产业。规划明确了具体的产业发展内容，和各类产业的发展指引策略（表10-1）。

武汉东湖国家自主创新示范区基于创新要素类型划分的产业体系设计

表10-1

产业大类	涉及产业	东湖科技城产业内容
创新源类产业	从知识生产过程衍生的产业，如教育、技术研发、科技培训等	大学42所、研究机构100余个。在光电子、生物技术、新能源、电子通信等领域拥有领先的科研实力
创新—产品转化类产业	根据社会需求将科技创新成果转化为新产品的产业，如科技成果孵化、产品设计、产品推广应用等	装备制造业领域多项产业中的首台（套）重大装备生产，光电子、生物技术等领域的新技术应用
技术密集型制造类产业	在上一类产业中根据市场潜力、技术可行性筛选出的能进行规模化和标准化生产的高端制造业	技术密集、附加值高，面向生产制造的产业，如电子信息制造、新材料、新能源、生物医药等领域内制造导向的产业
智力密集型服务类产业	在知识形成产品、产品推向市场的过程中提供保护、规范和管理服务的生产性服务业部门	软件开发业、信息技术服务业、互联网内容增值服务业、信息传输服务业等

　　根据产业体系梳理与设计的结果，进一步确定各产业发展模块，明确其功能和各模块的发展方向，并将各产业模块整合进各服务平台和研究—开发—生产（RDP）综合体（表10-2）。

武汉东湖国家自主创新示范区产业模块设计　　　　表10-2

产业模块	主要功能	发展方向
自主创新核心区	孵化器	促进科技成果转化、培养科技创业的服务机构的科技企业孵化器；以高成长性企业为主要服务对象，通过创新服务模式满足企业个性化需求的科技企业加速器
	技术—产业联盟	在电子信息、生物医药、航空航天、新材料、清洁能源等重点领域，组建新能源、新材料、物联网等技术产业联盟，支持光纤到户、激光等技术产业联盟
	大学科技园	发挥大学科技园在聚集高端产业、提升创新能力、促进经济发展方面的作用，促进大学科技园驻区发展，实现产、学、研结合
科技创新服务与共享平台	技术创新服务平台	技术交易所、全国技术交易中心、版权交易中心、创业投资机构、律师事务所、专利和商标事务所、海外学人服务机构
	科技产品市场	首购产品市场、订购产品市场

续表

产业模块	主要功能	发展方向
科技创新服务与共享平台	专利与标准服务中心	自主知识产权管理中心、技术标准中心
	科技金融中心	科技创业金融服务集团、中小科技企业金融中心
	地方科技股权交易中心	科技股权交易中心、股权投资基金
	创新企业国际化服务中心	创新企业跨国研发合作中心、创新企业国际化服务中心
	高端商业中心	引进国际高档商品营销往来、华中地区面向的高端商业中心
	中介服务中心	信用信息平台、高端领军创业投资家中心、科技成果转化中介服务中心
光电子信息技术RDP	全球光电子信息技术研发产业基地	围绕光电子产业项目，形成完整的研究—开发—生产综合体，远期建成全球光电子信息产业中心之一
地球空间信息技术RDP	世界知名地球空间信息技术研发产业基地	作为国家批准建设的首个地球空间信息产业基地，可以形成地球空间信息技术研发产业集群
生物技术RDP	世界知名生物技术研发产业基地	围绕生物信息、生物能源、生物制药等产业，建设世界知名的生物技术创新中心和产业基地
新能源技术RDP	全国新能源技术研发产业基地	以新能源研究院为中心，建成我国重要的新能源装备制造和工程建设基地
环保技术RDP	具有国际竞争力的环保研发产业基地	在过程控制、前端削减产品、火电脱硫技术和垃圾处理回收利用等技术领域，形成拥有国际竞争力的环保产业基地
其他专业化园区	特色产业园区	发展高新技术产业、高端服务业、文化创意产业等产业，以及以总部经济为主的产业聚集区和专业园区，鼓励各专业园区差异化发展

（2）镶嵌式的空间结构组织

规划区内已有大学、科研院所、武重、富士康、生物医药园等各类产业园及城市主干道路，已形成了基本的城市空间格局（图10-3）。

与传统科技创新型城市建立独立功能分区，侧重于科技园区集中布局的方式不同，知识—文化镶嵌体模型强调在地方优势产业以及已有空间格局的基础上，嵌入创新生产、服务职能和地方历史、文化特色，形成以创新服务平台和知识共享平台为核心，产业、居住、研究、教育等基本单元为外围，各单元间由快慢速交通相互联系的知识—文化镶嵌体（图10-4、图10-5）。

图10-3 武汉东湖国家自主创新示范区规划区现状要素梳理

图10-4 传统城市空间组织形式

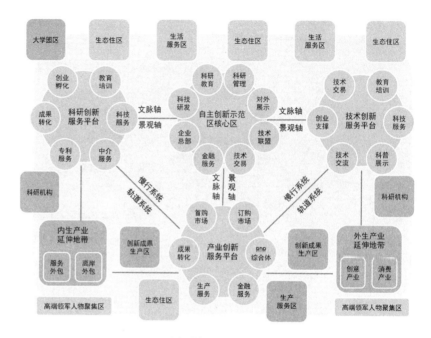

图10-5　东湖科技城知识—文化镶嵌体模型

　　落实到具体的空间中，形成的空间结构和功能区如图10-6所示。可以概括为："一个核心，三个平台，创新镶嵌，产业延伸，多样居住，智慧三角"。在此基础上进行进一步的功能区细分，各细化功能区的功能如图10-7、表10-3。

东湖自主创新示范区功能区细分　　　　　　　　　　　　　　　表10-3

结构	功能区细分	具体功能
一个核心	自主创新示范区核心区：中央服务区	主要承担自主创新核心区综合服务、技术交易、对外展示、行政办公等功能，包括示范区管理、企业总部、科技金融中心、全国技术类交易中心、文化类展示平台等
	产业联盟区	主要承担产业联盟示范功能，包括技术产业联盟区、武重园区
	科研孵化区	主要承担科技研发、技术培训、科技孵化、成果转化等功能，包括科教培训基地、孵化器集聚区

续表

结构	功能区细分	具体功能
三个平台	科研创新服务平台	针对创新源的科研创新平台，包括教育培训、中介服务、技术与标准服务、技术交流与科普展示等功能
	产业创新服务平台	对接产业创新服务，建造创新企业国际化标准服务中心，产品首购、订购市场等
	技术创新服务平台	主要面向成果转化的技术创新，在原有生物医药研发生产园区的基础上，增加RDP综合体，形成世界知名生物技术研发产业基地；另外增加技术交易所、中小企业创业园等功能，提升技术创新水平
创新镶嵌	知识源集聚区	是大学园区、研究机构集中的所在
	RDP综合体	包括三大RDP综合体，全球光电子信息技术研发产业基地、全国新能源技术研发产业基地、环保研发产业基地
	生产区	依托产业创新服务，在原有富士康产业园基础上进一步拓展生产空间，形成对接高新技术产业的生产园区
产业延伸	内生产业延伸地带	为内生产业的延伸区，包括产业技术创新战略联盟、服务外包和离岸外包功能
	外生产业集聚组团	为外生产业的延伸区，包括文化创意产业，消费类电子产业等内容
多样居住	高端领军人物集聚区	面向高层次创新型人才，包括企业领军人物、科学家、海外引进人才等
	知识创新型社区	面向社会大多数的创新、创意人才以及中高层次服务者
	服务型社区	面向从事服务工作的一般白领、蓝领工人
智慧三角	组团间连接廊道	各组团之间通过绿脉水轴、历史文脉展示廊道联系起来，形成智慧三角地

（3）弹性混合的土地利用规划

根据规划对区域2030年经济社会发展和人口的预测，规划建设用地面积将控制在183.65km²。用地布局遵循弹性混合的原则，根据功能区细分的设想，按照先生态、再生活、后生产的顺序规划各类用地。

其中，在中央服务区和科研孵化区规划一部分居住—科研—商业混合用地，按照垂直混合的模式，低层布局科研、商业功能，中高层布局居住功能，或者将用地功能的弹性提供给开发商，限制用地出售比例，鼓励根据业态灵活选择用地功能和比例。在产业创新服务平台周边，规划布局研究—开发—生产RDP综合体用地，不限定具体的生产类型，为科技型企业提供自主使用土地进行开发提供灵活性，既可以作研发办公

图10-6　东湖科技城空间结构规划

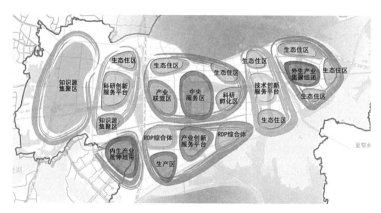

图10-7　东湖科技城核心区功能细分

使用，也可以发展为开发中试基地，或是小型生产平台。整个区域混合用地的面积为29.75km²，占城市建设用地比例的16.2%。此外，在牛山湖以南的区域仅规划部分路网，不确定具体的用地性质，作为远景发展的备用空间。

　　根据生产用地、生活用地、生态用地、混合用地以及生产生活辅助用地的分类方式将各个用地分类进行统计，得到的各类用地比例为：生产用地22.30%，生活用地26.01%，生态用地20.38%，混合用地16.2%，生产生活辅助用地14.78%（表10-4、图10-8），得到较为均衡的用地配比关系。

东湖自主创新示范区规划用地平衡表（2030年）　　表10-4

用地归类	用地大类	用地中类	用地代码	面积（km²）	占城市建设用地（%）
生产用地	教育研发用地	教育研发用地	A3	16.5	8.98
	商业服务业设施用地	商业/商务设施用地	B	6.94	3.78
	工业用地	一类/二类工业用地	M	16.02	8.72
	仓储物流用地	一类仓储物流用地	W1	2.10	1.14
	小计		—	41.56	22.30
生活用地	居住用地	一类/二类居住用地	R	40.28	21.93
	公共管理与公共服务用地	行政办公用地	A1	1.88	1.02
		文化设施用地	A2	5.61	3.05
	小计		—	47.77	26.01
生态用地	绿地与广场用地	公园绿地	G1	23.87	13.00
		防护绿地	G2	11.56	6.29
		广场用地	G3	2.00	1.09
	小计		—	37.43	20.38
混合用地	生产为主的混合用地	RDP综合体用地	A3/B/M	18.46	10.05
	生活为主的混合用地	居住研发商业用地	R/A3/B	11.29	6.15
	小计		—	29.75	16.20
生产生活辅助用地	道路与交通设施用地	道路与交通设施用地	S	23.68	12.89
	公共设施用地	公共设施用地	U	3.46	1.88
	小计		—	27.14	14.78
合计	城市建设用地			183.65	100.00

图例：居住用地　行政办公用地　商业服务业设施用地　文化设施用地　教育研发用地　仓储物流用地　工业用地　RDP综合体用地　居住研发商业用地　公共设施用地　公共绿地　防护绿地　水域　规划边界　愿景发展备用地　生态绿地　铁路

图10-8　东湖自主创新示范区土地利用规划（2030年）

（4）多元化的社会空间规划

对于东湖国家自主创新示范区的社会空间，首先分析了已有高新区的人才构成特征，包括受教育水平、职称情况、研发活动情况，以及新拓展区域的人口受教育水平。然后，结合本书提出的科技城社会结构特征——年龄结构年轻化、教育水平两极化、职业构成多样化和收入水平两极化，考虑科技城工作者对空间和服务的需求，并参考科技城的人才氛围营造策略，包括提高品质鼓励交往互动、分类引导提供多样选择、设定标准保证服务可达、举办活动促进学习交流和职住混合减少通勤时间等。武汉东湖创新城的居住用地规划根据用地条件和与其他功能区的关系,确定了三类居住社区的空间位置,提出了多元化居住社区的《规划社区导则》(表10-5),并在科技城尺度匹配为各类人才服务的特色设施,如艺术休闲馆、心理馆、运动疗养基地、慈善超市或商店、感恩种植林、真人CS基地等(图10-9)。

武汉东湖国家自主创新示范区社区规划设计导则　　　表10-5

社区类型	社区设计导则
高端领军人才住区	(1)环境优美,集中的休闲空间、度假中心;
	(2)单独设计的房屋类型;
	(3)精神文化设施,如体育馆、小型音乐厅、俱乐部、私人心理会所等;
	(4)先进的通信和金融交易设施,配套创业中心;
	(5)毗邻高档商场、高端国际零售旗舰店等日常消费场所;
	(6)高效灵活的快速交通,能快速到达机场等地;
	(7)宜人的步行环境和自行车道;
	(8)促进社交的街坊和个性院落;
	(9)社区董事会,有专门人员提供私人服务,如私人医生、私人家庭教师等;
	(10)青年人才公寓;
	(11)配套建设国际学校和国际医院
知识型社区	(1)社区作为学习型组织,拥有图书馆等学习场所;
	(2)满足人们多元化需求的空间场所,如体育馆,电影院、室外剧场等;
	(3)毗邻大学校区或者研究所;
	(4)社区环境优美,有可以给人放松休闲的空间和设施;
	(5)社区基础设施先进,能满足人们对信息的需求;
	(6)发达的公共交通系统和宜人的慢交通环境;
	(7)社区服务部,为社区居民提供全方位服务,并组织高质量的社区活动、志愿者服务活动;
	(8)社区医院、社区幼儿园、老年公寓

续表

社区类型	社区设计导则
服务型社区	（1）临近产业园区；
	（2）市区内有生活市场；
	（3）毗邻大众商场；
	（4）基本的运动休闲设施；
	（5）大众图书馆；
	（6）社区医院、幼儿园等基本教育医疗场所；
	（7）职业介绍所

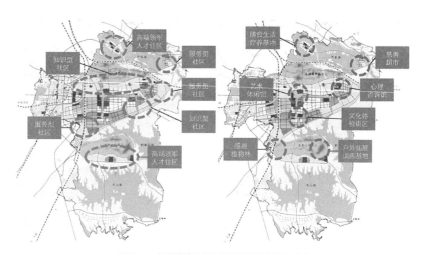

图10-9　东湖科技城多元化社区和特色设施分布

（5）生态化的宜居设施引导

生态宜居设施规划主要包括七个方面：景观生态系统规划、水空间景观挖掘、楚文化景观轴线展示、绿地系统规划、生态城区塑造、低碳社区营造和宜居城区建设（表10-6）。总体思路是挖掘区域的景观资源和文化资源，运用先进的生态技术和低碳空间组织思路提出总体控制原则、景观生态分区和绿地结构，以及具体的设计导则，来塑造生态型、低碳化的科技城区。以下选择其中三项进行说明。

生态宜居空间规划内容　　　　　　　　　表10-6

生态宜居空间规划	具体规划内容	目标
景观生态系统规划	景观生态格局、生态分区	在区域层面控制生态格局，划定生态分区
水空间景观挖掘	大东湖生态水网联通规划，水系统格局规划，水系岸线规划	挖掘区域内的景观资源，保证防洪排涝的同时，塑造水系景观
楚文化景观轴线展示	结合景观资源布局文化展示带、策划具体的文化展示内容	挖掘区域内的历史文化资源，营造地方化的文化氛围，增加主体认同感
绿地系统规划	绿地系统规划、绿地景观结构规划、各类绿地空间设计引导	梳理区域绿地格局，打通绿地生态廊道，提供各类绿地空间的设计引导
生态城区塑造	生态城区分区、各分区主要生态技术引导	划定城市功能的生态分区，有针对性地引导不同分区中各项生态技术的应用
低碳社区营造	快速公交网络规划、个人快速交通系统规划、慢行交通系统规划	以低碳可达为理念，结合新型交通技术，规划区域内快速、慢速交通系统，提供多样化出行选择
宜居城区建设	景观风貌分区、设施环境规划、景观设计导则	整体上划定区域景观风貌分区，开展综合的设施环境规划，提供景观设计导则

规划将水空间挖掘和楚文化景观轴线展示相结合，在大东湖水网建设工程的基础上，在满足防洪排涝的前提下，规划"四廊四轴六点一带"的水系统格局［图10-10（a）］；结合区域水空间，引入荆楚文化景观，布置文化展示长廊，分为六大系列文化展示带，连接各个创新平台与示范区核心区［图10-10（b）］，各文化展示带的策划方案如表10-7。旨在营造独具特色的区域文化氛围，激发科技城居民的归属感和认同感，激发独具特色的创新活力。

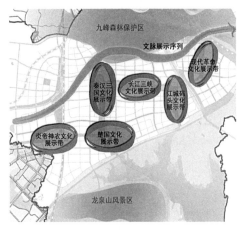

（a）水空间景观挖掘　　　　　　　　（b）楚文化景观轴线布局

图10-10　东湖科技城水空间景观挖掘和楚文化景观轴线布局

楚文化景观轴线策划方案　　　　　　表10-7

历史文化展示带	展示带策划方案
炎帝神农文化展示带	展示炎帝神农遍尝百草、为民治病、发明农业、教民耕种等活动的雕塑、小品、体验活动
楚国文化展示带	展示楚国青铜铸造工艺、丝织刺绣工艺、漆器制造工艺，以及散文、辞赋、雕刻、音乐、舞蹈、美术作品
秦汉三国文化展示带	结合滨水空间树立著名人物的雕像及其作品，并营造三国战役场景再现微缩景观，再现历史人物与事件
长江三峡文化展示带	通过定期更换的摄影展览展现三峡的自然风光、人文景观、神话传说和风土民俗，并建立三峡枢纽工程的技术展示空间
江城码头文化展示带	打造滨水空间的码头纪念场所，建立各类特色酒吧，设计各文化在此交融的代表雕塑，引入真人展示等内容，展现直爽、乐观、兼容并包的江城文化
现代革命文化展示带	结合文化创意产业园，建立历史事件展示序列，展现湖北近现代革命文化

　　生态城区塑造方面，首先按照地块功能划定生态技术应用分区，分为研发区、生产区、生活区和生态区，并分别提出各个分区适用的建筑设计与环境营造的应用策略（图10-11）。

研发区	生产区	生活区	生态区
·维护结构节能 ·冷辐射技术与能量加收技术 ·可再生能源的利用	·节水以及水资源的再利用 ·地源热泵 ·太阳能的利用	·预置装配式生态住宅 ·可生长型住宅 ·玻璃中庭	·绳结绿地 ·垂直绿化 ·精心设计的小品

图10-11　武汉科技城生态城区各类分区生态技术导则

（6）引导式的规划实施保障

科技城的实施机制重点分析了科技园区的发展模式、管理体制和运行机制。在借鉴世界各国科技园区经验的基础上，提出武汉东湖国家自主创新示范区宜采取优势综合发展模式，综合利用本地区的多种优势谋求发展；采用政府管理型模式，设立专门的园区管理机构全权管理发展，策划科技城各类科技创新和文化创意活动，搭建科技城各类人才的交流平台；明确了园区运行的官产学协力机制、资金筹措机制、企业准入机制、要素流动机制和风险投资机制。

发展时序方面，按照近、中、远期设定引导性的发展目标和土地开发的时序，提出重大工程项目的开发原则，提出以下重大项目：基于自主创新示范区的核心项目；基于生态环境保护的生态与景观项目；基于轨道交通和快速道路网体系的快速交通工程项目；多类型RDP综合体。在此基础上，对基础设施投资和开发项目投资做了整体性的估算。针对所有规划内容，提出了规划实施要点和相应的政策保障措施（表10-8），立足规划的强制性内容，加强规划对科技城这一新发展模式的引导作用。

武汉东湖科技创新城规划实施要点及保障措施　　　表10-8

规划实施要点	重要保障措施
示范区建设	行政区划调整，编制统一规划，核心区建设，自主创新平台建设，设立省级综合配套改革实验区
强化生态保护	科学划定功能区，充分利用生态资源，实施科学生态保护管理
集约和节约利用土地资源	运用城市经营理念开发利用土地，建设有序的土地市场，提高土地利用集约度与土地利用效率

续表

规划实施要点	重要保障措施
搭建科技人才市场平台	引进高科技人才，创建人才集聚平台，建立人才流动机制，加强人才开发合作与交流
推进高新技术产业发展	加快专业园区、产业基地建设；建立产业引进评估标准；建立企业创新机制，鼓励科技企业成长；优化产业发展，吸引海内外投资；重点产业扶持，引导高新技术产业发展；实行大项目优先，加强产业配套，延伸产业链
建设和谐健康城区	实行社会分层分区规划，建设高端领军人才集聚、战略科学家居住区、高档住宅小区、普通居住区
发展特色金融服务业	开展科技金融综合配套改革，筹措预算内投资及专项资金，建立区域建设共同基金，
示范区运营管理模式	征收土地差别税，盘活土地资产；推行水电气的超额"双累进"税制；根据发展时序，采取渐进式管理

2. 哈尔滨松北科技城总体规划

　　为了提升城市科技创新能力，转变经济增长方式，加快构建经济发展新平台，哈尔滨市在实施"北跃、南拓、中兴、强县"的城市发展战略中，选择了规划建设松北科技创新城，以此构建承载未来城市创新发展战略的平台。因此，哈尔滨松北科技城依托现有大城市资源，开发建设全新的科技新城（图10-12）。

图10-12　哈尔滨松北科技创新城区位及与周边功能区关系

2.1 规划编制背景

哈尔滨松北科技创新城位于哈尔滨市中心城区西北部，松花江北侧，松北建设区的西部。按照《哈尔滨城市总体规划（2010-2020）》划定的城市功能拓展区，松北科技创新城空间范围东以哈尔滨四环路为界，西至肇东市界，北以滨州铁路为界，南部界线以王万铁路为界分为两段——东以松花江北岸堤防为界，以西以万成村、薛家堡村村界为界，用地面积130km²，土地利用现状以农业用地为主。哈尔滨作为黑龙江省省会，大学和科研机构众多，科技企业与科技人才密集，工业体系门类齐全，在机械、医药、焊接等方面突出，具有开展对俄合作的区位优势、宜居环境优势，以及黑龙江省创新转型政策支持。

《哈尔滨市城市总体规划（2010-2020）》对松花江以北地区的战略定位为：以科技创新城为先导，以北国水城为带动，搭建研发和产业化平台，加快科技创新，促进产业升级，建设成集科技、文化、行政、金融、奥体、教育功能于一体的生态型新城区。

如何挖掘区域已有产业和资源优势，利用城市"北跃"发展的契机，规划促进区域创新能力提升的科技新城，成为带动黑龙江经济产业转型升级的发动机和区域性技术创新中心；如何为本地人才和企业提供生产生活的便利条件，是本项目重点解决的问题。

2.2 总体规划思路

松北科技城总体规划是面向实施的总体规划，因此在科技城发展理念的强调下，更注重各项策略在空间层面的落实，如各类用地规划、规划实施和分期行动策略。

在梳理了区域的规划基础，回顾了已有上位规划对区域的定位后，按照创建"北国水城、工业大城、科技新城、文化名城、商贸都城"现代大都市的构想，规划提出区域的发展定位为：东北亚科技创新中心、国家高新技术产业化示范基地、黑龙江省战略性新兴产业先导区、区域经济增长新中心和哈尔滨知识密集生态宜居新城区。

结合本书前文中对科技城规划的相关研究结论，提出总体规划的五个战略重点：

（1）依托城市"北跃"战略，发展功能完善的科技城、创新城；

（2）立足国际视野，提升哈尔滨在东北亚区域创新中的影响力；

（3）搭建具有哈尔滨地域科技产业特色的研究—开发—生产（RDP）综合体；

（4）构建区域联系主城区的快速交通和公共交通体系；

（5）实施生态低碳理念，保护并提升人居环境。

以下是总体规划的分析思路和框架（图10-13）。

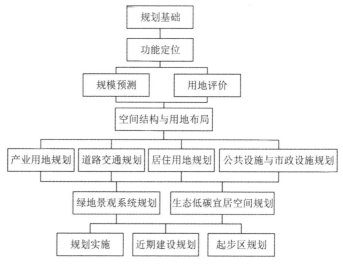

图10-13   哈尔滨松北科技创新城总体规划内容体系

2.3 规划编制要点

以下将重点介绍与科技城规划特点相吻合的规划编制要点。

（1）模块化的产业体系设计

哈尔滨松北科技城的规划在产业体系与模块的设计中，首先按照技术来源和创新模式将产业进行分类，包括基于原始创新的产业、基于集成创新的产业、基于技术引进的产业和智力密集型服务产业，规划说明了每类产业的发展内容，重点在于：① 发展创新源类产业，以此带动知识内生型产业发展；② 立足已有产业优势，推进集成创新，重点发展智能装备制造、生物医药、农产品精深加工、农业技术推广与示范；③ 积极引进影响未来发展的技术和人才，发展电子信息产业、新能源与节能环保产业；④ 推进智力密集型服务产业，提供技术创新服务，发展服务外包，开展面向东北亚地区的国际教育培训和国际合作，推进农业休闲观光和文化创意产业发展（表10-9）。

哈尔滨松北科技创新城产业发展体系规划 表10-9

产业创新模式分类	产业类型	产业发展内容
基于原始创新的产业	创新源类产业	大学教育产业、科技研发产业、科技培训、普及教育产业
	知识内生型产业	先进装备制造业、新材料产业、农林高新技术产业
	知识外生型产业	产学研合作服务业、服务外包业
基于集成创新的产业	智能装备制造业	智能电网核心部件、机器人及成套装备、新型焊接装备、节能减排装备
	生物医药产业	由抗生素向抗感染药物领域转变，由单一领域生物工程产业向多领域规模化转变，中药产业由传统中药向现代化中药转变，哈药集团医药产业由国内领先向世界级药企转变
	农产品精深加工业	农产品精深加工、农产品综合利用、功能食品开发和绿色食品开发
	农业技术推广与示范业	以大豆、玉米、水稻技术为重点，在数字农业、农作物新品种试验、农业工程技术、能源替代作物培育等方面取得突破
基于技术引进的产业	电子信息产业	通过引进技术和科技人员，重点发展LED照明、嵌入式软件开发、国家科技重大专项核心电子器件和物联网核心部件
	新能源与节能环保产业	依托现有产业基础和科研优势，以低碳经济、绿色环保为核心，发展风能、太阳能、核能、生物质能、新型电池等新能源转化和应用设备研发、制造
智力密集型服务产业	技术创新服务业	整合现有公共技术资源，形成面向企业开放的技术创新服务平台，引导中小企业向专、新、特、精方向发展，提高市场竞争力

续表

产业创新模式分类	产业类型	产业发展内容
智力密集型服务产业	服务外包服务业	对离岸服务外包企业及机构给予补贴,建设服务离岸服务外包企业的展览、国际推介、取得国际资质认证等特别服务区
	国际金融服务业	吸引国际金融机构入驻,建设区域性创新金融高地。争取在产业投资基金、创业风险投资、科技创新专项基金等领域实现突破,为企业提供资金信贷支持
	现代智能物流业	运用电子信息技术,以"物联网促进物流智能化",引进集成化物流规划设计仿真技术、物流实时跟踪技术、网络化分布式仓储管理及库存控制技术等先进技术,建设智能物流系统(ILS),并为企业提供增殖物流服务
	国际教育培训产业	以国际化为核心元素,面向内地企业进军东北亚的人才需求,发展教育培训产业,建立包括高端教育培训和专业人才培训的二元培训体系
	农业休闲观光业	积极发展农业新型服务业态,如农居SOHO、休闲庄园、原生态垂钓园、转基因农业采摘园等,组织高科技农业参观、农家生活体验、东北亚农业文化博览等
	文化创意产业	积极发展文艺演出,出版发行和版权贸易,广播影视节目制作和交易,动漫游戏研发制作,广告和会展,古玩和艺术品交易,设计创意、文化旅游等行业的创作、生产和营销,集聚文化创意企业建设文化创意产业区,形成专门的服务机构和公共服务平台

在产业模块的设计方面,与东湖国家自主示范区概念规划不同的是,该规划纳入了对第一产业创新的考虑,利用黑龙江省的农业发展优势,探索农业研究、开发和生产结合的模式,并部署相应农业RDP发展模块;结合本地大学的技术优势,在智能装备、焊接与新材料、生物医药等方面形成专业化园区;发挥对俄合作的便利条件,形成国际科技创新综合体,引入国际商务、国际教育、国际科技合作、高科技出口加工、国际民俗风情、国际会展体育、国际高端居住等元素,形成国际性综合体模块。根据已有产业项目的选址意向,规划将各产业模块落实到空间上,明确各产业模块的具体位置和发展规模(图10-14)。

(2)镶嵌式的空间结构组织

哈尔滨松北科技城的知识—文化镶嵌体模型体现了其产业发展基础和产业发展特色,而且由于是新区,可以在各个模块的建设中综合优先考虑居住用地和服务用地的比例关系,形成功能混合的功能区。

图例

教育培训产业用地　　工业用地
商业金融用地　　　　工业RDP用地
文化娱乐用地　　　　文化创意产业用地
体育用地　　　　　　物流用地
科技研发用地　　　　农业RDP用地

图10-14　哈尔滨松北科技城产业用地规划

　　规划在总体上形成了"三心、三轴、十片区"的空间结构。其中，"三心"是指省行政中心、技术创新中心和科技商贸中心，"三轴"是指省行政中心轴、技术创新区商贸研发轴、科技商贸区商贸中心轴，"十片区"是指由各个产业模块和生活模块构成的具体的空间结构和用地布局（图10-15、图10-16）。

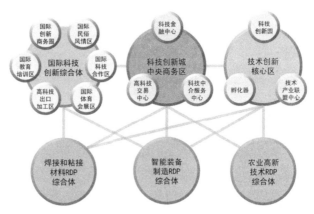

图10-15　哈尔滨松北科技城知识—文化镶嵌体模型

图10-16　松北科技城空间结构规划

（3）弹性混合的土地利用规划

松北科技城规划在空间结构布局的基础上，提出土地利用布局模式。一方面将未确定功能的产业用地作为RDP用地布局，鼓励企业以研究—开发为中心，向生产部门衍生，形成研究—开发—生产综合体（图10-17）；另一方面在各个模块的建设中综合考虑居住用地和产业用地、服务用地的比例关系，形成功能混合的基本生活单元。

图10-17　松北科技城土地利用规划

（4）多元化的社会空间规划

哈尔滨松北科技城的居住用地规划按照职住平衡、尊重本地原始居民、分层分类的原则，根据不同位置的居住用地与周边功能区的关系，确定了各个功能片区的居住区类型和居住区规模，并将其作为下一阶段控制性详细规划编制的参考（图10-18）。与武汉东湖相比，一方面增加了对区域内回迁农民住区的考虑，另一方面注重不同类型居住社区在同一功能区中的混合搭配，并对具体每个社区的居住人口和人口居住密度给出参考的指标（表10-10）。

图 例
☐ 高端居住区
▨ 知识创新型居住区
▨ 服务型居住区
▨ 现状村民安置住区

图10-18 哈尔滨松北科技城居住用地分布

哈尔滨松北科技城居住用地详细指标　　　表10-10

片区名称	居住区名称	居住用地面积（hm²）	可容纳居住人口（万人）	平均人口密度（人/hm²）	备注
科技商务综合区	高端领军人才集聚区	76.56	1	109	战略科学家和高端领军人物居住集中区
	创新型住区3	274.23	14	511	知识创新型人才集聚区
国际科技创新综合区	国际高端居住区	127.59	2	156	国际高端人才落户科技创新城的集中区
	创新型住区1	130.21	7	538	知识创新型人才集聚区
	创新型住区2	190.42	9	473	知识创新型人才集聚区
对青新市镇	回迁住区1	114.99	3	261	山后村回迁
	服务型住区1	146.06	8	547	产业及服务人员集中居住片区
产业发展区	服务型住区2	139.35	7	502	产业及服务人员集中居住片区
RDP综合体	回迁住区2	51.23	1	195	万有村、后城村、薛堡村、新镇村回迁
	服务型住区5	77.17	5	648	产业及服务人员集中居住片区
	创新型住区8	104.63	5	478	知识创新型人才集聚区
	服务型住区7	119.85	3	250	产业及服务人员集中居住片区
产业先导区	回迁住区3	66.77	2	300	巨宝村、万宝村、化家村回迁
	服务型住区3	84.85	5	589	产业及服务人员集中居住片区
	服务型住区4	53.75	3	558	产业及服务人员集中居住片区
技术创新综合区	国际高端居住区	66.97	1	215	国际高端人才落户科技创新城的集中区
	创新型住区4	115.37	2	299	知识创新型人才集聚区
	服务型住区6	10.05	1	995	产业及服务人员集中居住片区
	国际高端居住区	34.07	1	293	国际高端人才落户科技创新城的集中区
	创新型住区5	158.51	8	504	知识创新型人才集聚区

续表

片区名称	居住区名称	居住用地面积（hm²）	可容纳居住人口（万人）	平均人口密度（人/hm²）	备注
省行政中心	创新型住区6	152.09	9	592	知识创新型人才集聚区
	创新型住区7	128.67	7	544	知识创新型人才集聚区
合计		2423.41	110	454	

（5）生态智慧基础设施规划

哈尔滨松北科技城的生态智慧基础设施规划从道路交通系统规划、生态城区塑造、低碳社区营造和宜居城市建设等四方面提出具体策略。以下重点介绍道路交通系统规划和宜居城市建设两项。

道路交通系统规划方面，结合人才、信息快速集聚与频繁交流，以及附加值高、单位价值高的货物集中运输的特征，科技城需要高效便捷的对外交通联系和可达性强的内部交通组织方式。道路交通规划将遵循以下理念：半小时通勤圈、TOD空间组织、公共交通优先和绿色低碳出行优先，在与大松北交通路网衔接的基础上，形成快速—个人化—慢行三类交通系统，减少小汽车使用。规划将形成"门"字形高速对外联系网络；在科技创新城中部地带规划一条南北向并与呼兰及哈南工业新城相连的快速路，形成"十"字形的快速路系统；在高速公路、快速路以及铁路为空间分隔后形成的八大组团中，由主干路网承担各组团之间的通达功能，形成"九纵九横"的主干路网；次干路采取密路网形式，保证各组团内部的可达性；同时结合"水城"的规划思路，形成"倒T"型的景观大道。依托轨道交通实施TOD开发模式，规划BRT快速公交专用道，规划自行车交通系统和步行系统（图10-19）。

综合管廊沿主干道在地下铺设，一体化布局电力、通信、燃气、供热、给水排水等工程管线，进行统一规划设计和施工。

哈尔滨科技创新城和宜居城市建设，规划了三条景观轴线：生态风貌轴线、生产风貌轴线和创新示范轴线，串联起分散的景观节点，同时根据各个景观节点特征，提出了景观节点的建设强度、形象特色等控制要求和指导意见（图10-20、表10-11）。

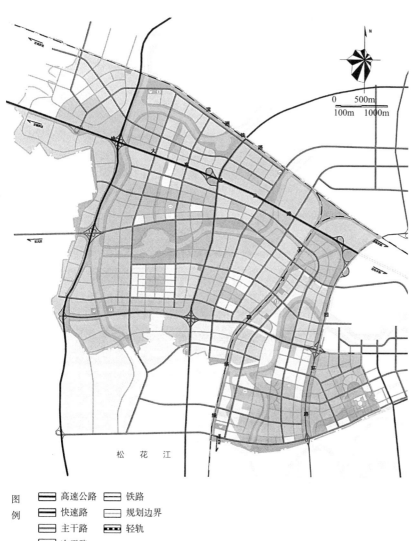

图10-19 哈尔滨松北科技创新城道路交通规划

图10-20 哈尔滨松北科技城景观风貌轴线规划

哈尔滨松北科技城景观节点设计导则　　　　　表10-11

景观轴线	景观节点	导则	备注
生态风貌轴线	农业示范园区	作为农林用地，既为农业科研生产服务，也为城市生态提供必要的生态空间，应严格予保护，禁止进行城市开发建设活动	强制性
		集科研开发、设施种植、精品花果苗木生产及畜牧水产养殖于一体的高科技大型综合现代农业示范园区	建议性
	摇光湖文化观光公园	保护为主、生态为先，除设置少量观景点和相应服务设施外，不进行大规模建设	强制性
		呼应绿色生态风貌轴线，安排文化观光设施，满足科技创新城的文化休闲需求	建议性
	葡萄采摘园	特色农产品园区，布局"葡萄庄园、葡萄博物馆、葡萄研究所"等配套设施，建设"葡萄展示、人才培训、观光采摘、休闲娱乐、餐饮住宿"等多功能一体的葡萄观光园区	建议性
生产景观轴线	对青松北产业园	高科技、低污染和园林化，建筑风格符合科技创新城高技术的主格调	建议性
	化家生产基地	作为生产基地，其风貌宜以秩序、现代、生态为指导，色彩以白色、灰色等冷色调为主	建议性
	创业城、国际城	作为特色产业基地，其景观塑造应以国际化、民族化和现代化为标准，建筑形体选择体现时代性、高端、技术	建议性

续表

景观轴线	景观节点	导则	备注
创新示范轴线	化家生产服务中心	以"技术、服务、创新"为主题，建筑体量不宜过高，造型宜平易、舒展	建议性
	民俗风情园	作为展示民俗文化、汇聚人气资源的重要基地，园内宜聚集俄罗斯、满族、朝鲜族、蒙古族等民族的建筑和文化，建设文化展厅、民俗餐厅、民俗表演活动广场等景点	建议性
	企业总部	建设低密度、生态型、商务花园企业总部基地，以多层的、环境品质较高的园区风格为主	建议性
	省行政中心	以亲民、严肃、高效为原则，建筑体量适度舒展、不宜过高，环境宜人	建议性

（6）引导式的规划实施保障

哈尔滨松北科技城规划更加注重规划内容的可操作性，规划实施部分除了提出规划实施要点及政策保障措施以外，还制定了具体的分期发展引导策略，提出不同阶段的发展重点，包括近期起步区建设、中期产业园区建设和远期科技服务核心区建设等。产业发展引导时序方面，按照当前发展的基础和远期发展目标确定不同阶段重点引导的产业类型（表10-12），并结合已有企业的选址意向，对近期重点建设项目的规模、功能进行了详细的分析与策划。

同时，在松北科技城的近期发展阶段，成立专门的科技城氛围提升促进办公室，以年为周期，策划和举办科技城创新产品博览会等各类科技创新和文化创意活动，展示科技城企业成果，搭建企业间合作平台，举办面向市民的科技创意市集和生活创新大赛，提供面向大学生的创新创业培训，提升市民对追求创新、支持创业的意识，从而促使更为开放、创新和多元的科技城文化氛围形成。

哈尔滨松北科技城产业发展的分期引导　　　表10-12

	产业类型	产业内容
近期	哈尔滨优势产业	焊接设备、精密仪器仪表、生物育种、复合材料
	省市重点扶持产业	LED绿色照明、软件开发、物联网、太阳能
	创新基础产业	孵化中试、科技研发、现代物流、科技中介、产品交易
	生活配套产业	高档居住、教育医疗、商业娱乐

续表

	产业类型	产业内容
远期	哈尔滨优势产业升级	智能电网、生物医药、高性能复合材料
	国家重点扶持产业	生物能源、嵌入式系统
	科研转化产业	节能减排装备、机器人
	创新提升产业	产品检测、科技咨询、专利与标准、服务外包
	高端服务业态	国际教育培训、智能物流、国际金融

3. 小结

本章是对科技城总体规划编制方法和内容框架的实践应用讨论，主要结合武汉东湖国家自主创新示范区概念规划和哈尔滨松北科技城总体规划两个案例，说明了科技城发展的相关理论是如何运用到实际案例中的。基于规划编制实例的应用，形成以下几点结论：

（1）在科技城总体规划编制实例中，本书提出的科技城总体规划编制思路和编制内容存在操作上的可行性。在一些具备发展基础的区域，通过对区域潜在创新资源的盘点和空间资源的梳理，通过模块化的产业体系设计、镶嵌式的空间结构组织、弹性混合的土地利用规划、多元化的社会空间规划、生态智慧的基础设施规划和引导式的规划实施保障，能够结合科技城的发展特征，对科技城的建设产生针对性的引导作用。

（2）由于科技城总体规划主要是对科技城总体发展格局的把控，因此真正要实现科技城产业氛围、人才氛围和空间氛围的提升，还需要更为详细的空间设计策略、活动营造方案以及科技城日常运营计划的支撑，需要科技城多样化的主体共同认可科技城发展的目标，更多地参与到科技城的文化营造中来。因此在科技城总体规划的实施保障部分，需要提出科技城的软环境营造策略，提升科技城的嵌入性和创新环境。

（3）由于两个规划实践案例的规划时间较短，科技城总体规划效果的评估需要在未来结合地方具体运营情况来进行检验。

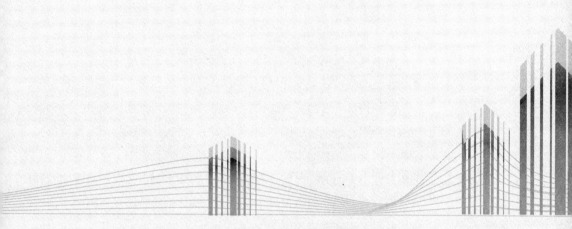

第11章

结论

1. 科技城创新驱动发展的核心机制

全书在全球竞争加剧和国家实施创新驱动发展战略的背景下，明确了创新驱动的科技城发展对我国城市转型升级的意义，系统梳理了创新驱动的科技城发展的相关理论，从理论角度构建了创新驱动的科技城发展演化框架；结合对中国当前科技城的发展现状调研与国内外科技城的发展情况分析，总结了科技城在产业布局、社会组织、空间结构和土地利用等四个方面的发展特征和机制；从整体上提出面向创新驱动的科技城发展的规划编制策略，并尝试在两个具体的科技城规划编制实例中进行了应用。研究形成了以下主要结论：

（1）科技城创新发展的演化机理和阶段属性

科技城的创新有四个激发因子，分别是企业、大学以及研究机构、人才，以及政府。科技城实现创新和发展主要依赖于五个演化机理的相互作用，分别是知识创新源、人力资本、嵌入性、创新环境和全球—地方联结。五个演化机理共同作用，联系起创新激发因子，以知识创新源、企业发展和新企业衍生为动力，形成人力资本、社会资本和文化资本相互作用产生的嵌入性联结的科技城演化机制内核；科技城演化机制外延为，在政府的支持和引导下，支撑创新的制度环境和空间环境得以形成，并建立起全球—地方联结，促成内部要素与外部要素的互动，从而支撑科技城的创新与发展。全新建立的科技城发展具有阶段属性，一般会经历三个阶段：第一阶段为政策驱动，以政策引导下的要素集聚和基础设施建设为主要特征；第二阶段为投资驱动，以创新源发展和产业集群专业化培育为主要特征；第三阶段为创新驱动，以嵌入性增强和全球—地方联系建立为主要特征，实现创新驱动的多样化系统性自组织发展。产业氛围、人才氛围和空间氛围的互动为科技城的创新提供必要的发展环境。

（2）科技城产业布局基本规律和产业氛围营造

北京未来科技城和武汉未来科技城作为国内近期由政府主导建设的科技城的代表，呈现出共性的规律：产业发展以政府引导下的各类企业集聚为初始动力,产业创新主要依赖于自上而下的国家支持,尝试加强自下而上的主体间互动,但目前普遍存在嵌入性不足、创新环境尚未形成和全球—地方联结有待加强的问题,产业布局都存在一些问题。针对国内科技城发展的现实与目标,本书提出科技城的产业布局应该遵循以下原则:加强科技创新源的带动作用、集中布局科技创新服务平台、关联布局相关技术基础的企业、弹性布局研究—开发—生产综合体、分散布局主体间互动交流的平台、预留消费者服务业的发展空间。

(3)科技城社会结构基本特征和人才氛围营造

针对两个科技城企业人才的调查结果能够大体反应已有理论研究对科技城社会结构特征的假设:年龄结构年轻化、教育水平两极化、职业构成多样化和收入水平两极化。此外,调查结果也反映了科技城在选址和建设时序中出现的问题,反映了科技城人才的行为和心理特征,相关结论可以支撑科技城空间和设施的规划设计。关于科技城的社会结构,研究经过讨论,认为出现两极分化的可能性较大,因此科技城的发展需要注重对人才氛围的营造,强化阶层内和阶层间互动,具体策略包括:提高品质鼓励交往互动;分类引导提供多样选择;设定标准保证服务可达;举办活动促进学习交流;职住混合减少通勤时间等。

(4)科技城空间结构组织模式和空间氛围营造

结合案例分析和理论演绎,研究认为创新驱动的科技城空间发展机制主要包括经济—空间、社会—空间、信息—空间和规划—空间四种机制,它们共同决定了科技城的空间结构。研究基于空间接触需求及匹配理论,在分析科技城企业和居民对各类功能空间接触需求的基础上,提出创新驱动的科技城空间结构的理想模式:以创新、共享和服务为核心,生产创新单元和居民生活服务单元为外围的空间结构模式,这种模式可以增大科技城各类主体对创新和服务,以及主体之间的空间接触机会。本书也分析了我国三大未来科技城的空间结构特征和目前存在的一些问题。

(5)科技城土地利用构成特征和各类用地关系

理论演绎的结论是,科技城生产、生活、生态用地负外部性的降低及相互间功能联系的强化将带来科技城各类用地关系的变化,生产用地、生活用地和生态用地的关系更为密切，且出现比例较高的混合用地。案例总结的结论是，科技城中各类用地的功能、规模和布局特征呈现出与一般新城和开发区相区别之处，以适应科技城专业化的产业发展和特色化的社会结构。对科技城土地利用规划的启示为：科技城生产关系和社会关系的变化为土地利用布局提供了更大的弹性，土地利用规划可以围绕创新的过程、企业和人才的需求确定相互间的关系，并增加混合用地；同时，在弹性增加的背景下，规划仍要保证公共服务设施的比例与品质，保证生态空间的完整性和均衡性，为各阶层居民提供宜居宜业的生活工作空间。

2. 科技城总体规划的核心问题和编制框架

（1）科技城总体规划理论核心问题

本书认为科技城规划的合法性、合意性和合理性是科技城规划在目标确定与策略选择前需要明确的基本问题。满足科技城规划的合法性需要协调利益相关主体的发展意愿，满足合意性需要从科技城的经济、社会和生态角度综合制定目标，满足合理性需要科技城规划做好以下几方面工作：确定综合发展目标、确定产业发展重点、部署市场竞争开展的框架、优先进行公共基础设施的供给、促进创新正外部性的发挥、引导多样居住空间的形成和强化生态环境底线的控制。科技城规划对发展的作用机制方面，空间组织和制度安排是两个作用手段，空间组织与科技城发展的关联机制有：空间框架的建立确立开放、生态、关联的发展格局，空间类型布局承载创新、创业、宜居的多样功能，空间关系组合调整弹性、混合、互动的功能关系，空间品质塑造提升绿色、人本、智慧的环境质量。制度安排与科技城发展的关联机制有：制度框架的建立确立透明、公正、有底线的市场框架，制度的效率面向通过招才、促业、合作激励市场效率，制度的公平面向通过公平、包容、多元保护弱势群体，制度的阶段调整保证弹性、可调、可变适应发展变化。

（2）科技城总体规划编制思路转变

研究认为，科技城规划的编制思路与传统新城规划相比，面临五个方面的转变：首先，在参与主体方面，由指令式规划向协商式规划转型；第二，在服务重点方面，以产业为本向以人产共重转型；第三，在基本思路方面，由确定性规划向不确定性规划转型；第四，在操作方法方面，由分区划片规划向镶嵌体规划转型；第五，在成果特征方面，由面面俱到的控制向有重点的引导转型。

（3）科技城总体规划编制内容更新

体现科技城总体规划编制特色的重点内容包括：科技产业体系的模块化组织，M型社会结构的多元化空间匹配，促进集聚空间效应发挥的技术植入和镶嵌体空间结构，提高土地利用效率的集约混合土地利用模式，集成优化体系化的智慧基础设施和弹性透明可操作的制度安排引导。研究将以上框架运用在武汉东湖国家自主创新示范区概念规划和哈尔滨松北科技城总体规划中，探讨了以上规划思路和编制内容的应用可行性，具体的实施效果仍有待实践发展的验证。

3．未来全球科技城发展的新趋势和新议题

本书围绕当前全球科技城发展的基本机制和发展规律展开研究，重点结合中国四个未来科技城的发展特征，集中探讨了科技城发展理论在科技城总体规划实践中的应用方法。全书的出发点和落脚点是中国新建未来科技城的总体规划，但如果从城市创新发展这个议题的角度来看，仍有很多在文中尚未展开的讨论。如果把概念拓展，将视野放宽，关注城市创新区域发展这个议题，可以看到未来全球科技城发展出现了一些值得关注的新趋势。

（1）从郊区全新建设走向城区转型提升塑造

从20世纪日本筑波、韩国大德等科学城的建设，到我国20世纪80年代开始设立的高新技术产业园区，再到21世纪以来我国四大未来科技城

的建立，这些科技城都采取了集中科学研究和产业创新资源，在郊区全新建设科技城的发展模式。上述科技城承担着各自的时代使命和国家诉求，或为了落实国家分散化的空间发展策略，或为了集中研发创新资源促进高技术产业发展，或为了吸引海外高层次人才创新创业，均是依靠政府自上而下的行政力量，调动了大量资源重新布局，在大城市郊区全新建设高品质的创新创业和产业生活环境，促进创新和高技术产业发展。这种发展模式成本较高，而且由于全新建设需要重新集聚人气，吸引企业入驻，往往从建设初期到发展成熟需要多年时间，收效缓慢。

　　因此，目前很多国家都采取了对各项服务都较为完善、已有创新源或科技园区的既有城区进行再开发和转型提升塑造的方式，来建设科技型城区，促进创新创业和高技术产业发展。这种方式利用已有的城市基础设施来发展创新型区域，不仅能够满足初创型中小企对人才招募、信息获取和城市各项服务便利性的需求，使其充分利用城市作为创新创意孵化器的各种便利，而且能够通过产业更新和人才互动，重塑已有城区的经济基础，提升城市活力。有研究显示，近来旧金山、北京、纽约等城市都出现了初创型中小企业、风险投资、高技术产业向中心城区回流的现象，一方面是由于各类孵化器和加速器在城市中的涌现为这些企业提供了发展载体，另一方面也可以看出城市氛围对初创型企业的吸引力。依托已有城区转型进行提升和塑造的发展模式成本相对较低，而且通过一系列的土地更新政策和创新创业扶持政策，能够有效淘汰落后产业，引进新兴产业，促进土地利用功能混合基础上的城市氛围营造，极大提升和带动了城市创新文化的传播。当然，这种发展模式也有其限制因素，即已有城区的发展空间有限，对于承载中小型科技企业发展较为合适，但无法满足企业发展壮大以后对生产空间的需求，因此需要周边区域提供承载未来产业发展的空间。

　　当前采取已有城区转型提升塑造模式的案例包括美国波士顿创新区域、西班牙巴塞罗那、加拿大蒙特利尔、英国伦敦创新区、英国的6六个科学城、北京中关村科学城等，它们均是在已有良好知识创新源的区域，采取一系列策略提升城市创新创业能力。如美国波士顿创新区坐落在南部滨海半岛上，面积约4km²，针对其过去多年发展缓慢的问题，城市政府提出进行旧工业用地改造和创新区建设，确定的建设主题为"工作、生活和娱乐"，即打造集创业工作、居家生活和休闲娱乐为一体的多功能城市社区。该计划不仅对区域内的公共空间和老旧产业空间进行改造，而且也策划一系列会谈、研讨、展销、创业交流等活动激发市民的企业家精神和创新精神。创新区建设以来，收效显著，区域内产生了大量生物医药、智能制造、清洁能源、信息技术、设计广告等领域的新企业，也形成了充满活力的区域氛围。

整体上来看，城市作为人才、资本和技术汇聚的区域，是创新活动最直接的载体，创新的产生需要生产与服务系统的支持，需要人与人之间面对面的互动和交流，需要鼓励和促进创新的文化氛围，而城市正是提供以上多方面要素的系统性支撑环境，比园区对创新的支撑作用更加系统。同时，城市为科技创新产品提供了最直接的市场，在城市消费市场中，高技术产品可以迅速得到市场的反馈，从而依据市场需求更快地改进产品。城市巨大的消费者规模，也为高技术产品的产生试验创造了可贵的市场空间。因此，未来科技城发展将会更多地立足于已有的城市环境和城市文化对创新创业的支撑，已有的旧城区、产业区、科技园区能否更多地利用城市的各类优势条件，是创新创业是否能够持续产生的关键。

（2）从产业集群培育到创新创业生态系统构建

传统科技城的发展多注重高技术产业的引进，注重产业集群的培育，而较少关注真正适合创新者和创业者发展的系统环境，对人才氛围的关注不足。最典型的是中国的很多高新技术产业园区致力于围绕特定高新技术产业吸引企业入驻、打造产业集群，按照产业集群建设的思路，尝试促进同类产业主体之间的生产合作和知识溢出。在高新技术产业园区的发展初期，该思路起到了吸引企业集聚、促进企业交流的作用，但由于当时高新区大多数企业的产业分工仍然面向高技术产品的生产、加工和制造，对研发和创新方面关注较少，因此已经无法适应今天的发展需求。今天的高新区发展面临"二次创业"的挑战，如何将发展重点从生产制造转变为创新创造，如何为企业和人才提供更有利于创新创业的环境，需要转变过去只关注产业集群培育，忽视人才氛围和创新创业环境的思路，开始致力于围绕创新创业者的需求，构建创新创业生态系统。

创新创业生态系统以更加开放的态度关注产业中的创新创业，整合创新创业主体，促进更多的交往互动，并围绕其需求有效匹配各类创新创业资源，从制度、文化、空间和政策等系统要素的支撑下，促进创新创业活动不断形成，从而激发创新创业成果的产生。创新创业生态系统不仅包括技术创新，更包括体制机制创新和管理模式创新，良好的创新创业生态系统会增强各创新主体之间的协同能力，将市场、政府和社会资源有机融合，相互作用。

产业集群思路与创新创业系统思路的差异主要在于以下几点：首先，伴随产业升级换代速度加快和开放融合创新的趋势，区别于产业集群思路关注产业内部的合作，创新创业生态系统思路鼓励产业间的协同，鼓励围绕企业家发掘市场需求，整合不同产业的资源；其次，创新创业生态系统思路将整个区域作为支撑产业创新发展和人才创业的基础，充分挖掘城市开放、多维和共同演进的复杂网络的价值，而产业集群思路更多地局限在特定产业区，采取的是有限范围内特定企业群体之间封闭式创新的逻辑；再次，创新创业生态系统思路会为中小企业的诞生和发展匹配更多资源，关注产业的破坏、创新和不断演化，而产业集群思路的主要关注对象是集群中大中企业的互动与合作，并未对衍生出来的小企业给予足够的重视。

世界多个科技城的管理部门都开始转变思路，从关注成型的企业转向关注小企业发展，从为大企业的引进制定优惠政策转向为小企业的诞生和发展提供更多支持，从关注集群的培育和建设转向创新创业生态系统的培育。如瑞典西斯塔科学城、美国奥斯汀等城市均采取了一系列支持区域内中小企业发展的政策措施，通过风险投资引导、创新源合作、新企业扶持等政策，鼓励创业企业的衍生和孵化。

（3）从本地资源整合到对接全球创新创业网络

当前世界科技城发展的另一个新趋势是从关注本地资源的整合，转变为更为开放地对接全球创新创业网络，这体现了本书提到的全球—地方联结的价值。这些科技城致力于建立与世界其他创新创业中心在知识创造、风险投资流动、人力资本流动，以及科技企业全球布局等方面的联系，将本地科技和产业优势与全球创新网络的价值对接，促进知识和创新流动。全球创新创业中心发展的另一个显著特征是随着全球化的加速，本地创新创业生态系统逐渐增强了开放性，很多企业开始面向全球范围寻找创新资源，将全球创新创业网络的价值与地方优势相结合。

新竹正是在与硅谷的人才和技术流动中，获得了来自硅谷的技术溢出，跟上了硅谷产业更新的脚步；班加罗尔也是由于一些跨国公司在班加罗尔设立研发机构，让一部分在硅谷的印度籍工程师得以回到班加罗尔工作，同时让大量本地人才得以学习跨国公司的领先技术和管理经验，孵化和培育出很多本土成长起来的科技企业。根据Compass咨询机构发布的创业生态系统报告，2015年，硅谷创业企业中的外国工程师比例已经达到45%，远程办公比例为43%；新加坡创业企业中外国工程师比例达到52%，国外顾客比例达到49%。

除了人才流动带来的知识和技术转移以外，全球不同创新创业中心之间大学、研究机构与企业之间的合作也在增多，无论是论文合作、风险投资流动还是企业合作，跨越地理界限组织创新优势力量的现象正在越来越多地出现。因此，先前侧重与本地创新生态系统内部多主体互动的发展已经越来越趋向于更强的开放性，通过知识、人才、技术、资本的联系，构筑全球创新创业网络。在此背景下，全球科技城对于人才、技术和资本等资源的竞争会更加激烈，如何立足于本地特色，形成对高端人才和稀缺资源的吸引力将成为未来世界科技城保持竞争力的关键。

（4）从政府引领建设到多元主体合作参与

本书重点探讨的是由政府主导建设的科技城的发展与规划，除此之外，当前也出现了一些由企业主体与地方政府合作建设的科技城，比如清华科技园在南京、苏州、福州、郑州、合肥、重庆、扬州等地建设的启迪科技城，华夏幸福在沈阳、南京等地建设的科技新城，都是由企业负责前期开发与后期运营管理的科技城。区别于过去的科技园区和产业新城，这些科技城虽然在规模上有所差异，但基本都按照功能完善的城市系统来布局各类功能，围绕创新型人才的工作和生活需求，综合考虑了科研、产业、居住、休闲等用地的配比关系，不再仅仅关注产业用地和园区开发。

从政府引领科技城的建设和管理到多元主体合作参与科技城的开发和运营，科技城不再仅仅作为地方政府培育产业创新的载体，而且成为企业通过科技地产开发获得开发收益的平台。与政府相比，企业能够在科技城开发初期调动更多的市场资源，将企业已经掌握的产业资源导入科技城，有利于科技城建成后吸引产业和人才入驻；同时，由于企业的市场化运作机制，在科技城建成以后，能够为科技城的长期运营和管理提供市场化的服务，建立科技城的科技服务体系。此外，企业在科技城发展的经济效益核算方面，也具备优势，能够通过早期出售一部分住宅和办公空间收回部分建设资金，将其投入到科技城其他物业的运营和产业环境营造中。除了参与科技新城的开发，企业主体也越来越多地参与到面向创新型区域发展的旧城更新中。比如，天安数码城凭借其在多年科技园区发展中积累的功能混合的开发理念、产业资源和运营管理优势，越来越多地参与到地方旧厂房改造和工业区更新等项目中。

值得注意的是，不少企业打着发展科技新城的旗号，在获得地方政府的支持后，依然主要通过出售住宅获得盈利，住宅销售完成即不再考虑产业空间的运营问题，留下一座有名无实的科技城。对于科技城的发展来说，最重要的是建成以后的长期运营，这需要依靠那些具备产业整合和运营能力的企业通过长时间的资源整合，吸引企业入驻，建立科技城的创新服务体系，丰富科技的创新文化氛围，服务于科技城高技术产业和高技术人才的发展需求。

科技城要获得长期持续的创新发展，必须得到政府、企业、大学、人才、居民等各类主体的认可和长期参与。唯有生活在科技城中的多元主体能够认可创新文化和勇于突破的价值观，以开放的态度接受失败和宽容失败，并立足于各自的优势积极开展合作，才有可能让科技城真正地实现创新驱动发展。

附录A 未来科技城产业组织及配套需求调查问卷

尊敬的受访者:

您好! 我们是清华大学建筑学院科技城规划研究小组,现开展北京未来科技城产业组织和配套需求调查,以期为创新驱动的科技城规划编制研究提供参考。本问卷不记名,内容仅作本课题研究之用,请您放心如实填写。非常感谢您真诚的配合。

清华大学"科技城规划研究"课题组

2014年1月

企业基本信息

1. 企业名称_____

2. 所属行业 □新能源　□新材料　□节能环保　□装备制造　□食品加工　□生物技术
　　　　　　□信息技术

3. 所属行业大类 □高技术制造业　□高技术服务业　□传统制造业　□传统服务业

4. 主要业务 □总部管理　□研究开发　□企业孵化　□生产制造　□销售　□物流　□其他

5. 企业规模 □100人以上　□50～100人　□20～50人　□10～20人　□10人以下

6. 企业规模及雇员结构:

	全公司	科技城分支
总职工数		
其中: 中高级管理人员(%)		
研究与开发人员(%)		
市场营销人员(%)		
生产制造人员(%)		
其他(%)		

7. 企业总部所在地_____企业生产制造基地所在地_____

8. 企业分支与总部关系_____

9. 企业分支与生产制造基地关系_____

10. 企业入驻科技城的时间＿＿＿＿＿＿＿＿＿＿＿＿＿＿＿＿＿＿

11. 企业入驻科技城的原因＿＿＿＿＿＿＿＿＿＿＿＿＿＿＿＿＿＿

企业发展创新情况

12. 企业近5年取得的专利数量＿＿＿＿＿＿改进产品的次数＿＿＿＿＿＿＿

13. 企业近5年市场份额的情况 □大幅增加　□小幅增加　□小幅减少　□无

14. 企业创新对以下几类活动的依赖程度（请画"√"）

重要性/频率 创新方式	非常依赖	较依赖	一般	较少依赖	基本没有
企业内部研发					
外来技术引进					
海外人才引进					
业务流程外包					
研究院所合作					
其他企业合作					
市场反馈改进					
行业协会交流					

企业与其他主体合作情况

15. 企业的主要竞争者来自 □本地　□国内　□国外

16. 企业的主要合作者来自 □本地　□国内　□国外

17. 企业与其他企业在以下类型合作中的频率（请画"√"）

频率 合作类型	非常多	较多	一般	较少	基本没有
基于产业链的合作					
基于业务外包的合作					
基于产业融合的合作					
基于技术联盟的合作					

18. 企业与高校、科研机构合作的频率

　　□长期定点合作　□短期定点合作　□短期择优合作　□基本没有合作

19. 与企业存在合作关系的主体主要分布地点

（1）有合作关系的其他企业 □科技城内　□本市其他地区　□国内其他地区　□国外

（2）有合作关系的科研院所 □科技城内　□本市其他地区　□国内其他地区　□国外

企业配套需求

20. 企业是否希望将研究、开发与生产功能布局在同一区域□希望□不希望

21. 从企业发展和创新的角度，您认为以下哪些设施是科技城当前缺乏且有必要增加的？

交通设施：　　　　　　□快速道路　□大运量公共交通　□慢行交通

生产服务设施：　　　　□金融服务　□法律服务　□广告服务　□会展服务　□咨询服务

知识共享设施：　　　　□知识中介服务　□产业技术联盟　□展览中心　□培训教育基地

居住设施：　　　　　　□高端人才住宅　□知识阶层住宅　□服务阶层住宅　□SOHO住宅

生活配套设施：　　　　□医疗设施　□教育设施　□文化设施　□体育设施

22. 从企业创新的过程来看，您认为以下各功能对创新的影响程度如何？（请画"√"）

重要性/对创新的影响 功能	非常重要	比较重要	一般	比较不重要	不重要
知识创新源					
科技服务设施					
研究开发设施					
知识共享设施					
生产制造设施					
商贸服务设施					
文化娱乐设施					
高品质住宅					
中等品质住宅					
保障性住房					
混合型住宅					
生态绿地					
交通设施					

23. 从企业创新的需求来看，您认为企业与以下功能空间的理想邻近程度如何（请画"√"）？

与企业的理想邻近性程度 功能	非常邻近	比较邻近	一般	不需要邻近	不能邻近
知识创新源					
同类型企业					
科技服务设施					
研究开发设施					
知识共享设施					
生产制造设施					

续表

功能　　＼　与企业的理想邻近性程度	非常邻近	比较邻近	一般	不需要邻近	不能邻近
商贸服务设施					
文化娱乐设施					
高品质住宅					
中等品质住宅					
保障性住房					
混合型住宅					
生态绿地					
交通设施					

24. 企业对外部专业化服务的使用情况（目前情况或未来期望情况）（请画 "√"）?

服务内容	使用频率			地点		
	经常	偶尔	不使用	科技城内	科技城外北京内	北京以外
广告服务						
公关服务						
法律服务						
投资服务						
会展服务						
管理咨询服务						
人力资源服务						
行业协会						

附录B 未来科技城企业人才构成特征和空间需求调查问卷

尊敬的受访者：

您好！我们是清华大学建筑学院科技城规划研究小组，现开展未来科技城人才构成特征和空间需求调查，以期为创新驱动的科技城规划编制研究提供参考。本问卷不记名，内容仅作本课题研究之用，请您放心如实填写。非常感谢您真诚的帮助。

清华大学"科技城规划研究"课题组

2014年1月

个人基本信息

25. 年龄 □20～30岁　□30～40岁　□40～50岁　□50～60岁　□60岁以上

26. 性别 □男□女

27. 您的身份

　　□科学家　　　　□工程师　　　　□企业家　　　　□企业员工　　　□行政办公人员

　　□技术工人　　　□生活服务人员　□创业者　　　　□其他

28. 受教育水平 □初中及以下　□高中/中专　□大学专科　□大学本科　□硕士　□博士

29. 您的月收入　□2000元以下　　□2000～4000元　□4000～10000元　□10000～30000元

　　□30000元以上

30. 从事行业

　　□装备制造　　　□生物医药　　　□信息技术　　　□节能环保　　　□新能源

　　□新材料　　　　□政府　　　　　□教育　　　　　□医疗　　　　　□其他生产服务

　　□其他生活服务　□其他

31. 从事工作类型 □研发　□管理　□生产　□销售　□物流　□服务　□创作

32. 户口所在地 □本市　□其他地区城市　□本市农村　□其他地区农村　□其他国家

所在单位基本情况

33. 您的工作单位是＿＿＿＿＿＿＿＿＿＿＿＿部门是＿＿＿＿＿＿＿＿＿＿＿＿＿

34. 您在这家企业或机构的工作时间大概为 □1年及以下 □2年 □3年 □4年以上

35. 您所在工作单位的规模（企业人数）

　　□3～10人　　　□10～50人　　　□50～100人　　　□100～500人

　　□500～1000人　□不清楚

36. 据您了解，您所在单位与以下哪些机构有长期合作关系？

　　□与大学（研究机构）　　　　□与国内其他企业

　　□与海外企业　　　　　　　　□没有　　　　　　　　　　□不了解

到未来科技城工作的原因

37. 来到未来科技城工作的原因

　　□高层次人才计划引进　　　　□原企业开设分支

　　□找工作新入职　　　　　　　□创业政策好　　　　　　　□购房

38. 未来科技城最吸引你的地方（可多选）

　　□政策条件好　　　　　　　　□工作机会好

　　□居住环境好　　　　　　　　□生态环境品质高　　　　　□住房价格可接受

39. 来到未来科技城之前，您的工作地点是

　　□本市城市　　　　　　　　　□其他城市

　　□未来科技城附近　　　　　　□本市农村

40. 您当前的状态

　　□工作居住都在科技城内　　　□工作在科技城，居住在科技城周边（通勤20分钟以内）

　　□只是工作在科技城，居住在较远的地方

41. 您是否想一直留在未来科技城工作

　　□想，事业发展机会好　　　　□想，科技城未来发展前景好

　　□不想，距离居住地点太远　　□不想，各类服务设施配套不完善

　　其他原因_____

日常活动空间分布和满意度评价

42. 您的居住地点_____区_____街道_____小区

43. 您的居住类型是　□自购商品房□租房□人才公寓□企业宿舍

44. 您认为科技城当前的空间功能有什么不足？

　　□居住配套不够　　　　　　　□服务设施不足　　　　　　　□通勤不方便

　　□环境品质不好　　　　　　　□子女上学不便

45. 您认为以下哪些设施是科技城当前缺乏且有必要增加的？（如果没有，可以不选择）

　　居住设施：□高档住宅小区　□中档住宅小区　□保障性住房　□廉租房

　　医疗设施：□大型综合医院　□专科医院　□小型诊所　□心灵诊所

　　购物设施：□大型购物中心　□片区级购物中心　□居住区级超市

　　教育设施：□专科学校　□高中　□初中　□小学

　　文化设施：□文化展览馆　□图书馆　□科学馆　□艺术馆　□社区交流中心

　　运动设施：□球类运动场　□运动器械　□游泳馆

　　娱乐设施：□影剧院　□休闲咖啡厅　□主题公园　□游戏场所

　　餐饮休闲：□高档餐厅　□中档餐厅　□平价餐厅　□酒吧

46. 您当前上班通勤时间（单程）□30分钟以内　□30分钟~1小时　□1~2小时　□2~3小时

47. 您上班通勤的交通方式　□开车　□公交　□电动车或自行车

社会互动情况

48. 您平常会与从事类似行业工作的朋友交流工作信息吗？□经常□偶尔□不会

49. 您是否希望在平时能有机会向相关专业人员学习新的技能？□希望□不希望

50. 从您从事工作专业的角度，您最愿意和以下哪种专业的人交流？

　　□相同专业　　　　　　　　　□产业链上相关专业　　　　　　□不同专业

　　□其他_____

51. 您认为您所居住的小区与您具有类似社会地位的居民比例大概是多少？

　　□80%以上　　　　　　　　　□50%~80%

　　□20%~50%　　　　　　　　　□20%以下

52. 您愿意和那些与您受教育水平和收入差距较大的社会阶层居住在一个小区吗？

　　□愿意　　　　　□不愿意　　　　　□无所谓

你对未来生活环境的理想状态设想

53. 您理想的工作空间形式

    □商务写字楼　　　　　　　　□多层科技园

    □SOHO式（在家办公）场所　　□非正式场所

54. 您理想的居住空间形式

    □低层（2~3层）　　　　　　□多层（4~6层）

    □中高层（7~9层）　　　　　□高层（10层以上）□别墅

55. 您理想的工作与居住场所的距离（未使用常规交通工具）

    □在家办公　　□10分钟以内　　□10~30分钟　　□30~1小时

56. 您理想的服务空间形式（休闲、医疗、教育等）

    □靠近工作地点的集中式　　　□靠近工作地点的分散式

    □靠近居住地点的集中式　　　□靠近居住地点的分散式

57. 您理想的科技城社会氛围（可多选）

    □多元开放　　□鼓励创新　　□宽容失败　　□社区有活动

    □邻里有往来　□保持独立状态

    □其他＿＿＿＿＿＿＿＿＿＿＿

58. 从企业创新和发展的角度，您认为以下功能与工作地点的邻近程度为多少比较理想（请画"√"）?

与工作地点的邻近程度 \\ 功能	非常邻近	比较邻近	一般	不需要邻近	不能邻近
大学研究机构					
生产制造部门					
科技服务空间					
知识共享场所					
大型购物中心					
文化娱乐设施					
咖啡休闲场所					
教育培训设施					
体育活动设施					
公园开放空间					

59. 从居住便利和安全的角度，您认为以下功能与居住地点的邻近程度为多少比较理想（请画"√"）?

功能＼与居住地点的邻近程度	非常邻近	比较邻近	一般	不需要邻近	不能邻近
大学研究机构					
研发办公空间					
生产制造部门					
科技服务空间					
知识共享场所					
大型购物中心					
文化娱乐设施					
咖啡休闲场所					
教育培训设施					
体育活动设施					
公园开放空间					

60．您认为未来科技城当前发展面临的最大问题是什么？

_____

_____

问卷到此结束，非常感谢您的帮助！

参考文献

[1]   Castells M, Hall P. Technopoles of the world: the making of twenty-first-century industrial complexes[M]. New York: Routledge, 1994.

[2]   （日）平村守彦.技术密集城市探索［M］.俞彭年，谢永松，程迪译.上海：上海翻译出版公司，1987.

[3]   陈家祥.创新型高新区规划研究［M］.南京：东南大学出版社，2012.

[4]   樊杰，吕昕，杨晓光等.（高）科技型城市的指标体系内涵及其创新战略重点［J］.地理科学，2002，22（6）：641-648.

[5]   申小蓉.国际视野下的科技型城市研究［D］.成都：四川大学，2006.

[6]   韩宇.美国高技术城市研究［M］.北京：清华大学出版社，2009.

[7]   魏心镇，王缉慈.新的产业空间：高技术产业开发区的发展与布局［M］.北京：北京大学出版社，1993.

[8]   陈益升.高科技产业创新的空间：科学工业园研究［M］.北京：中国经济出版社，2008.

[9]   Florida R. The rise of the creative class：and how it's transforming work, leisure, community and everyday life［M］.New York：Basic Books，2002.

[10]   Landry C. The creative city：a toolkit for urban innovators［M］.London·Sterling, VA：Earthscan Publications Ltd，2000.

[11]   OECD. The Knowledge-based Economy［R］. Paris, France：OECD，1996.

[12]   Ergazakis K，Metaxiotis K，Psarras J，et al. A unified methodological approach for the development of knowledge cities［J］. Journal of Knowledge Management，2006，10（5）：65-78.

[13]   王志章.全球知识城市与中国城市化进程中的新路径［J］.城市发展研究，2007，3：13-19.

[14]　IBM商业价值研究院. 智慧地球赢在中国［EB/OL］.（2009-02-01）［2012-10-01］. http：//www-31.ibm.com/innovation/cn/think/downloads/smart_China.pdf.

[15]　万军. 国外新兴产业发展的态势、特点及影响［M］//张宇燕，王洛林. 世界经济黄皮书：2012年世界经济形势分析与预测. 北京：社会科学文献出版社，2012.

[16]　陈秉钊，范军勇. 知识创新空间论［M］. 北京：中国建筑工业出版社，2007.

[17]　沈奎. 创新引擎：第二代开发区的新图景［M］. 广州：广东省出版集团，广东人民出版社，2011.

[18]　顾朝林，赵令勋. 中国高技术产业与园区［M］. 北京：中信出版社，1998.

[19]　王缉慈. 知识创新和区域创新环境［J］. 经济地理，1999，19（1）：11-15.

[20]　王缉慈. 创新的空间：产业集聚与区域发展［M］. 北京：北京大学出版社，2001.

[21]　王缉慈. 超越集群：中国产业集群的理论探索［M］. 北京：科学出版社，2010.

[22]　王兴平，崔功豪. 中国城市开发区的空间规模与效益研究［M］. 城市规划，2003，9：6-12.

[23]　吴燕，陈秉钊. 高科技园区的合理规模研究［J］. 城市规划汇刊，2004，6：78-82.

[24]　段险峰，田莉. 我国科技园区规划建设中的政府干预［J］. 城市规划，2001，25（1）：43-45.

[25]　庞德良，田野. 日美科技城市发展比较分析［J］. 现代日本经济，2012，182（2）：18-24.

[26]　叶嘉安，徐江，易虹. 中国城市化的第四波［J］. 城市规划，2006，30（增刊）：13-18.

[27]　顾朝林. 转型发展与未来城市的思考［J］. 城市规划，2011，35（11）：23-41.

[28]　Anttiroiko A V. Science cities: their characteristics and future challenges [J] . International of technology management, 2004, 28 (2-6): 395-418.

[29]　Charles D R, Wray F. Science cities in the UK [C] //Yigitcanlar T, Yates P, Kunzmann K. The third knowledge cities summit proceedings. Melbourne: World Capital Institute, 2010: 132-146.

[30]　May T, Perry B. Transforming regions by building successful science cities [R] . Manchester: Science Cities Consortium, 2007.

[31]　Cevikayak G, Velibeyoglu K. Organizing: spontaneously developed urban technology precincts [M] //Yigitcanlar T, Metaxiotis K, Carrillo F J. Building prosperous knowledge cities: policies, plans and metrics. Cheltenham, UK · Northampton, MA, USA: Edward Elgar, 2012.

[32]　Smilor R W, Gibson D V, Kozmetsky G. Creating the technopolis: high technology development in Austin Texas [J] . Journal of Business Venturing, 1988, 4: 49-67.

[33]　Saxenian A. Regional advantage: culture and competition in Silicon Valley and Route 128 [M] . Cambridge: Harvard University Press, 1996.

[34]　Gibson D V, Butler J S. Sustaining the technopolis: high-technology development in Austin, Texas 1988-2012, Working Paper Series WP-2013-02-01 [R] .IC2 Institute, 2013.

[35]　Kim S, An G. A comparison of Daedeok Innopolis Cluster with the San Diego Biotechnology Cluster [J] . World technopolis review, 2012, 1 (2): 118-128.

[36]　Corona L, Doutriaux J, Mian S A. Building knowledge regions in North America: emerging technology innovation poles [M] . Northampton: Edward Elgar Publishing, 2006.

[37]　Longhi. Networks, collective learning and technology development in innovative high technology regions: the case of Sophia-Antipolis [J] . Regional Studies, 1999, 33 (4): 333-342.

[38] 马兰，郭胜伟. 英国硅沼——剑桥科技园的发展与启示［J］. 科技进步与对策，2004，4：46-48.

[39] HM Treasury. Pre-budget report opportunity for all：the strength to take the long term decisions for Britain［M］. London：TSO，2004.

[40] DIUS. A vision for science and society：a consultation on developing a new strategy for the UK［M］. London：TSO，2008.

[41] Science Cities CSR. Transforming regions by building science cities［R］. London：Science Cities CSR，2007.

[42] 秦岩，杜德斌，代志鹏. 从科学园到科学城：瑞典西斯塔ICT产业集群的演进及其功能提升［J］. 科技进步与对策，2008，25（5）：72-75.

[43] 唐永青. 北欧行动矽谷：瑞典西斯塔科学城［J］. 台北产经，2012，9：38-42.

[44] 徐井宏，张红敏. 转型：国际创新型城市案例研究［M］. 北京：清华大学出版社，2011.

[45] 白雪洁，庞瑞芝，王迎军. 论日本筑波科学城的再创发展对我国高新区的启示［J］. 中国科技论坛，2008，9：135-139.

[46] 吴德胜，周孙扬. 科技园市带动区域创新的关键成功要素：以韩国大德科学城为例［M］//林建元. 都市计划的新典范. 台北：詹氏书局，2004：75-101.

[47] Innopolis Foundation. Sharing of Korea's STP experience：creating government driven STPs［EB/OL］.（2012-08-07）［2012-10-29］ http：//www.ddi.or.kr/eng/04_news/07_brochure.jsp

[48] Chacko E. From brain drain to brain gain：reverse migration to Bangalore and Hyderabad, India's globalizing high tech cities［J］. GeoJournal，2007，68（2-3）：131-140.

[49] Wong K W, Bunnell T. 'New economy' discourse and spaces in Singapore：a case study of one-north［J］. Environment and planning A，2006，38：69-83.

[50] Francis C.C. Koh, Winston T.H.Koh, Feichin Ted Tschang. An analytical framework for science parks and technology districts with an application to Singapore［J］.Journal of business venturing，2005，20：217-239.

[51] 刘弘涛. 中国科技城绵阳城市空间发展研究［D］. 绵阳：西南科技大学，
　　　2008.

[52] Saxenian A. The new Argonauts：regional advantage in a global
　　　economy［M］. Cambridge：Harvard University Press，2007.

[53] 林钦荣. 高科技产业与都市发展策略的新课题：新竹科技城［M］//林建
　　　元. 都市计划的新典范. 台北：詹氏书局，2004：103-123.

[54] Porter M E. Competitive advantage of nations：creating and sustaining
　　　superior performance［M］. New York：Simon and Schuster，1985.

[55] 吴金明，邵昶. 产业链形成机制研究——"4+4+4"模型［J］. 中国工业
　　　经济，2006，4：36-43.

[56] OECD. The well-being of nations：the role of human and social capital
　　　［R］. Paris：OECD，2001.

[57] 钟书华. 创新集群：概念、特征及理论意义［J］. 科学学研究，2008，1：
　　　178-184.

[58] Hu T, Lin C, Chang S. Role of interaction between technological
　　　communities and industrial clustering in innovative activity：the case
　　　of Hsinchu district，Taiwan［J］. Urban Studies，2005，42（7）：
　　　1139-1160.

[59] Oh D, An G. Three stages of science park development：the case
　　　of Daedeok Innopolis foundation［R］.2012 JSPS Asian CORE
　　　Program，2012.

[60] Athreye S. Agglomeration and growth：a study of the Cambridge Hi-
　　　tech Cluster［R］. Stanford University：Stanford Institute for economic
　　　policy research discussion paper 00-42，2012.

[61] Huang W. Spatial planning and high-tech development：a
　　　comparative study of Eindhoven city-region，the Netherlands and
　　　Hsinchu City-region，Taiwan［D］. Delft University of technology
　　　department of urbanism，2013.

[62] （日）青木昌彦，安藤晴彦. 模块时代：新产业结构的本质［M］. 周国荣
　　　译. 上海：上海远东出版社，2003.

[63] 彭本红. 模块化生产网络的研究综述 [J]. 科技管理研究, 2009, 10: 301-303.

[64] Baldwin C Y, Clark K B. Design rules: the power of modularity [M]. Cambridge: The MIT Press, 2000.

[65] 柯颖, 王述英. 模块化生产网络: 一种新产业组织形态研究 [J]. 中国工业经济, 2007, 8: 75-82.

[66] Sturgeon T, Florida R. Globalization, deverticalization, and employment in the motor vehicle industry [M] //Kenny M, Florida R. Locating global advantage: industry dynamics in a globalizing economy. Palo Alto, CA: Stanford University Press, 2004.

[67] Ku Y L, Liau S, Hsing W. The high-tech milieu and innovation-oriented development [J]. Technovation, 2005, 25 (2): 145-153.

[68] Onsager K, Isaksen A, Fraas M, et al. Technology cities in Norway: innovating in glocal networks [J]. European planning studies, 2007, 15 (4): 549-566.

[69] Cooke P, Uranga M G, Etxebarria G. Regional systems of innovation: an evolutionary perspective [J]. Environment and planning A, 1998, 30: 1563-1584.

[70] Cooke, P. Regional innovation systems, clusters, and the knowledge economy [J]. Industrial and corporate change, 2001, 10 (4), 945-974.

[71] Smilor, R., O'Donnell, N., Stein, G., Welborn, R. S., III. The research university and the development of high-technology centers in the United States [J]. Economic development quarterly, 2007, 21: 203 - 222.

[72] Youtie J, Shapira P. Building an innovation hub: a case study of the transformation of university roles in regional technological and economic development [J]. Research policy, 2008, 37 (8): 1188-1204.

[73]   Asheim B T, Isaksen A. Regional innovation systems: the integration of local 'sticky' and global 'ubiquitous' knowledge [J]. The journal of technology transfer, 2002, 27 (1): 77-86.

[74]   Corona, L., J. Doutriaux and S.A. Mian. Building knowledge regions in North America: emerging technology innovation poles [M]. Northampton: Edward Elgar Publishing, 2006.

[75]   Kim S, An G. A comparison of Daedeok Innopolis Cluster with the San Diego Biotechnology Cluster [J]. World technopolis review, 2012, 1 (2): 118-128.

[76]   Asheim B, Hansen H K. Knowledge Bases, Talents, and contexts on the usefulness of the creative class approach in Sweden [J]. Economic geography, 2009, 85 (4): 425-442.

[77]   Moodysson J. Principles and practices of knowledge creation: on the organization of 'buzz' and 'pipelines' in life science communities[J]. Economic geography, 2008, 84 (4): 449-469.

[78]   Asheim B T, Gertler M S. The geography of innovation [M] // Fagerberg J, Mowery D, Nelson R. The Oxford handbook of innovation. New York: Oxford University Press, 2005: 291-317.

[79]   Asheim B, Coenen L, Vang J. Face-to-face, buzz, and knowledge bases: sociospatial implications for learning, innovation, and innovation policy [J]. Environment and planning C, 2007, 25 (5): 655.

[80]   Gertler M S. Buzz without being there? Communities of practice in context [J]. Community, economic creativity, and organization, 2008, 1 (9): 203-227.

[81]   Asheim B T. Innovating: creativity, innovation and the role of cities in the globalizing knowledge economy [M] //Yigitcanlar T, Metaxiotis K, Carrillo F J. Building prosperous knowledge cities: policies, plans and metrics. Cheltenham, UK · Northampton, MA, USA: Edward Elgar, 2012: 1-23.

[82] （美）卡斯特尔斯·曼纽尔.信息化城市［M］.崔保国等译.南京：江苏人民出版社，2001.

[83] Barinaga E，Ramfelt L. Kista——the two sides of the network society［J］. Networks and communications studies，2004，18（3-4）：225-244.

[84] 刘敏，刘蓉.科技工业园区的新发展——软件园及其规划建设［M］.北京：中国建筑工业出版社，2003.

[85] Chang S，Lee Y，Lin C，et al. Consideration of proximity in selection of residential location by science and technology workers：case study of Hsinchu，Taiwan［J］. European planning studies，2010，18（8）：1317-1342.

[86] （日）大前研一. M型社会：中产阶级消失的危机与商机［M］.刘锦秀，江裕真译.北京：中信出版社，2007.

[87] Straubhaar J，Spence J. Inequity in the technopolis：race，class，gender，and the digital divide in Austin［M］. Austin：University of Texas Press，2012.

[88] 王战和，许玲.高新技术产业开发区与城市社会空间结构演变［J］.人文地理，2006，2：65-66.

[89] 冯健，王永海.中关村高校周边居住区社会空间特征及其形成机制［J］.地理研究，2008，5：1003-1016.

[90] 孙世界，刘博敏.信息化城市：信息技术发展与城市空间结构的互动［M］.天津：天津大学出版社，2007.

[91] 曾鹏.当代城市创新空间理论与发展模式研究［D］.天津：天津大学，2007.

[92] （日）藤原京子，邓奕.日本：筑波科学城［J］.北京规划建设，2006，1：74-75.

[93] 李新阳，马小晶.知识经济时代背景下青山湖科技城规划策略研究［J］.城市规划学刊，2012，（S1）：75-80.

[94] 马小晶，陈华雄.高科技企业研发空间需求与科技城空间组织——以青山湖科技城概念性规划为例.昆明：多元与包容——2012中国城市规划年会论文集［C］.云南昆明，10-17，2012.

[95] Rasidi M H. Green development through built form and knowledge community environment in science city: a lesson based on the case study of Cyberjaya, Malaysia and Tsukuba Science City, Japan [C]. Japan, Tokyo, 4th South East Asia Technical Universities Consortium (SEATUC 4) Symposium. Tokyo: Shibaura Institute of Technology, 2010.

[96] Glaeser E L, Kolko J, Saiz A. Consumer city [J]. Journal of economic geography, 2001, 1: 27-50.

[97] Yigitcanlar T, Baum S, Horton S. Attracting and retaining knowledge workers in knowledge cities [J]. Journal of knowledge management, 2007, 11 (5): 6-17.

[98] Seitinger S. Spaces of innovation: 21st century technopoles [D]. Cambridge: MITDepartment of Urban Studies and Planning, 2004.

[99] Cevikayak G, Velibeyoglu K. Organizing: spontaneously developed urban technology precincts [M] //Yigitcanlar T, Metaxiotis K, Carrillo F J. Building prosperous knowledge cities: policies, plans and metrics. Cheltenham, UK · Northampton, MA, USA: Edward Elgar, 2012.

[100] Dvir R, Pasher E. Innovation engines for knowledge cities: an innovation ecology perspective [J]. Journal of knowledge management, 2004, 8 (5): 16-27.

[101] 屠启宇,林兰. 创新型城区——"社区驱动型"区域创新体系建设模式探析 [J]. 南京社会科学, 2010, 5: 1-7.

[102] Fernandez-Maldonado A M. Designing: combining design and high-tech industries in the knowledge city of Eindhoven [M] //Yigitcanlar T, Metaxiotis K, Carrillo F J. Building prosperous knowledge cities: policies, plans and metrics. Cheltenham, UK · Northampton, MA, USA: Edward Elgar, 2012.

[103] Martinus K. Attracting: the coffeeless urban cafe and the attraction of urban space [M] //Yigitcanlar T, Metaxiotis K, Carrillo F J. Building prosperous knowledge cities: policies, plans and metrics. Cheltenham, UK · Northampton, MA, USA: Edward Elgar, 2012.

[104] Hall P. Cities in civilization [M] . New York：Pantheon Books，
1998.

[105] Rothwell R. Successful industrial innovation：critical factors for the
1990s [J] . R&D Management，1992，22（3）：221-239.

[106] Dodgson M. The management of technological innovation：an
international and strategic approach [M] . Oxford：Oxford University
Press，2000.

[107] Jensen M B，Johnson B，Lorenz E，et al. Forms of knowledge and
modes of innovation [J] . Research Policy，2007，36：680-693.

[108] Shapira P，Youtie J. University-industry relationships：creating and
commercializing knowledge in Georgia，USA [R] . Atlanta，Georgia：
Georgia Institute of Technology，2004.

[109] 袁晓辉，刘合林. 英国科学城战略及其发展启示 [J] . 国际城市规划，
2013，5：58-64.

[110] Fagerberg J.，Mowery DC，Nelson RR. 牛津创新手册 [M] . 柳卸林，
郑刚，蔺雷等译. 北京：知识产权出版社，2009.

[111] Von Hippel E. The source of innovation [M] . Oxford：Oxford
University Press，1988.

[112] 刘景江，应飚. 创新源理论与应用：国外相关领域前沿综述 [J] . 自然辩
证法通讯，2004，26（6）：48-56.

[113] Schultz T W. Investment in human capital [J] . The American
economic review，1961，51（1）：1-17.

[114] Becker G S. Investment in human capital：a theoretical analysis [J] .
The journal of political economy，1962，70（5）：9-49.

[115] 黄维德，王达明. 知识经济时代的人力资本研究 [M] . 上海：上海社会
科学院出版社，2012.

[116] 李忠民. 人力资本 [M] . 北京：经济科学出版社，1999.

[117] Glaeser E L. Review of Richard Florida's，the rise of the creative
Class [J] . Regional science and urban economics，2005，35（5）：
593-596.

[118] Clark T N, Lloyd R, Wong K K, et al. Amenities drive urban growth [J]. Journal of urban affairs, 2002, 24 (5): 493-515.

[119] Storper M. Why does a city grow: specialisation, human capital or institutions [J]. Urban studies, 2010, 47 (10): 2027-2050.

[120] Polanyi K, Maciver R M. The great transformation [M]. Boston: Beacon Press, 1957.

[121] Uzzi B. Social structure and competition in interfirm networks: the paradox of embeddedness [J]. Administrative science quarterly, 1997: 35-67.

[122] 王国红, 邢蕊, 林影. 基于社会网络嵌入性视角的产业集成创新风险研究 [J]. 科技进步与对策, 2011, 2: 60-63.

[123] Aydalot P, Keeble D. High technology industry and innovative environments: the European experience [M]. London, New York: Routledge, 1988.

[124] Maillat D. Innovative milieux and new generations of regional policies [J]. Entrepreneurship & Regional Development, 1998, 10 (1): 1-16.

[125] Bathelt H, Malmberg A, Maskell P. Clusters and knowledge: local buzz, global pipelines and the process of knowledge creation [J]. Progress in human geography, 2004, 28 (1): 31-56.

[126] Chesbrough H W. Open innovation: the new imperative for creating and profiting from technology [M]. Cambridge: Harvard Business Press, 2003.

[127] Huggins R. The evolution of knowledge clusters: progress and Policy [J]. Economic development quarterly, 2008, 22 (4): 277-289.

[128] Grabher G. The project ecology of advertising: tasks, talents and teams [J]. Regional studies, 2002, 36 (3): 245-262.

[129] Scott A. A new map of Hollywood: the production and distribution of American motion pictures [J]. Regional studies, 2002, 36 (9): 957-975.

[130] 邓平. 中国科技创新的金融支持研究 [D]. 武汉：武汉理工大学，2009.

[131] 房汉廷. 关于科技金融理论、实践与政策的思考 [J]. 中国科技论坛，
      2010，(11)：5-10.

[132] Doxiadis C A. Ekistics, the science of human settlements [J].
      Science, 1970, 170 (3956)：393-404.

[133] 梁鹤年. 城市人 [J]. 城市规划，2012，36 (7)：87-96.

[134] 陆学艺. 当代中国社会阶层研究报告 [M]. 北京：社会科学文献出版社，
      2002.

[135] 郑杭生. 关于我国城市社会阶层划分的几个问题 [J]. 江苏社会科学，
      2002，2：3-6.

[136] 叶立梅. 从行业分层看城市社会结构的嬗变——对20世纪90年代以来北
      京分行业职工工资变化的分析 [J]. 北京社会科学，2007，5：27-33.

[137] 赵卫华. 北京市社会阶层结构状况与特点分析 [J]. 北京社会科学，
      2006，1：13-17.

[138] 顾朝林，C·克斯特洛德. 北京社会极化与空间分异研究 [J]. 地理学
      报，1997，5：3-11.

[139] 朱力. 我国社会阶层结构演化的趋势 [J]. 社会科学研究，2005，5：
      147-153.

[140] 王兴平. 中国城市新产业空间：发展机制与空间组织 [M]. 北京：科学
      出版社，2005.

[141] Storper M, Venables A J. Buzz：face-to-face contact and the urban
      economy [J]. Journal of economic geography, 2004, 4 (4)：351-370.

[142] Boschma R. Proximity and innovation：a critical assessment [J].
      Regional studies, 2005, 39 (1)：61-74.

[143] Morgan K. The exaggerated death of geography：learning,
      proximity and territorial innovation systems [J]. Journal of economic
      geography, 2004, 4 (1)：3-21.

[144] 林建元. 都市计划的新典范 [M]. 台北：詹氏书局，2004.

[145] 孙施文. 现代城市规划理论 [M]. 北京：中国建筑工业出版社，2007.

[146] Doxiadis C A. Ekistics：an introcution to the science of human settlements [M]. London：Hutchinson，1968.

[147] 顾朝林，张勤，孙樱. 经济全球化与中国城市发展：跨世纪中国城市发展战略研究 [M]. 北京：商务印书馆，1999.

[148] 张庭伟，王兰.从CBD到CAZ：城市多元经济发展的空间需求与规划 [M]. 北京：中国建筑工业出版社，2011.

[149] 刘远，梁江. 开放式大学校园的用地布局模式探讨 [J]. 华中建筑，2009，27（2）：166-169.

[150] （瑞典）伊德翁·舍贝里. 前工业城市：过去与现在 [M]. 高乾，冯昕译. 北京：社会科学文献出版社，2013.

[151] 北京市昌平区规划分局. 未来科技城控制性详细规划 [FR/OL]. (2011-07-15) [2012-10-05]. http：//www.bjchp.gov.cn/publish/portal0/tab40/info116395.htm.

[152] 深圳市城市规划设计研究院. 中国·杭州未来科技城概念性总体规划 [R]. 深圳：深圳市城市规划设计研究院，2012.

[153] 武汉市国土资源和规划局. 武汉东湖未来科技城概念规划 [R]. 武汉：武汉市国土资源和规划局，2010.

[154] 俞孔坚. 高科技园区景观设计：从硅谷到中关村 [M]. 北京：中国建筑工业出版社，2001.

[155] Oh D，Kang B. Creative model of science park development：case study on Daedeok Innopolis [C]：The IC2 Institute WORKSHOP，AT&T Executive Education Center，2009.

[156] 新竹市土地管理局. 新竹科技城土地使用 [EB/OL]. [2013-10-10]. http：//gisapsrv01.cpami.gov.tw/cpis/cprpts/hsinchu_city/depart/landuse/landus-3.htm.

[157] 赛柏再也科技城管理机构. 赛博再也科技城土地利用规划 [EB/OL]. [2012-10-10]. http：//www.neocyber.com.my/about_cyberjaya/masterplan.aspx.

[158] JTC. A new workplace for a creative and technologically sawy community［R］. Resource advisory panel, 2002.

[159] 谭纵波, 王卉. 城市用地分类思辨——兼论2012年《城市用地分类与规划建设用地标准》［C］.多元与包容——2012中国城市规划年会论文集, 昆明, 2012.

[160] 赵佩佩. 新版《城市用地分类与规划建设用地标准》研读——兼论其在实际规划中的应用及发展展望［J］.规划师, 2012, 2：10-16.

[161] 中华人民共和国住房和城乡建设部. 城市用地分类与规划建设用地标准GB50137-2011［S］, 2011.

[162] 王佳宁. 合理应用混合用地, 适应城市发展需求［J］.上海城市规划, 2011, 6：96-101.

[163] 许学强, 周一星, 宁越敏. 城市地理学［M］.北京：高等教育出版社, 1997.

[164] 钱林波. 城市土地利用混合程度与居民出行空间分布——以南京主城为例［J］.现代城市研究, 2000, 3：7-10.

[165] 林红, 李军. 出行空间分布与土地利用混合程度关系研究——以广州中心片区为例［J］.城市规划, 2008, 9：53-56.

[166] 沈世琨, 苏永富. 赴日参加北九州研究都市第七届产学和合作展览观摩科技园区开发工程技术报告［R］.台南：台湾南部科学工业园区管理局, 2008.

[167] 胡幸, 王兴平, 陈卓. 开发区用地构成的影响因素及演化机制分析——以长三角为例［J］.现代城市研究, 2007, 4：62-70.

[168] Gong H, Yang F F. Growth and location of producer services in China：learning from the US experience［M］//Yeh A G O, Yang F F. Producer services in China：economic and urban development. London and New York：Routledge, 2013.

[169] Schumpeter J. The theory of economic development：an inquiry into profits, capital, credit, interest, and the business cycle［M］. Cambridge：Harvard University Press, 1912.

[170] European Commission. Green paper on innovation [R] . EC, Luxembourg：European Commisson，1996.

[171] OECD. National innovation system [R] . Paris, France：OECD, 1997.

[172] (德) 尤尔根·哈贝马斯. 合法化危机 [M] . 刘北成，曹卫东译. 上海：上海人民出版社，2000.

后记

本书是基于我的博士论文写就的。早在博士毕业之前，恩师顾朝林教授就曾鼓励我尽快出版此书，当时正值几个未来科技城新兴发展和国家高新区转型的关键时刻，国家创新驱动战略也正在各个省市推进，从城市规划角度论述科技城发展和规划策略的著作非常缺乏，本书的研究内容能够在这样的背景下发挥一定的价值。然而，我因为两个原因一直拖着没有出版：一是感到自己实践经验有限，担心很多研究思考尚不成熟，特别是有关创新机制的观点多是从阅读国内外文献时得来，没有实践的检验，不免忐忑，同时对科技城规划编制方法的应用，也是基于理论研究和两个科技城规划编制实例，自觉实践检验不够，希望能有更多案例进行评估；第二个原因是，博士毕业之后处于忙忙碌碌的状态，开始了很多人生的新尝试和新探索，急于跳出沉浸已久的理论领域投身实践工作，希望能让自己十多年来的所学发挥作用，因此没有心思静下来去反思当时提出的理论框架。于是，出版计划一拖再拖。

当然，对于创新研究的兴趣，让我来到清华大学经济管理学院创新创业与战略系跟从中国创新创业研究的领军人物高建教授从事博士后研究工作，希望能在创新与城市研究的议题上向前推进一步。期间有幸作为课题负责人完成了北京市"十三五"时期全国科技创新中心建设的研究专题《北京在全球创新网络中的地位与影响力评价》，也有幸承担了北京市总体规划修编的专题研究《北京市创新空间发展规划研究》，开展了《众创空间的规划与设计》研究，在海淀区发改委开展了为期半年的《海淀区加强全国科技创新中心建设支撑研究》。虽然经管学院的研究大多以创新创业理论为出发点，但我在其中的工作仍然围绕城市与创新的主题，结合了城市空间发展进行了很多思考。为了获得一手的对创新创业的认知，期间我也尝试投身到创新创业的实践中，让自己去体会创新者、创业者在挑战自我、为社会创造财富的过程中所面临的压力与挑战，比如在清华大学新林院8号运营了四个月的咖啡沙龙；创办面向个人成长的知识分享平台"果说"，在近2年的时间里，坚持每周邀请嘉宾录制电台节目，与大家探讨有关成长、创新与创业的话题；跟合伙人一同创办北京宽客城科技咨询有限公司，真正从零开始，去体会作为创业者需要经历的一切。这些经历都让我明白了，创新创业并不是一件容易的事，创业者只有坚持不断学习、勇于突破舒适区、勇敢地面对可能的失败、保持强大的执行力和团队合作精神，才有可能让自己的公司活下来，才有可能做出一点点的创新成果，才有可能为社会创造出新的价值。而在这一艰辛的过程中，如果身边的环境是对创新创业者友好的，是能够鼓励他们的探索，宽容他们的失败，并为小企业的成长创造良好条件的，那么创业者的旅程也许能够少一些艰辛，多一点面对不确定状态的淡定。这些深入其中的体会对于我重新认识和理解城市的创新创业环境都产生了巨大影响。

非常幸运，在博士后出站前的最后一段时间，我获得了到加州大学伯克利分校访学的机会，所在机构是伯克利的技术创业研究中心（Sutardja Center for Entrepreneurship & Technology）。研究中心靠近硅谷与旧金山，应该说是位于全球创新创业最活跃的区域，中心会组织伯克利技术创业方法的课程教学，也会邀请硅谷企业家、创业者前来分享成功或失败的经验，更重要的是分享相信自己永不服输的精神。那些有梦想有勇气的青年创业者、学生创业者，就是在这样的氛围中成长着、实践着。这样的氛围，常常让我情不自禁地回忆起自己博士论文中的那些论述，让我重新认识到有针对性地提前部署各项资源，构建城市创新创业生态系统的必要性。

于是，我开始重新审视当时的研究结论，重新思考到底什么样的城市环境能够将技术转化为创新产品，什么样的城市氛围能够孵化和培育更多有理想有热情的青年人才。我发现想要形成一个创新驱动发展的城市并不能仅仅依靠政府提前部署的规划就能实现，而是需要工作和生活在这个城市中的人意识到创新创业的重要价值，认识到创新创业过程内在的规律，以更开放和包容的心态去鼓励和支持创新创业者，才能为其实现增加一些可能性。从这个意义上，为了让更多人能了解城市中创新创业的理论机制和实践进展，为了让更多城市规划同行能在规划创新型区域的过程中把握基本的原理，我有了尽快修改完成这本书的想法。于是在博士论文的基础上，补充了世界各国科技城发展的最新进展，并展开分析了具体的科技城规划编制实例。由于书中很多观点仍然值得进一步的实践检验，因此希望借此书的出版，与大家共同探讨创新型城市规划的理论与方法。

在博士论文撰写的过程中，我的恩师顾朝林教授为我倾注了大量心血。恩师把我从一个懵懵懂懂的本科生，领进城市规划的殿堂。从第一个研究课题的参与、第一篇学术论文的写作、第一个规划项目的实践，到论文的开题、写作、成型，恩师都给予了我最细致入微的指导和无微不至的关怀。恩师严谨求实的学术态度、克勤克俭的行为风格、以德为先的待人原则和经世济民的情怀都深深地影响着我。恩师的九字箴言"责任感，羞耻心，创新欲"始终在指引我前进的方向。与恩师相处的日子里，也曾因为我年轻气盛、心直口快，有几次观点冲撞和争执，恩师都以宽容的胸怀原谅了我，他始终为我着想，为我提供了很多宝贵建议，希望我能在今后的旅途中少走弯路。点滴关怀，我都铭记于心。庆幸有师如此，为师为父，学生唯有不懈努力，以报恩情。

本书的完成也汇聚了很多师长朋友的帮助。衷心感谢清华大学建筑学院毛其智教授、吴唯佳教授、谭纵波教授、边兰春教授、党安荣教授、武廷海教授、张悦教授、于涛方副教授、段进宇副教授、唐燕副教授、刘佳燕副教授，中国城市规划设计研究院院长杨保军教授，北京城市规划设计研究院副总工石晓冬教授，华中科技大学黄亚平教授，中国科学院地理所金凤君教授等在我博士论文开题、中期考核和预答辩时提出的真知灼见，以及给予的支持和帮助。感谢加拿大女王大学梁鹤年教授在研究方法论和价值观上的启迪，感谢香港大学王缉宪副教授和加州大学北岭分校孙一飞教授在研究思路方面的建议。感谢北京未来科技城管理委员会彭仲宇处长、张贵林处长、曹晔处长，武汉东湖自主创新示范区王健群主任、邓华博士，武汉未来科技城管理委员会艾传荣主任、韩耀升部长、张国桥部长在两个科技城的调研工作中提供的帮助和支持。

衷心感谢我的博士后合作导师清华大学经管学院高建教授在我博士后研究中针对城市与创新议题开展的多次启发性探讨，以及为我提供的宝贵的研究平台，让我有机会参与到多个相关研究课题以及不同的研究机构中去重新审视博士论文中提出的核心观点。无论是北京市科委的全球创新创业中心比较与评价项目，还是与海淀区发改委合作开展的对全球独角兽和高成长企业的研究，或是与伯克利技术创业中心合作开展的针对中美孵化器的合作研究，都对我从不同视角重新认识全球创新中心城市提供了极大帮助，也丰富了本书的讨论内容。

感谢师门的兄弟姐妹韩青、张晓明、傅强、郭婧、王小丹、王颖、盛明洁、李彤玥、翟炜，我们相伴一同成长，风雨同舟，荣辱与共，支撑彼此的成长，见证彼此的进步；感谢建筑学院的同学和学友万君哲、刘海静、涂壤、赵茜、张天尧、董磊、夏伟、廉毅锐、李沂璠、周政旭、王鑫、罗晶、周婷、曹彬、于长明、郝石盟、王昆，感谢你们在一次次的非正式沙龙与交谈中为我提供的宝贵意见，帮我留心分享的研究资料以及一直以来的鼓励和支持；感谢新邑观工作室的刘晓斌、王春丽、杨利平等同事在相关项目中的鼎力支持；感谢来自国内外相关专业的学友刘行健、钱海峰、何继江、徐丹、翟青、管旸在论文撰写和修改过程中提供的宝贵意见。感谢中国建筑工业出版社的郑淮兵主任、王晓迪编辑在本书出版过程中提出的修改建议和点滴帮助，因为你们的辛勤工作，才让这本书能够最终与读者见面。

最后，感谢我的父母亲人这些年给予我的最恒久而温暖的关爱，感谢我的爱人在博士论文写作和本书的出版期间给予我最有力的支持，你们的爱将是前行的最大动力，鼓励我在今后的人生道路中乐观向上，踏实前行。

袁晓辉

2016年8月20日

于加州大学伯克利分校